"十四五"职业教育国家规划教材

高职高专土建类专业系列教材
工程造价系列

建筑设备安装与识图

第 2 版

主　编　文桂萍　代端明
副主编　卢燕芳　陈　东　梁国赏
参　编　贾　玲　张红兵　蒋文艳
　　　　陆慕权　李　红
主　审　庞宗琨

机械工业出版社

本书是按照高等职业教育培养高技能应用型人才的要求，以国家现行的建设工程规范、文件为依据，根据作者多年的工程实际经验及教学实践，在本书第1版的基础上多次修改、补充编撰而成。全书共有10个项目，主要内容包括：建筑给水排水工程、建筑消防灭火系统、供暖工程、燃气工程、通风空调工程、建筑变配电工程、建筑电气照明工程、电气动力工程、建筑防雷接地工程、智能建筑系统工程。每章后面均附有思考题与习题，供读者复习巩固之用。

全书在内容安排上淡化理论，每个安装项目均从实际工程项目引出，遵从实际安装程序与看图要求，并配以大量的插图，直观易懂，有助于读者对知识的掌握以及实际操作能力的培养，具有实用性、针对性和通俗性。

本书可作为高职高专工程造价、建筑设备、建筑经济及土建类相关专业的教学用书，也可供建筑安装工程技术人员、管理人员学习参考。

图书在版编目（CIP）数据

建筑设备安装与识图/文桂萍主编. —2版. —北京：机械工业出版社，2020.7（2025.2重印）
高职高专土建类专业系列教材. 工程造价系列
ISBN 978-7-111-65674-6

Ⅰ.①建⋯ Ⅱ.①文⋯ Ⅲ.①房屋建筑设备-建筑安装-高等职业教育-教材②房屋建筑设备-建筑安装-工程施工-建筑制图-识图-高等职业教育-教材 Ⅳ.①TU8

中国版本图书馆 CIP 数据核字（2020）第 087539 号

机械工业出版社（北京市百万庄大街22号　邮政编码100037）
策划编辑：张荣荣　责任编辑：张荣荣　张大勇
责任校对：肖　琳　封面设计：张　静
责任印制：郜　敏
中煤（北京）印务有限公司印刷
2025年2月第2版第17次印刷
184mm×260mm・20.5印张・504千字
标准书号：ISBN 978-7-111-65674-6
定价：56.00元

电话服务　　　　　　　　　网络服务
客服电话：010-88361066　　机 工 官 网：www.cmpbook.com
　　　　　010-88379833　　机 工 官 博：weibo.com/cmp1952
　　　　　010-68326294　　金 书 网：www.golden-book.com
封底无防伪标均为盗版　　　机工教育服务网：www.cmpedu.com

关于"十四五"职业教育国家规划教材的出版说明

为贯彻落实《中共中央关于认真学习宣传贯彻党的二十大精神的决定》《习近平新时代中国特色社会主义思想进课程教材指南》《职业院校教材管理办法》等文件精神，机械工业出版社与教材编写团队一道，认真执行思政内容进教材、进课堂、进头脑要求，尊重教育规律，遵循学科特点，对教材内容进行了更新，着力落实以下要求：

1. 提升教材铸魂育人功能，培育、践行社会主义核心价值观，教育引导学生树立共产主义远大理想和中国特色社会主义共同理想，坚定"四个自信"，厚植爱国主义情怀，把爱国情、强国志、报国行自觉融入建设社会主义现代化强国、实现中华民族伟大复兴的奋斗之中。同时，弘扬中华优秀传统文化，深入开展宪法法治教育。

2. 注重科学思维方法训练和科学伦理教育，培养学生探索未知、追求真理、勇攀科学高峰的责任感和使命感；强化学生工程伦理教育，培养学生精益求精的大国工匠精神，激发学生科技报国的家国情怀和使命担当。加快构建中国特色哲学社会科学学科体系、学术体系、话语体系。帮助学生了解相关专业和行业领域的国家战略、法律法规和相关政策，引导学生深入社会实践、关注现实问题，培育学生经世济民、诚信服务、德法兼修的职业素养。

3. 教育引导学生深刻理解并自觉实践各行业的职业精神、职业规范，增强职业责任感，培养遵纪守法、爱岗敬业、无私奉献、诚实守信、公道办事、开拓创新的职业品格和行为习惯。

在此基础上，及时更新教材知识内容，体现产业发展的新技术、新工艺、新规范、新标准。加强教材数字化建设，丰富配套资源，形成可听、可视、可练、可互动的融媒体教材。

教材建设需要各方的共同努力，也欢迎相关教材使用院校的师生及时反馈意见和建议，我们将认真组织力量进行研究，在后续重印及再版时吸纳改进，不断推动高质量教材出版。

机械工业出版社

再版前言

建筑设备包括建筑给水排水、建筑电气、建筑采暖通风空调与燃气三大部分，它是房屋建筑不可缺少组成部分，其各子项目的安装与施工图识读是一项技术性、实践性很强的工作，既涵盖多方面的专业知识，也涉及国家相关规范与条文。这些知识是从事建筑设备安装工程施工工作的基础，也是从事建筑设备安装工程计价工作的基础。

本教材根据《高职建筑工程管理类专业人才培养方案》的要求进行编写，在内容的选取上突出实际应用。在体系结构上，以实际工程项目为主线，安装内容按照工艺流程组织编写，识图内容按照读图顺序组织编写，体现了注重应用的特点。

本教材由广西建设职业技术学院文桂萍、代端明担任主编，卢燕芳、陈东、梁国赏担任副主编，济南鲁博建筑工程有限公司贾玲、湖北黄冈市黄冈职业技术学院张红兵参加编写。各章编写分工如下：项目1、项目2、项目5由代端明编写，项目3、项目4由贾玲编写，项目6、项目7、项目9由文桂萍编写，项目8、项目10由张红兵、文桂萍共同编写。书中的微课、动画、视频等由广西建设职业技术学院的文桂萍、代端明、卢燕芳、陈东、梁国赏、蒋文艳、陆慕权、李红负责制作和编辑。全书由广西建设工程造价管理总站庞宗琨主审。

本次修订主要是将教材中所用到的规范和图集进行了更新，并融入党的二十大报告中践行社会主义核心价值观、科教兴国、文化自信、推动绿色发展的精神，以及弘扬劳动精神、奋斗精神、勤俭节约精神等。对书中的难点、重点以动画、微课或视频的形式来展现，并用快言快语、短视频等形式将课程思政元素融入知识点，同时教材配套有施工图、PPT课件等教学资源，以方便读者阅读。

在教材编写过程中参考了国内外公开出版的许多书籍和资料，在此谨向有关作者表示谢意。由于编者水平有限及编写时间仓促，书中不妥和错漏之处在所难免，恳请广大读者批评指正。

编　者

目　录

再版前言
项目1　建筑给水排水工程 …………… 1
1.1　建筑给水排水基础知识 …………… 5
1.2　室内给水系统 ………………………… 18
1.3　室内污水排水系统 …………………… 30
1.4　建筑屋面雨水排水系统 ……………… 37
1.5　建筑给水排水系统施工图的识读 …… 39
本项目小结 ………………………………… 45
思考题与习题 ……………………………… 45

项目2　建筑消防灭火系统 ……………… 47
2.1　消火栓给水灭火系统 ………………… 48
2.2　自动喷水灭火系统 …………………… 51
2.3　其他灭火系统 ………………………… 57
2.4　室内消防给水系统施工图的识读 …… 60
本项目小结 ………………………………… 61
思考题与习题 ……………………………… 61

项目3　供暖工程 ………………………… 62
3.1　供暖系统的组成及分类 ……………… 63
3.2　散热器热水供暖系统 ………………… 70
3.3　热水集中供暖分户热计量系统 ……… 74
3.4　辐射供暖系统 ………………………… 76
3.5　供暖系统安装 ………………………… 80
3.6　供暖系统施工图的识读 ……………… 93
本项目小结 ………………………………… 98
思考题与习题 ……………………………… 99

项目4　燃气工程 ………………………… 101
4.1　燃气基础知识 ………………………… 102
4.2　城镇燃气供应系统 …………………… 108
4.3　室内燃气供应系统的组成 …………… 110
4.4　室内燃气供应系统安装 ……………… 110
4.5　室内燃气工程施工图的识读 ………… 119
本项目小结 ………………………………… 121
思考题与习题 ……………………………… 122

项目5　通风空调工程 …………………… 123
5.1　通风系统 ……………………………… 124
5.2　空调工程 ……………………………… 136
5.3　通风空调工程施工图的识读 ………… 149
本项目小结 ………………………………… 157
思考题与习题 ……………………………… 158

项目6　建筑变配电工程 ………………… 159
6.1　建筑变配电系统 ……………………… 166
6.2　10kV变（配）电所及变配电设备 …… 169
6.3　备用电源设备 ………………………… 181
6.4　配电线路 ……………………………… 182
6.5　建筑变配电系统调试 ………………… 198
6.6　建筑变配电系统施工图的识读 ……… 198
本项目小结 ………………………………… 204
思考题与习题 ……………………………… 205

项目7　建筑电气照明工程 ……………… 206
7.1　电气照明基础知识 …………………… 210
7.2　照明电光源与灯具 …………………… 211
7.3　建筑电气照明配电系统 ……………… 216
7.4　建筑电气照明工程施工 ……………… 221
7.5　建筑电气照明工程施工图的识读 …… 246
本项目小结 ………………………………… 253
思考题与习题 ……………………………… 253

项目8　电气动力工程 …………………… 255
8.1　电动机基础知识 ……………………… 258
8.2　电动机安装 …………………………… 261
8.3　电动机调试 …………………………… 263
8.4　起重机滑触线的安装 ………………… 263
8.5　电气动力工程施工图的识读 ………… 264
本项目小结 ………………………………… 267
思考题与习题 ……………………………… 268

项目9　建筑防雷接地工程 ……………… 269
9.1　建筑物防雷 …………………………… 272

9.2 防雷装置安装……………………… 279
9.3 建筑防雷接地装置施工图的识读…… 291
本项目小结………………………………… 291
思考题与习题……………………………… 291

项目10 建筑智能化系统工程 293
10.1 有线电视（CATV）系统………… 299
10.2 电话交换系统…………………… 303
10.3 火灾自动报警与消防联动控制
    系统……………………………… 307
10.4 建筑智能化系统施工图的识读…… 315
本项目小结………………………………… 318
思考题与习题……………………………… 318

参考文献 ……………………………………… 319

项目 1

建筑给水排水工程

（1）了解室内给水排水系统的组成及分类；熟悉室内给水排水系统常用材料。
（2）掌握室内给水排水系统安装的工艺要求。
（3）能熟读建筑给水排水系统施工图，具有建筑室内给水排水工程安装的初步能力。

（1）建筑给水排水管道、阀门、水表、水箱及卫生器具的安装工艺。
（2）建筑给水排水施工图的识读。

（1）在课堂教学中应重点学习施工图的识读要领和方法，掌握施工程序、施工材料、施工工艺和施工技术要求。
（2）学习中可以以实物、参观、录像等手段，掌握施工图识读方法和施工技术的基本理论。

相关知识链接：

（1）规范《建筑给水排水设计规范》（GB 50015—2010）。
（2）规范《建筑给水排水及采暖工程施工质量验收规范》（GB 50242—2002）。
（3）图集《给水设备安装》（S1 2014 版）。
（4）图集《排水设备及卫生器具安装》（S3 2014 版）。
（5）图集《室内给水排水管道及附件安装》（S4 2014 版）。

1. 工作任务分析

图 1-1～图 1-7 是某住宅楼的给水排水施工系统图和平面图，图上的符号、线条和数据代表的是什么含义？它们是如何安装的？安装时有什么技术要求？以上一系列的问题你将通过对本项目内容的学习逐一获得解答。

2. 实践操作（步骤/技能/方法/态度）

为了能完成前面提出的工作任务，我们需从解读建筑给水排水系统的组成开始，然后到系统的构成方式，设备、材料认识，施工工艺与下料，进而学会用工程语言来表示施工做法，学会施工图读图方法，最重要的是能熟读施工图，熟悉施工过程，为建筑给水排水系统施工图的算量与计价打下基础。

一、设计依据
1. 现行国家有关设计规范和规程，省内地方法规及本院专业技术统一措施。
2. 业主所提供的有关市政给水、污水、雨水管网资料。
3. 本院各专业提供的设计资料。
二、设计范围
1. 本设计范围包括单体楼房的室内给水排水及室内消火栓设计。
2. 室外给水排水总平面图、室外消防给水系统的管网、室外消火栓、消防水泵接合器及游泳池另附详图。
三、工程概况
本工程为别墅，计2层，建筑高度为8.00m。
四、冷水系统
1. 水源：本楼给水水源接自与小区连环的给水干管，供水压力 $P=0.40$MPa，各户给水引入管DN50。
2. 给水方式：生活用水经小区给水管网直接上给供水。
3. 室外进水管可根据现场具体情况进行变化。
五、热水系统
1. 水源：本楼热水水源接自屋顶太阳能热水器连环的热水干管；具体热水系统设备、系统附件、屋顶管网等可根据现场具体情况进行变化。
2. 给水方式：生活热水经屋顶热水管网下给供水。
六、室内消防系统
1. 本工程为二层别墅，故不设室内消火栓系统。
2. 本楼室外消防用水由市政管网和室外消防水池联合供给，具体另附详室外消防总图。
七、排水系统
1. 生活污水、废水与雨水分流、污废水室外处理及排法另附总体图。
2. 排水立管转弯及排水立管与排出管连接管应采用两个45°弯头或采用斜三通连接，排水三通应采用顺水三通或斜三通配件，管道待主体竣工后再与室外检查井连接。
3. 生活污水管道的坡度未注明时为 $i \geq 0.026$。
4. 排水地漏的顶面应比净地面低0.01m，地面应有不小于0.01的坡度。
5. 屋面雨落管、阳台雨排水管与冷凝水排水系统由建筑专业设计，不包含在本设计中。

图1-1 给水排水设计及施工总说明（一）

八、卫生洁具选用
1. 按甲方要求，卫生间设蹲式大便器（不带内置水封），台式单柄单孔龙头洗手盆及双管管件淋浴器，卫生洁具安装详见国标99S304。
2. 卫生器具，给水配件应采用节水型，并具有产品合格证，不得使用淘汰产品。若施工中选用了自带存水弯型器具时，则排水支管上存水弯应取消。
九、管材、保温防腐及阀门
1. 冷水管采用钢塑复合管及配件；明设钢塑复合管外刷银粉漆两道，灰色调和漆两道。埋地钢塑复合管外刷石油沥青涂料两道。
2. 热水管采用热水型钢塑复合管及配件；明设钢塑复合管外刷银粉漆两道，灰色调和漆两道。埋地钢塑复合管外刷石油沥青涂料两道。所有管道支、吊架除锈后红丹打底，外刷与管道相同颜色漆两道。所有设于室外及布置于架空层的热水管均用橡塑复合隔热保温材料保温，安装图详见有关规范及产品说明，热水系统最高点应设有自动排气阀，最低点应设泄水阀。
3. 排水管采用优质硬聚氯乙烯管。洗衣机采用专用地漏，厨房采用网筐式地漏。
4. 厨卫给水管尽量采用嵌在墙内暗装形式，凡碰到剪力墙建议采用预留15mm浅槽，并沿浅槽敷设管道，然后利用其粉刷层及装修面层加以掩饰，敷设在楼板上的给水管利用找平层加以掩饰。
5. 阀门的选用：管径小于DN50采用钢质截止阀，大于和等于DN50采用优质闸阀或碟阀。
6. 灭火器配备详见建施图。
十、管道敷设
1. 阀门及配件需装可拆卸的法兰或螺纹活套，并安装在方便维修、拆卸的位置。管道井或吊架内阀门应配合土建留有检修口，所有管道井内楼板应待管道安装后封堵。给水排水管道与其他专业管道交叉应互相协调。除图样注明标高外，设于吊顶内管道安装应尽可能紧贴梁底，立管应按规定尺寸靠近墙面或柱边。
2. 立管及水平管支、吊架安装详国标03S402，所有竖管底部应加支墩或铁架固定，管道穿楼板、梁、外墙等均设套管，其缝隙应填塞严密。管道穿水箱壁采用Ⅳ型防水翼环，防水套管安装详见国标02S404。
3. 热水横管均应有与水流方向相反不小于0.003的坡度。
4. 管道井暗装排水竖管上的检查口与浴盆排水口处应设检修门，做法详见土建图。
5. 给水管所标注指管中，排水管指管内底，标高以"m"计，其他尺寸以"mm"计。
6. 钢塑复合管采用螺纹连接，排水硬聚氯乙烯管采用粘胶接口。
7. 卫生洁具配管安装高度除图中特别注明外均参见国家建筑标准设计"卫生设备安装"。
十一、水压试验及竣工验收
1. 施工单位应对所承担的给水、排水、雨水等安装进行全面的试验，以符合设计及国家有关规定。
2. 室内给水管工作压力为0.6MPa，试验压力应为工作压力的1.5倍。
3. 排水管安装后应做灌水试验，暗装或埋地排水管在隐蔽前必须做灌水试验。
4. 所有排水管道及卫生洁具等安装应按国家有关规定、标准进行验收。

图1-2 给水排水设计及施工总说明（二）

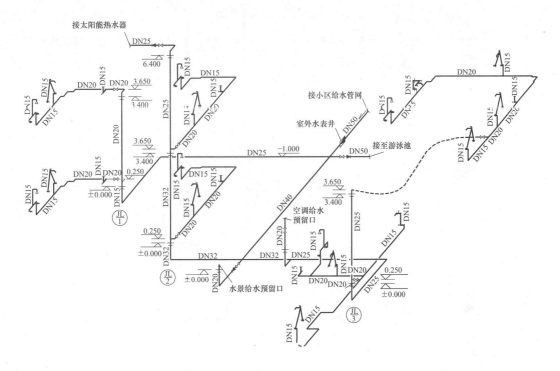

图 1-3 生活冷水给水系统图

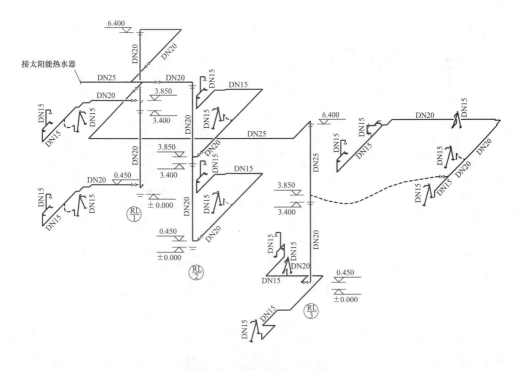

图 1-4 生活热水给水系统图

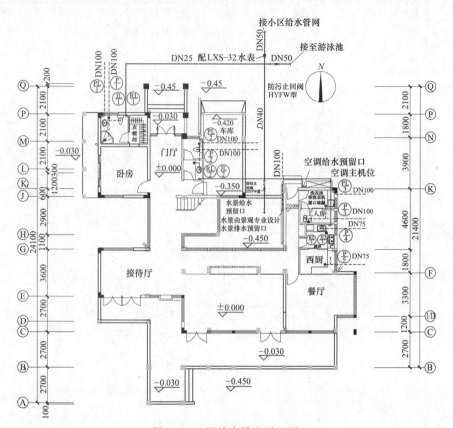

图 1-5　一层给水排水平面图

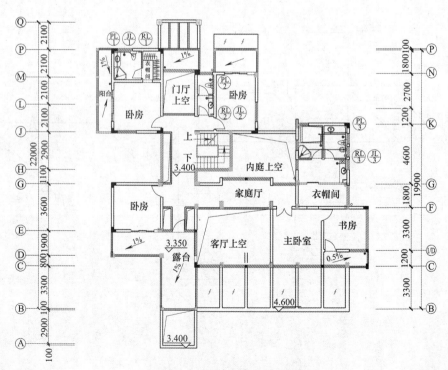

图 1-6　二层给水排水平面图

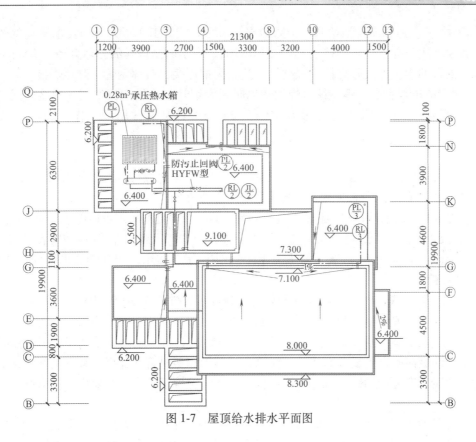

图 1-7 屋顶给水排水平面图

1.1 建筑给水排水基础知识

淡水用完——南北极取；冰山用完——过滤海水；海水用完——？
水是生命之源，请节约用水！

1.1.1 常用管材

1. 金属管

饮水思源，　常用管材——
珍惜水资源　　金属管

（1）无缝钢管：无缝钢管是用普通碳素钢、优质碳素钢或低合金钢用热轧或冷轧制造而成，其外观特征是纵、横向均无焊缝，常用于生产给水系统，满足各种工业用水，如冷却用水、锅炉给水等。无缝钢管在同一外径下往往有几种壁厚，所以其规格一般不用公称直径表示，而用管外径 $D×$壁厚表示，如 $D20×2.5$，表示的是外径为 20mm，壁厚为 2.5mm。无缝钢管通常采用焊接连接，一般不采用螺纹连接，因其规格不是公称直径，所需的连接管件配不上。

（2）焊接钢管：焊接钢管又称有缝钢管，包括普通焊接钢管、直缝卷制电焊钢管和螺旋缝电焊钢管等，用普通碳素钢制造而成。

焊接钢管按管道壁厚不同又分为一般焊接钢管和加厚焊接钢管。一般焊接钢管用于工作压力小于 1MPa 的管路系统中，加厚焊接钢管用于工作压力小于 1.6MPa 的管路系统中。

1）普通焊接钢管：普通焊接钢管又名水煤气管，可分为镀锌钢管（白铁管）和非镀锌钢管（黑铁管）。适用于生活给水、消防给水、采暖系统等工作压力低和要求不高的管道系统中。其规格用公称直径"DN"表示，如DN100，表示的是该管的公称直径为100mm。

焊接钢管的连接方式有焊接、螺纹、法兰和沟槽连接，镀锌钢管应避免焊接。

2) 螺旋缝电焊钢管：螺旋缝电焊钢管也叫螺旋钢管，采用钢板卷制、焊接而成。其规格用外径"D"表示，常用规格为$D219 \sim D720$mm。管材通常用于工作压力小于或等于1.6MPa、介质温度不超过200℃的直径较大的远距离输送管道。

（3）铸铁管：铸铁管由生铁制成，按材质分为灰口铁管、球墨铸铁管及高硅铁管，多用于给水管道埋地敷设的给水排水系统工程中。铸铁管的优点是耐腐蚀、耐用，缺点是质脆、重量大、加工和安装难度大、不能承受较大的动荷载。

铸铁管通常采用承插口连接和法兰连接两种方式，管段之间采用承插连接，需要拆卸和与设备、阀门之间连接采用法兰连接。铸铁管以公称直径"DN"表示，如DN300表示该管公称直径为300mm。工程中对于大管径的铸铁管通常仅用"D"表示，如DN300也可写成$D300$。

2. 复合管

（1）钢塑复合管：钢塑复合管由普通镀锌钢管和管件以及ABS、PVC、PE等工程塑料管道复合而成，兼镀锌钢管和普通塑料管的优点。钢塑复合管一般采用螺纹连接。

（2）铜塑复合管：铜塑复合管是一种新型的给水管材，通过外层为热导率小的塑料，内层为稳定性极高的铜管复合而成，从而综合了铜管和塑料管的优点，具有良好的保温性能和耐腐蚀性能，有配套的铜质管件，连接快捷方便，但价格较高，主要用于星级宾馆的室内热水供应系统。

（3）铝塑复合管：铝塑复合管是以焊接铝管为中间层，内外层均为聚乙烯塑料管道，广泛用于民用建筑室内冷热水、空调水、采暖系统及室内煤气、天然气管道系统。

铜塑复合管和铝塑复合管一般采用卡套式连接。

（4）钢骨架塑料复合管：钢骨架塑料复合管是钢丝缠绕网骨架增强聚乙烯复合管的简称，它是用高强度钢丝左右缠绕成的钢丝骨架为基体，内外覆高密度PE，是解决塑料管道承压问题的最佳解决方案，具有耐冲击性、耐腐蚀性和内壁光滑、输送阻力小等特点。管道连接方式一般为热熔连接。

3. 塑料给水管

（1）硬聚氯乙烯塑料管（PVC-U管）：硬聚氯乙烯塑料管是以PVC树脂为主加入必要的添加剂进行混合、加热挤压而成，该管材常用于输送温度不超过45℃的水。PVC-U管一般采用承插式粘接连接或弹性密封圈连接，与阀门、水表或设备连接时可采用螺纹或法兰连接。

常用管材—塑料管

（2）PE塑料管：PE塑料管常用于室外埋地敷设的燃气管道和给水工程中，一般采用电熔焊、对接焊、热熔承插焊等连接方式。

（3）工程塑料管：工程塑料管又称ABS管，是由丙烯腈-丁二烯-苯乙烯三元共聚物粒料经注射、挤压成型的热塑性塑料管。该管强度高，耐冲击，使用温度为$-40 \sim 80$℃。常用于建筑室内生活冷、热水供应系统及中央空调水系统中。工程塑料管常采用承插粘合连接，与阀门、水表或设备连接时可采用螺纹或法兰连接。

（4）PP-R塑料管：PP-R塑料管是由丙烯-乙烯共聚物加入适量的稳定剂，挤压成型的热塑性塑料管。特点是耐腐蚀、不结垢；耐高温（95℃）、高压；质量轻、安装方便。主要应用于建筑室内生活冷、热水供应系统及中央空调水系统中。PP-R塑料管常采用热熔连接，与阀门、水表或设备连接时可采用螺纹或法兰连接。

塑料给水管道规格常用"de"或"dn"符号表示外径。

4. 塑料排水管

(1) 硬聚氯乙烯塑料管（PVC-U管）：建筑排水用硬聚氯乙烯管的材质为硬聚氯乙烯，公称外径（dn）有 40mm、50mm、75mm、110mm 和 160mm，壁厚 2~4mm。PVC-U 排水管用公称外径×壁厚的方法表示规格，连接方式为承插粘接。

PVC-U 排水管道适用于建筑室内排水系统，当建筑高度大于或等于 100m 时不宜采用塑料排水管，可选用柔性抗震金属排水管，如铸铁排水管。

塑料排水管常用管件如图 1-8 所示。

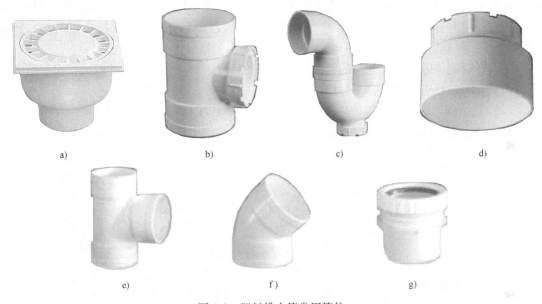

图 1-8 塑料排水管常用管件

a) 地漏 b) 检查口 c) 带检查口的存水弯 d) 清扫口 e) 顺水三通 f) 45°弯头 g) 伸缩节

(2) 双壁波纹管：双壁波纹管分为高密度聚乙烯（HDPE）双壁波纹管和聚氯乙烯（U-PVC）双壁波纹管，是一种用料省，刚性高，弯曲性优良，具有波纹状外壁、光滑内壁的管材。连接形式为挤压夹紧、热熔合、电熔合。

5. 钢筋混凝土管

钢筋混凝土管有普通的钢筋混凝土管（RCP）、自应力钢筋混凝土管（SPCP）和预应力钢筋混凝土管（PCP）。钢筋混凝土管的特点是节省钢材，价格低廉（和金属管材相比），防腐性能好，具有较好的抗渗性、耐久性，能就地取材。目前大多生产的钢筋混凝土管管径为 100~1500mm。

1.1.2 常用阀门

1. 阀门分类

根据阀门的不同用途可分为：

(1) 开断用：用来接通或切断管路介质，如截止阀、闸阀、球阀、蝶

常用阀门——阀门识别

阀等。

（2）止回用：用来防止介质倒流，如止回阀。

（3）调节用：用来调节介质的压力和流量，如调节阀、减压阀。

（4）分配用：用来改变介质流向、分配介质，如三通旋塞、分配阀、滑阀等。

（5）安全阀：在介质压力超过规定值时，用来排放多余的介质，保证管路系统及设备安全，如安全阀、事故阀等。

（6）其他特殊用途阀门。如疏水阀、排气阀、排污阀等。

2. 常用阀门

（1）闸阀：闸阀指关闭件（闸板）沿通路中心线的垂直方向移动的阀门，如图1-9所示。闸阀是使用很广的一种阀门，它在管路中主要作切断用，一般 DN≥50mm 的切断装置且不经常开闭时都选用它，如水泵进出水口、引入管总阀。有一些小口径也用闸阀，如铜闸阀。

闸阀具有流体阻力小，介质的流向不受限制的特点，缺点是外形尺寸较大，安装所需空间较大，开闭过程中密封面容易擦伤。

（2）截止阀：截止阀是关闭件（阀瓣）沿阀座中心线移动的阀门，如图1-10所示。截止阀在管路中主要作切断用，也可调节一定的流量，如住宅楼内每户的总水阀。

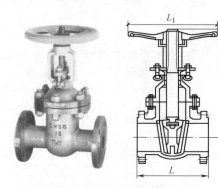

图1-9　闸阀

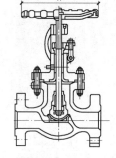

图1-10　截止阀

截止阀通常只有一个密封面，制造工艺好，在开闭过程中密封面的摩擦力比闸阀小，耐磨且便于维修。缺点是流体阻力损失较大，而且具有方向性。

（3）止回阀：止回阀是指依靠介质本身流动而自动开、闭阀瓣的阀门，如图1-11所示，用来防止介质倒流，又称逆止阀、单向阀、逆流阀和背压阀，其安装示意图如图1-12所示。止回阀根据用途不同又有如下几种形式：

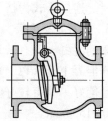

图1-11　止回阀

1）消声式止回阀：消声式止回阀主要由阀体、阀座、导流体、阀瓣、轴承及弹簧等主要零件组成，内部流道采用流线形设计，压力损失极小。阀瓣启闭行程很短，停泵时可快速关闭，从而防止巨大的水锤声，具有静音关闭的特点。该阀主要用于给水排水、消防及暖通

项目1 建筑给水排水工程

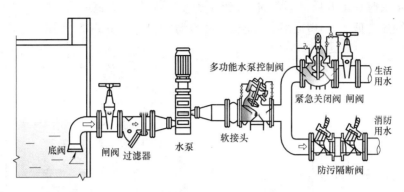

图1-12 止回阀典型安装示意图

系统，可安装于水泵出口处，以防止倒流及水锤对泵的损害。

2）多功能水泵控制阀：它是一种安装在高层建筑给水系统以及其他给水系统的水泵出口管道上，防止介质倒流，防止水锤及水击现象的产生，兼具电动阀、逆止阀和水锤消除器三种功能的阀门，可有效地提高供水系统的安全可靠性。

3）倒流防止器：它是用于高层建筑的供水系统、消防水系统、空调水系统及市政供水管道系统等，防止不洁净水倒流入主管的现象发生的一种阀门。

4）防污隔断阀：它是一种安装在各类管路系统中用于严格阻止介质倒流，保护其后的介质或设备不受污染的止逆类阀门。它由两个串联的止回阀和过渡部分组成，密封严密，确保介质无一点回流，安全可靠。

5）底阀：底阀安装在水泵水下吸管的底端，限制水泵管内液体返回水源，起着只进不出的功能，相当于止回阀，主要应用在抽水的管路上。

（4）蝶阀：它是蝶板在阀体内绕固定轴旋转的阀门，主要由阀体、蝶板、阀杆、密封圈和传动装置组成，如图1-13所示。蝶阀在管路中可作切断用，也可调节一定的流量。

蝶阀具有结构简单、外形尺寸小、启闭方便迅速、调节性能好的特点，蝶板旋转90°即可完成启闭，通过改变蝶板的旋转角度可以分级控制流量。蝶阀的主要缺点是蝶板占据一定的过水断面，增大一定的水头损失。蝶阀常采用法兰连接或对夹连接。

（5）球阀：球阀和旋塞阀是同属一个类型的阀门，它的关闭件是个球体，是通过球体绕阀体中心线作旋转来达到开启、关闭的一种阀门，如图1-14所示。在管路中主要用来切断、分配和改变介质的流动方向。在水暖工程中，常采用小口径的球阀，采用螺纹连接或法兰连接。

图1-13 蝶阀

图1-14 球阀

(6) 安全泄压阀：安全泄压阀是一种安全保护用阀门，当设备或管道内的介质压力升高，超过规定值时自动开启，通过向系统外排放介质来防止管道或设备内介质压力超过规定数值；当系统压力低于工作压力时，安全阀便自动关闭，如图 1-15 所示。

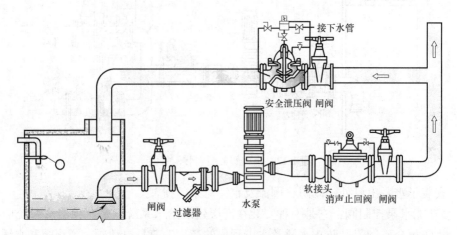

图 1-15 安全泄压阀安装示意图

(7) 疏水阀：疏水阀是用于蒸汽加热设备、蒸汽管网和凝结水回收系统的一种阀门，如图 1-16 所示。它能迅速、自动、连续地排除凝结水，有效地阻止蒸汽泄漏。

(8) 水位控制阀：它是一种自动控制水箱、水塔液面高度的水力控制阀。当水面下降超过预设值时，浮球阀打开，活塞上腔室压力降低，活塞上下形成压差，在此压差作用下阀瓣打开进行供

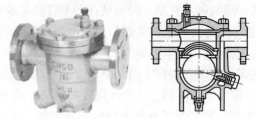

图 1-16 疏水阀

水作业；当水位上升到预设高度时，浮球阀关闭，活塞上腔室压力不断增大致使阀瓣关闭停止供水，如图 1-17 所示。如此往复自动控制液面在设定高度，实现自动供水。

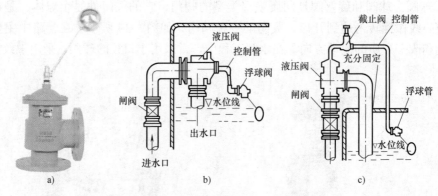

图 1-17 水位控制阀安装示意图
a) 水位控制阀　b) 控制阀安装在水池内示意图　c) 控制阀安装在水池外示意图

3. 常用阀门型号表示方法

阀门产品的型号是由七个单元组成,用来表明阀门类别、驱动种类、连接形式、结构形式、密封面或衬里材料、公称压力及阀体材料,如图 1-18 所示。

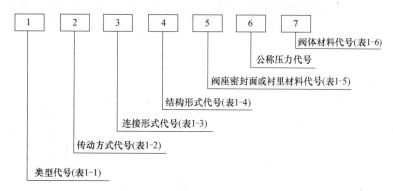

图 1-18 阀门型号表示方法

第一部分为阀门的类型代号,用汉语拼音字母表示,见表 1-1。

表 1-1 阀门类型代号

阀门类型	代 号	阀门类型	代 号	阀门类型	代 号
闸阀	Z	球阀	Q	疏水阀	S
截止阀	J	旋塞阀	X	安全阀	A
节流阀	L	液面指示	M	减压阀	Y
隔膜阀	G	止回阀	H		
柱塞阀	U	蝶阀	D		

第二部分为传动方式代号,用阿拉伯数字表示,见表 1-2。

表 1-2 传动方式代号

传动方式	代 号	传动方式	代 号
电磁阀	0	伞齿轮	5
电磁-液动	1	气动	6
电-液动	2	液动	7
蜗轮	3	气-液动	8
正齿轮	4	电动	9

注:1. 手轮、手柄和扳手传动以及安全阀、减压阀、疏水阀省略本代号。
2. 对于气动或液动:常开式用 6K、7K 表示;常闭式用 6B、7B 表示;气动带手动用 6S 表示;防爆电动用 "9B" 表示。

第三部分为连接形式代号,用阿拉伯数字表示,见表 1-3。

表 1-3 连接形式代号

连接形式	代 号	连接形式	代 号
内螺纹	1	对夹	7
外螺纹	2	卡箍	8
法兰	4	卡套	9
焊接	6		

注:焊接包括对焊和承插焊。

第四部分为结构形式代号,用阿拉伯数字表示,常用阀门结构形式见表1-4。

表1-4　结构形式代号

结构形式	代号	结构形式	代号
a. 闸阀			
明杆楔式单闸板	1	暗杆楔式单闸板	5
明杆楔式双闸板	2	暗杆楔式双闸板	6
明杆平行式单闸板	3	暗杆平行式单闸板	7
明杆平行式双闸板	4	暗杆平行式双闸板	8
b. 截止阀			
直通式(铸造)	1	直角式(锻造)	4
直角式(铸造)	2	直流式	5
直通式(锻造)	3	压力计用	9
c. 止回阀			
直通升降式(铸)	1	单瓣旋启式	4
立式升降式	2	多瓣旋启式	5
直通升降式(锻)	3		

第五部分为阀座密封面或衬里材料代号,代号用汉语拼音字母表示,按表1-5的规定执行。

表1-5　阀座密封面或衬里材料代号

阀座密封面或衬里材料	代号	阀座密封面或衬里材料	代号
铜合金	T	渗氮钢	D
橡胶	X	硬质合金	Y
尼龙塑料	N	衬胶	J
氟塑料	F	衬铅	Q
巴氏合金	B	搪瓷	C
合金钢	H	渗硼钢	P

注:由阀体直接加工的阀座密封面材料代号用"W"表示;当阀座和阀瓣(闸板)密封面材料不同时,用低硬度材料代号表示(隔膜阀除外)。

第六部分为阀门的公称压力代号,直接以公称压力数值表示,单位为MPa(旧型号公称压力单位为kgf/cm^2),并用横线与前部分隔开。

第七部分为阀体材料代号,用汉语拼音字母表示,见表1-6。对于$PN \leqslant 1.6$MPa的灰铸铁阀体和$PN \geqslant 2.5$MPa的碳素钢阀体,此部分省略不写。

表1-6　阀体材料代号

阀体材料	代号	阀体材料	代号
灰铸铁	Z	铬钼合金钢	I
可锻铸铁	K	铬镍钛钢	P
球墨铸铁	Q	铬镍钼钛合金钢	R
铜合金(铸铜)	T	铬钼钒合金钢	V
碳钢	C	铝合金	L

4. 常用阀门型号表示方法举例

（1）Z944T-1，DN500：表示公称直径500mm，电动机驱动，法兰连接，结构形式为明杆平行式双闸板，公称压力为1MPa，阀体材料为灰铸铁（该部分省略）的闸阀。

（2）J11T-1.6，DN32：表示公称直径32mm，手轮驱动（该部分省略），内螺纹连接，结构形式为直通式（铸造），铜密封圈，公称压力为1.6MPa，阀体材料为灰铸铁（该部分省略）的截止阀。

（3）H11T-1.6K，DN50：表示公称直径50mm，自动启闭（该部分省略），内螺纹连接，结构形式为直通升降式（铸造），铜密封圈，公称压力1.6MPa，阀体材料为可锻铸铁的止回阀。

1.1.3 常用给水仪表

1. 水表

水表是一种流速式计量仪，其原理是当管道直径一定时，通过水表的水流速度与流量成正比，水流通过水表时推动翼轮转动，通过一系列联运齿轮，记录出用水量。

根据翼轮的不同结构，又分为：

（1）旋翼式：翼轮转轴与水流方向垂直，水流阻力大，适用于小口径的液量计量，如图1-19所示。

常用给水仪表——
旋翼式水表

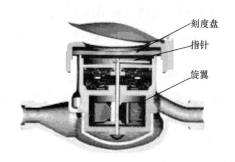

图1-19 旋翼式水表

（2）螺翼式：翼轮转轴与水流方向平行，水流阻力小，适用于大流量（大口径）的计量，如图1-20所示。

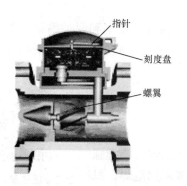

常用给水仪表——
螺翼式水表

图1-20 螺翼式水表

2. 压力表

压力表是以大气压力为基准，用于测量小于或大于大气压力的仪表。压力表按其指示压力的基准不同，分为一般压力表、绝对压力表、差压表。一般压力表以大气压力为基准；绝对压力表以绝对压力零位为基准；差压表用来测量两个被测物体之间的压力差。

3. 温度计

温度计是测温仪器的总称。根据所用测温物质的不同和测温范围的不同，有煤油温度计、酒精温度计、水银温度计、气体温度计、电阻温度计、温差电偶温度计、辐射温度计和光测温度计、双金属温度计等。

1.1.4 常用板材和型钢

1. 金属板材

（1）钢板：用碳素钢冷轧或热轧而成。按厚度分为厚钢板和薄钢板两种，其中薄钢板又分为镀锌钢板（白铁皮）和非镀锌钢板（黑铁皮）两种。厚钢板主要用于加工制作容器、设备的底板、垫铁和低压法兰等。薄钢板用于加工制作风管、空气处理箱等。规格用边宽×边长×厚度表示。如钢板 1000×2000×0.75 表示钢板宽 1000mm，长 2000mm，厚 0.75mm。

（2）铝板：主要用于防爆通风系统中，常用纯铝板。

（3）不锈钢板：主要用于化工高温耐腐蚀的通风系统中。

2. 非金属板材

常用的非金属板材有玻璃钢板和硬聚氯乙烯塑料板两种。玻璃钢板采用合成树脂为胶粘剂，以玻璃纤维及其制品（如玻璃布、玻璃毡等）为增强材料，用人工或机械方法制成。

3. 型钢

型钢是一种有一定截面形状和尺寸的条形钢材。常用的型钢有圆钢、扁钢、角钢和槽钢等。

（1）圆钢：圆钢是指截面为圆形的实心长条钢材，主要用于加工制作U形螺栓、吊杆和支架的抱箍等。其规格以直径"ϕ"的毫米数表示，如 $\phi20$，表示其直径为 20mm。

（2）扁钢：扁钢是截面为长方形并稍带钝边的钢材，主要用于加工风管法兰及抱箍。规格以宽度×厚度表示，如-40×4，表示扁钢宽 40mm，厚 4mm。

（3）角钢：角钢俗称角铁，是两边互相垂直呈直角形的长条钢材。按边的宽度不同，分为等边角钢和不等边角钢两种，其中常用等边角钢，主要用于加工制作风管法兰和管道支架等。规格以边宽×边宽×边厚表示，其前加符号"∟"，单位为 mm（不写）。如∟40×40×4 表示等边角钢两边的宽均为 40mm，边厚 4mm。

（4）槽钢：槽钢是截面为凹槽形的长条钢材，分为普通槽钢和轻型槽钢两种，其中常用普通槽钢。槽钢主要用于制作较大管道的支架或设备支架等，规格以槽钢高度表示，每 10mm 为 1 号，用符号"⊏"表示。如槽钢的高 $h=100mm$，表示为⊏10。

1.1.5 常用管道连接技术

1. 焊接连接

钢管焊接可采用焊条电弧焊或氧-乙炔气焊。由于电焊的焊缝强度较高，焊接速度快，又较经济，所以钢管焊接大多采用电焊，只有当管壁厚度小于 4mm 时，才采用气焊。而焊条电弧焊在焊接薄壁

常用管道连接技术——
给水排水管道连接方式

管时容易烧穿，一般只用于焊接壁厚为 3.5mm 及其以上的管道。

管材壁厚在 5mm 以上者应对管端焊口部位铲坡口，主要是保障焊缝的熔深和填充金属量，使焊缝与母材良好结合，便于操作，减少焊接变形，保障焊缝的几何尺寸。管道常用的坡口形式为"V"形坡口，如图1-21 所示。

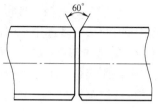

图 1-21 "V"形坡口示意图

2. 螺纹连接

螺纹连接即将管端加工的外螺纹和管件的内螺纹紧密连接。它适用于较小直径（公称直径 100mm 以内），较低工作压力（如 1MPa 以内）焊接钢管的连接和带螺纹的阀类及设备接管的连接。

常用管道连接技术—螺纹连接

螺纹连接的管件是采用 KT30-6 可锻铸铁铸造，并经车床车制内螺纹而成，俗称玛钢管件，有镀锌和不镀锌两类，分别用于白、黑铁管的连接。

3. 法兰连接

法兰连接就是把两个管道、管件或器材，先各自固定在一个法兰盘上，两个法兰盘之间加上法兰垫，用螺栓紧固在一起，完成管道连接，如图 1-22 所示。

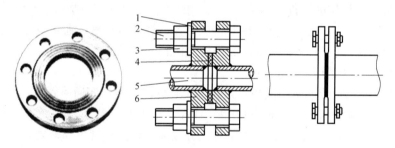

图 1-22 管道法兰连接示意图
1—垫圈 2—螺栓 3—螺母 4—法兰垫片 5—接管 6—平焊法兰

（1）法兰按连接方式分可分为螺纹法兰和焊接法兰。管道与法兰之间采用焊接连接称为焊接法兰，管道与法兰之间采用螺纹连接则称为螺纹法兰，如图 1-23 所示。低压小直径用螺纹法兰，高压和低压大直径均采用焊接法兰。

（2）按法兰的接触面可分为平焊法兰和对焊法兰。平焊和对焊是法兰和管道连接时的焊接方式，平焊法兰焊接时只需单面焊接，不需要焊接管道和法兰连接的内口，如图 1-24 所示；对焊法兰的焊接安装需要双面焊，如图 1-25 所示。平焊法兰的刚性较差，适用于压力 $P \leqslant 4MPa$ 的场合；对焊法兰又称高颈法兰，刚性较大，适用于压力和温度较高的场合。

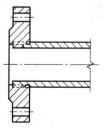

图 1-23 螺纹法兰

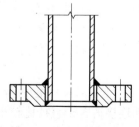

图 1-24 平焊法兰

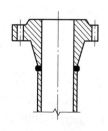

图 1-25 对焊法兰

(3) 法兰的规格一般以公称直径"DN"和公称压力"PN"表示。水暖工程所用的法兰多选用平焊法兰。

4. 管道卡箍（沟槽）连接

卡箍连接是一种新型的钢管连接方式，具有很多优点。《自动喷水灭火系统设计规范》提出，系统管道的连接应采用沟槽式连接件或螺纹、法兰连接；系统中直径等于或大于100mm的管道，应采用法兰或沟槽式连接件连接。

(1) 卡箍连接件的结构非常简单，包括卡箍（材料为球墨铸铁或铸钢）、密封圈（材料为橡胶）和螺栓紧固件，如图1-26所示。规格从DN25～DN600，配件除卡箍连接件外，还有变径卡箍、法兰与卡箍转换接头、螺纹与卡箍转换接头等。卡箍根据连接方式分为刚性接头和柔性接头。

(2) 沟槽连接管件包括以下两个大类产品：

1) 起连接密封作用的管件有刚性接头、挠性接头、机械三通和沟槽式法兰。

2) 起连接过渡作用的管件有弯头、三通、四通、异径管、盲板等。机械三通可用于直接在钢管上接出支管。首先在钢管上用开孔机开孔，然后将机械三通卡入孔洞，孔四周由密封圈沿管壁密封。机械三通连接分螺纹和沟槽式两种。

常用的沟槽配件如图1-27所示：

图1-26 卡箍连接件

(3) 工艺流程：安装准备→滚槽→开孔→安装机械三通、四通→管道安装→系统试压。

(4) 管道安装方法：按照先装大口径、总管、立管，后装小口径、支管的原则，在安装过程中，必须按顺序连续安装，不可跳装、分段装，以免出现段与段之间连接困难，影响管路整体性能。

5. 承插口连接

(1) 水泥捻口：一般用于室内、外铸铁排水管道的承插口连接，如图1-28所示。

(2) 石棉水泥接口：一般室内、外铸铁给水管道敷设均采用石棉水泥捻口，即在水泥内掺适量的石棉绒拌和，其具体做法详见《SGBZ-0502室内给水管道安装施工工艺标准》。

(3) 铅接口：一般用于工业厂房室内铸铁给水管敷设，设计有特殊要求或室外铸铁给水管紧急抢修，管道碰头急于通水的情况可采用铅接口，具体做法详见《SGBZ-0502室内给水管道安装施工工艺标准》。

(4) 橡胶圈接口：一般用于室外铸铁给水管铺设、安装的管与管接口。

6. 热熔连接

热熔连接技术适用于聚丙烯管道（如PP-R塑料管）的连接。热熔机加热到一定时间后，将材料原来紧密排列的分子链熔化，然后在稳定的压力作用下将两个部件连接并固定，在熔合区建立接缝压力。

热熔连接方式有热熔承插连接和热熔对接（包括鞍形连接），如图1-29所示。热熔承插连接适合于直径比较小的管材管件（一般直径在DN63以下），因为直径小的管材管件管壁较薄，截面较小，采用对接不易保证质量。热熔对接适合于直径比较大的管材管件，比承插连接用料省，易制造，并且因为在熔接前切去氧化表面层，熔接压力可以控制，质量较易保证。

图 1-27　沟槽连接配件示意图

a）卡箍　b）沟槽式法兰　c）沟槽式弯头　d）机械螺纹三通　e）机械沟槽三通　f）沟槽正三通　g）螺纹异径三通　h）沟槽异径三通

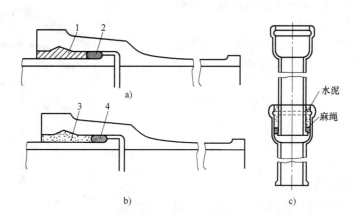

图 1-28　承插口连接示意图

a）柔性连接　b）刚性连接　c）立面示意图

1—铅　2—橡胶圈　3—水泥　4—浸油麻丝

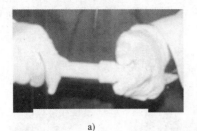 

图 1-29　管道热熔连接

a）热熔承插对接　b）热熔对接

1.2 室内给水系统

地球的71%表面积覆盖水，但淡水仅占2.5%。淡水中，将近70%冻结在南极和格陵兰的冰盖中，其余的大部分是难以开采的土壤中水分或是深层地下水，能开采使用的只有江河、湖泊、水库及浅层地下水，但其数量不足世界淡水的1%，约占地球上全部水的0.007%。

规则意识

所以要有惜水意识，时时处处注意节水，比如关上滴水的龙头，使用节水器具，查漏塞流，减少浪费现象。

1.2.1 室内给水系统分类与组成

给水排水系统的组成——微课　　给水排水系统的组成——动画

1. 室内给水系统的分类

自建筑物的给水引入管至室内各用水及配水设施段，称为室内给水部分。建筑室内给水系统通常分为生活、生产及消防三类，具体定义如下所述。

（1）生活给水系统：生活给水系统是指提供各类建筑物内部饮用、烹饪、洗涤、洗浴等生活用水的系统，要求水质必须严格符合国家标准。

（2）生产给水系统：生产给水系统主要用于生产设备的冷却、原料和产品的洗涤、锅炉用水及某些工业原料用水等。

（3）消防给水系统：消防给水系统是指建筑物的水消防系统，主要有消火栓系统和自动喷淋系统。

在实际应用中，三类给水系统一般不单独设置，而多采用共用给水系统，如生活、生产共用给水系统，生活、消防共用给水系统，生活、生产、消防共用给水系统等。

2. 室内给水系统的组成

一般情况下，建筑给水系统由引入管、水表节点、管道系统、给水附件、升压和储水设备、室内消防设备等部分组成，如图1-30所示。

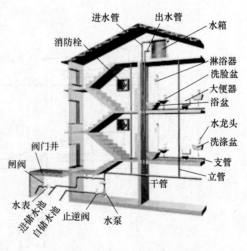

图 1-30　建筑室内给水系统组成示意图

（1）引入管：由室外供水管引至室内的供水接入管道称为给水引入管。引入管通常采用埋地暗敷方式引入。对于一个建筑群体，引入管是总进水管，从供水的可靠性和配水平衡等方面考虑，引入管应从建筑物用水量最大处和不允许断水处引入。

（2）水表节点：水表节点是指引入管上装设的水表及其前后设置的闸门、泄水装置等的总称。水表节点包括水表及其前后设置的闸门、泄水装置及旁通管，如图1-31所示。

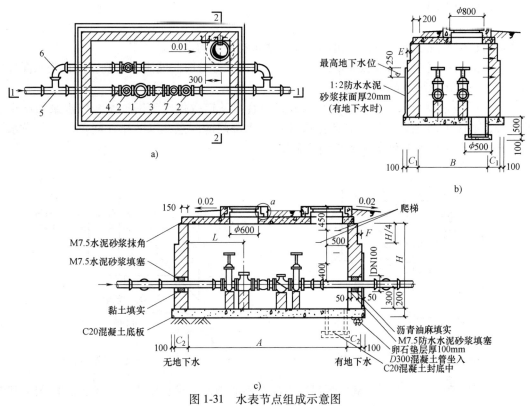

图1-31 水表节点组成示意图
a）水表节点平面图 b）2—2剖面图 c）1—1剖面图
1—水表 2—阀门 3—伸缩器 4—短管 5—三通 6—旁通管 7—止回阀

（3）管道系统：管道系统包括水平干管、立管、横支管等。

（4）给水附件：给水附件包括配水附件（如各式龙头、消火栓及喷头等）和调节附件（如各类阀门：闸阀、截止阀、止回阀、蝶阀和减压阀等）。

（5）升压和储水设备：升压设备是指用于增大管内水压，使管内水流能到达相应位置，并保证有足够的流出水量、水压的设备。储水设备具有储存水，同时也有储存压力的作用，如水池、水箱及水塔等。

3. 室内给水系统给水方式

给水方式根据建筑物的类型、外部供水的条件、用户对供水系统使用的要求以及工程造价不同可分为如下几种方式：

（1）直接给水方式：室内给水管网与室外给水管网直接连接，利用室外管网压力直接向室内供水，如图1-32所示。

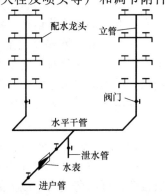

图1-32 直接给水方式示意图

特点：构造简单、经济、维修方便，水质不易被二次污染；但系统内无储水装置，室外一旦停水，室内则无水。

适用范围：室外管网给水压力稳定，水量、水压在任何时候均能满足用水要求的场合，一般用于多层建筑物内。

(2) 单设水箱给水方式：由室外给水管网直接供水至屋顶水箱，再由水箱向各配水点连续供水，如图 1-33 所示。

特点：系统简单，能充分利用室外管网压力供水，具有一定的储备水量，减轻市政管网高峰负荷；但系统设置了高位水箱后增加了建筑物的结构负荷。

适用范围：室外管网水压周期性不足，一天内大部分时间能满足需要，仅在用水高峰期不能满足室内水压要求的场合。

(3) 单设水泵给水方式：这种给水方式是直接从市政供水管网抽水，用水泵加压供水的方式，如图 1-34 所示。注意，此法应征得供水部门的同意，以防止外网负压。单设水泵给水方式又分为恒速泵供水和变频调速泵供水。

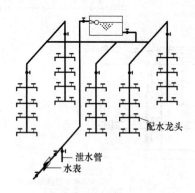

图 1-33 单设水箱给水方式

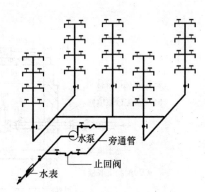

图 1-34 单设水泵给水方式

1) 恒速泵供水。适用于室外管网压力经常不能满足要求，室内用水量大且均匀的建筑物，多用于生产给水。

2) 变频调速泵供水：变频调速技术的基本原理是根据电动机转速与工作电源输入频率成正比的关系：$n=60f(1-s)/p$（式中 n、f、s、p 分别表示转速、输入频率、电动机转差率、电动机磁极对数），通过改变电动机工作电源频率达到改变电动机转速从而改变流量的目的。

适用范围：室内用水量大且不均匀。

特点：能变负荷运行，减少能量浪费，不需设调节水箱。

(4) 水泵—水箱联合给水方式：在建筑物的底部设储水池，将室外给水管网的水引至水池内储存，在建筑物的顶部设水箱，用水泵从储水池中抽水送至水箱，再由水箱分别给各用水点供水的供水方式，如图 1-35 所示。

适用范围：室外管网压力经常不足且室内用水又很不均匀，水箱充满水后，由水箱供水，一般用于高层建筑物。

特点：具有供水安全可靠的优点，但系统复杂，投资及运行管理费用高，维修安装量较大。

(5) 分区供水的给水方式：这种给水方式将建筑物分成上下两个供水区（若建筑物层数较多，可以分成两个以上的供水区域），下区直接在城市管网压力下工作，上区由水箱—水泵联合供水，如图 1-36 所示。

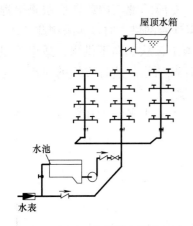
图1-35 水泵—水箱联合给水方式

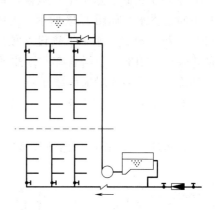
图1-36 分区供水的给水方式

适用范围：多层（高层）建筑中，室外给水管网能提供一定的水压，满足建筑下层用水要求，这种供水方式对建筑物低层设有洗衣房、澡堂、大型餐厅和厨房等用水量大的建筑物尤其具有经济意义。

（6）气压罐给水方式：这种给水方式用于室外给水管网水压不足，或建筑物不宜设置高位水箱或设置水箱确有困难的情况。气压给水装置是利用密闭压力水罐内气体的可压缩性储存、调节和升压送水的给水装置，其作用相当于高位水箱或水塔，水泵从储水池吸水，经加压后送至给水系统和气压罐内；停泵时，再由气压罐向室内给水系统供水，并由气压罐调节储存水量及控制水泵运行，如图1-37所示。

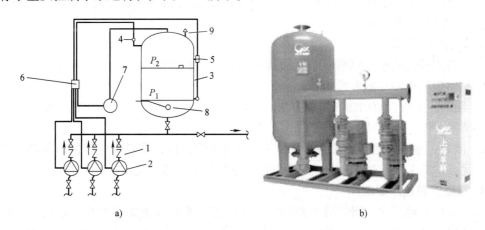

图1-37 气压罐给水方式
a）系统组成 b）系统外观
1—止回阀 2—水泵 3—气压罐 4—压力信号器 5—液位信号器 6—控制器
7—补气装置 8—排气阀 9—安全阀

1.2.2 室内给水管道安装

1. 室内给水系统管道布置形式

各种给水方式按其水平干管在建筑物内敷设的位置分为以下形式：

（1）下行上给式：水平干管敷设在地下室顶棚下、专门的地沟内或在底层直接埋地敷设，从下向上供水，如图 1-38 所示。民用建筑直接从室外管网供水时，多采用此方式。

（2）上行下给式：水平干管设于顶层顶棚下、吊顶中，从上向下供水，适用于屋顶设水箱的建筑或采用下行上给式存在困难的建筑，如图 1-39 所示。这种方式的缺点是冬季易结露、结冻，干管漏水时损坏墙面和室内装修、维修不便。

（3）环状式：水平配水干管或立管互相连接成环，组成水平干管环状或立管环状，如图 1-40 所示。任何管道发生事故时，可用阀门关闭事故管段而不中断供水，水流畅通，水压损失小，水质不易因滞留而变质，缺点是管网造价高。

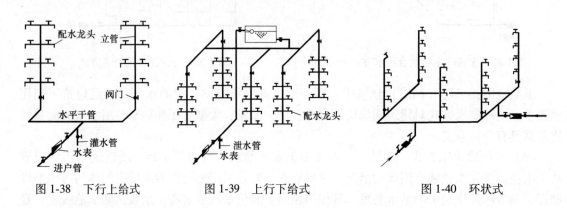

图 1-38　下行上给式　　　图 1-39　上行下给式　　　图 1-40　环状式

2. 管道敷设工艺流程

安装准备→预留孔洞→预制加工→干管安装→立管安装→支管安装→管道试压→管道防腐和保温→管道消毒冲洗。

3. 管道敷设方式

（1）室内管道的布置原则：简短，经济，美观，便于维修。

（2）室内管道的布置形式如下：

1）明装：室内管道明露布置的方法。优点：施工、维修方便，造价低。缺点：影响美观，易结露、积灰，不卫生。

2）暗装：室内管道布置在墙体管槽、管道井或管沟内，或者由建筑装饰所隐蔽的敷设方法。优点：卫生、美观。缺点：施工复杂，维修不便，造价高。

4. 管道安装技术要求

（1）室内直埋给水金属管道（塑料管和复合管除外）应做防腐处理，埋地管道防腐层材质和结构应符合设计要求。埋地金属管道防腐的主要措施是涂装沥青涂层和包玻璃布，做法通常有一般防腐、加强防腐和特加强防腐，见表 1-7。

（2）管道穿过地下构筑物外墙、水池壁及屋面时，应采取防水措施。对有严格防水要求的建筑物，必须采用柔性防水套管。采用刚性防水套管还是柔性防水套管由设计选定。常用防水套管如下：

1）刚性防水套管：刚性防水套管适用于有一般防水要求的构筑物，其做法如图 1-41 所示。

刚性防水套管安装要求如下：

室内给水管道安装——套管安装

表1-7 管道防腐种类

防腐层层次(从金属表面起)	正常防腐层	加强防腐层	特加强防腐层
1	冷底子油	冷底子油	冷底子油
2	沥青涂层	沥青涂层	沥青涂层
3	外包保护层	加强包扎层(封闭层)	加强包扎层(封闭层)
4		沥青涂层	沥青涂层
5		外包保护层	加强包扎层(封闭层)
6			沥青涂层
7			外包保护层
防腐层厚度不小于/mm	3	6	9
厚度允许偏差/mm	−0.3	−0.5	−0.5

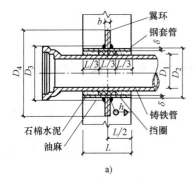 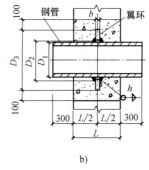 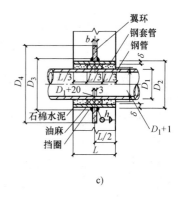

图1-41 刚性防水套管
a) Ⅰ型 b) Ⅱ型 c) Ⅲ型

① Ⅰ型防水套管适用于铸铁管和非金属管;Ⅱ型防水套管适用于钢管;Ⅲ型适用于钢管预埋,将翼环直接焊在钢管上。

② 套管内壁涂装防锈漆一道。

③ 套管必须一次浇固于墙内。

④ 套管长度 L 等于墙厚且大于或等于200mm,如遇非混凝土墙应改为混凝土墙,混凝土墙厚小于200mm 时,应局部加厚至200mm,更换或加厚的混凝土墙其直径比翼环直径大200mm。

2) 柔性防水套管:柔性防水套管一般适用于管道穿过墙壁处受震动或有严密防水要求的构筑物。柔性防水套管结构如图1-42所示。

柔性防水套管安装要求如下:

① 套管部分加工完成后在其内壁涂装防锈漆一道。

② 套管必须一次浇固于墙内。

③ 套管长度 L 等于墙厚且大于或等于300mm;如遇非混凝土墙应改为混凝土墙,混凝土墙厚小于300mm 时,应局部加厚至300mm,更换或加厚的混凝土墙其直径应比翼环直径大200mm。

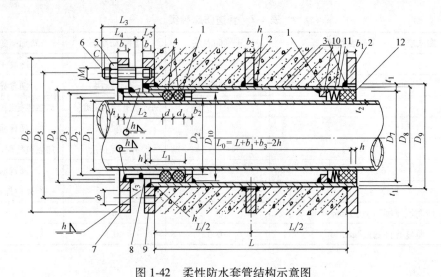

图 1-42 柔性防水套管结构示意图

1—套管 2—翼环 3—挡圈 4—橡胶圈 5—螺母 6—双头螺栓 7—法兰 8—短管 9—翼盘
10—沥青麻丝 11—牛皮纸层 12—20mm 厚油膏嵌缝

（3）给水管道不宜穿过伸缩缝、沉降缝和防震缝，必须穿过时应采取有效措施。常用措施如下：

1）螺纹弯头法：建筑物的沉降可由螺纹弯头的旋转补偿，适用于小管径的管道，如图 1-43 所示。

2）软管接头法：用橡胶软管或金属波纹管连接沉降缝、伸缩缝两边的管道，如图 1-44 所示。

3）活动支架法：沉降缝两侧的支架使管道能垂直位移而不能水平横向位移，以适应沉降伸缩之应力，如图 1-45 所示。

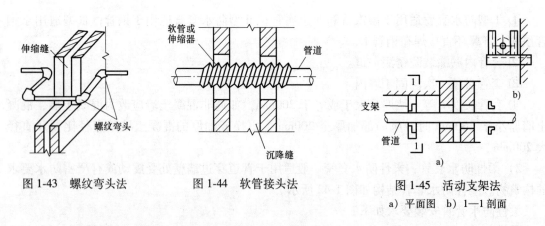

图 1-43 螺纹弯头法　　图 1-44 软管接头法　　图 1-45 活动支架法
　　　　　　　　　　　　　　　　　　　　　　　　　a）平面图　b）1—1 剖面

（4）管道支架的安装技术要求如下：

1）采暖、给水及热水供应系统的金属管道立管管卡安装应符合下列规定：

① 楼层高度小于或等于 5m，每层必须安装 1 个。

② 楼层高度大于 5m，每层不得少于 2 个。

③ 管卡安装高度距地面应为 1.5~1.8m，2 个以上管卡应匀称安装，同一房间管卡应安

装在同一高度上。

④ 钢管水平安装的支、吊架间距不应大于表 1-8 的规定。

表 1-8　钢管管道支架的最大间距

公称直径/mm		15	20	25	32	40	50	70	80	100	125	150	200	250	300
支架的最大间距/m	保温管	2	2.5	2.5	2.5	3	3	4	4	4.5	6	7	7	8	8.5
	不保温管	2.5	3	3.5	4	4.5	5	6	6	6.5	7	8	9.5	11	12

2）采暖、给水及热水供应系统的塑料管及复合管垂直或水平安装的支架间距应符合表1-9 的规定。采用金属制作的管道支架，应在管道与支架间加衬非金属垫或套管。

表 1-9　塑料管及复合管管道支架的最大间距

管径/mm			12	14	16	18	20	25	32	40	50	63	75	90	110
支架最大间距/m	立管		0.5	0.6	0.7	0.8	0.9	1.0	1.1	1.3	1.6	1.8	2.0	2.2	2.4
	水平管	冷水管	0.4	0.4	0.5	0.5	0.6	0.7	0.8	0.9	1.0	1.1	1.2	1.35	1.55
		热水管	0.2	0.2	0.25	0.3	0.3	0.35	0.4	0.5	0.6	0.7	0.8		

3）铜管垂直或水平安装的支架间距应符合表 1-10 的规定。

表 1-10　铜管管道支架的最大间距

公称直径/mm		15	20	25	32	40	50	65	80	100	125	150	200
支架最大间距/m	垂直管	1.8	2.4	3.0	3.0	3.0	3.0	3.5	3.5	3.5	3.5	4.0	4.0
	水平管	1.2	1.8	1.8	2.4	2.4	2.4	3.0	3.0	3.0	3.0	3.5	3.5

（5）管道穿过墙壁和楼板，应设置金属或塑料套管。安装在楼板内的套管，其顶部应高出装饰地面 20mm；安装在卫生间及厨房内的套管，其顶部应高出装饰地面 50mm，底部应与楼板底面相平，如图 1-46 所示；安装在墙壁内的套管其两端与饰面相平，如图 1-47 所示。穿过楼板的套管与管道之间缝隙应用阻燃密实材料和防水油膏填实，端面光滑。穿墙套管与管道之间缝隙应用阻燃密实材料和防水油膏填实，且端面光滑，管道的接口不得设在套管内。

（6）冷、热水管道上下平行安装时热水管应在冷水管上方；垂直平行安装时热水管应在冷水管左侧。

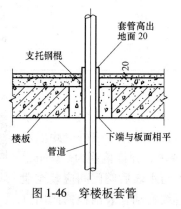

图 1-46　穿楼板套管

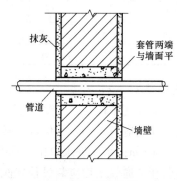

图 1-47　穿墙套管

(7) 给水引入管与排水排出管的水平净距不得小于 1m；室内给水与排水管道平行敷设时，两管间的最小水平净距不得小于 0.5m；交叉敷设时，垂直净距不得小于 0.15m。给水管应敷在排水管上面，若给水管必须敷设在排水管的下面时，给水管应加套管，其长度不得小于排水管管径的 3 倍。

(8) 管道试压与消毒冲洗

1) 室内给水管道的水压试验必须符合设计要求。当设计未注明时，各种材质的给水管道系统试验压力均为工作压力的 1.5 倍，但不得小于 0.6MPa。

检验方法：金属及复合管给水系统在试验压力下观测 10min，压力降不应大于 0.02MPa，然后降到工作压力进行检查，应不渗不漏；塑料管给水系统应在试验压力下稳压 1h，压力降不得超过 0.05MPa，然后在工作压力的 1.15 倍状态下稳压 2h，压力降不得超过 0.03MPa，同时检查各连接处不得渗漏。

2) 生产给水系统管道在交付使用前必须冲洗和消毒，并经有关部门取样检验，符合国家《生活饮用水卫生标准》方可使用。

1.2.3 阀门、水表安装

1. 阀门安装

阀门水表安装
——阀门安装

阀门水表安装
——阀门连接方式

阀门安装前，应做强度和严密性试验。试验应在每批（同牌号、同型号、同规格）数量中抽查 10%，且不少于一个。对于安装在主干管上起切断作用的闭路阀门，应逐个做强度试验和严密性试验。

阀门的强度试验要求阀门在开启状态下进行，检查阀门外表面的渗漏情况。阀门的严密性试验要求阀门在关闭状态下进行，检查阀门密封面是否渗漏。

阀门的强度和严密性试验应符合以下规定：阀门的强度试验压力为公称压力的 1.5 倍；严密性试验压力为公称压力的 1.1 倍；试验压力在试验持续时间内应保持不变，且壳体填料及阀瓣密封面无渗漏。阀门试压的试验持续时间应不少于表 1-11 的规定。

表 1-11 阀门试验持续时间

公称直径 DN/mm	最短试验持续时间/s		
	严密性试验		强度试验
	金属密封	非金属密封	
≤50	15	15	15
65~200	30	15	60
250~450	60	30	180

2. 水表安装

阀门水表安装
——水表安装

水表应安装在便于检修，不受暴晒、污染和冻结的地方。安装螺翼式水表时，表前与阀门应有不小于 8 倍水表接口直径的直线管段。表外壳距墙表面净距为 10~30mm；水表进水口中心标高按设计要求，允许偏差为 ±10mm。

水表前后和旁通管上均应装设检修阀门，水表与水表后阀门间应装设泄水装置。为减少水头损失并保证表前管内水流的直线流动，表前检修阀门宜采用闸阀。住宅中的分户水表，其表后检修阀及专用泄水装置可不设，水表安装示意图如图1-48所示。

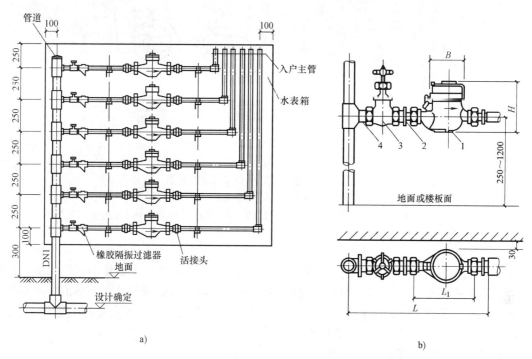

图1-48 水表安装示意图
a) 集中卧式水表安装立面 b) 水表节点图
1—水表 2—补心 3—阀门 4—短管

1.2.4 水泵安装

水泵是给水系统中的主要增压设备，室内给水系统中多采用离心式水泵，它具有结构简单、体积小、效率高等优点。

水泵安装　　水泵的相关知识　　水泵简介

1. 离心式水泵分类

离心式水泵根据叶轮进水方式可分为单吸泵、双吸泵；根据叶轮数量可分为单级泵、多级泵；根据泵轴的安装方式可分为卧式泵（泵轴平行地面）、立式泵（泵轴垂直地面）；根据扬程可分为低压泵（扬程小于100mH_2O）、中压泵（扬程100~650mH_2O）、高压泵（扬程大于650mH_2O）。

2. 离心式水泵构造

离心式水泵的构造如图1-49所示，包括如下三大部分：
(1) 转动部分：叶轮和泵轴。
(2) 固定部分：泵壳（蜗壳状）和泵座。
(3) 防漏密封部分：减漏环和轴封装置。

3. 离心式水泵工作原理

离心式水泵工作前，先将泵内充满液体，然后起动离心泵，叶轮快速转动，叶轮驱使液

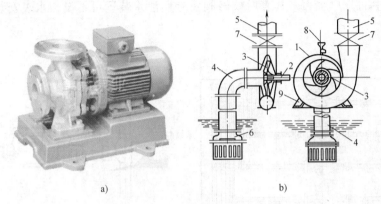

图 1-49 单级单吸式离心式水泵的构造
a）外观 b）内部构造
1—泵壳 2—泵轴 3—叶轮 4—吸水管 5—压水管 6—底阀 7—闸阀 8—灌水斗 9—泵座

体转动，液体转动时依靠惯性向叶轮外缘流去，同时叶轮从吸入室吸进液体。液体从叶轮进口流向出口的过程中，其速度能和压力能都得到增加，被叶轮排出的液体经过压出室，大部分速度能转换成压力能，然后沿排出管路输送出去。这时，叶轮进口处因液体的排出而形成真空或低压，吸水池中的液体在液面压力（大气压）的作用下，被压入叶轮的进口。于是，旋转着的叶轮就连续不断地吸入和排出液体。

4. 离心式水泵的基本性能参数

（1）流量 Q：单位时间内所输送液体的体积，单位为 m^3/h 或 L/s。

（2）扬程 H：水泵给予单位重量液体的能量，单位为 mH_2O 或 Pa。

（3）轴功率 N：水泵从电动机处获得的全部功率，单位为 kW。

（4）效率 η：水泵的有效功率 N_u 与轴功率 N 之比。

（5）转数 n：水泵叶轮每分钟旋转的转数，单位为 r/min。

（6）允许吸上真空高度 H_s：水泵在标准状态下（水温 20℃，表面压力为 1 标准大气压）运转时，水泵所允许的最大吸上真空高度，单位为 mH_2O。

5. 水泵安装工艺流程

放线定位→基础施工→预留孔→埋地脚螺栓→水泵安装→二次灌浆→配管及附件安装→试运转。

6. 水泵安装技术要求

（1）对于噪声控制要求严格的建筑物，应有减振措施，通常在水泵下设减震装置，在水泵的吸水管和压水管上设隔振装置。水泵防震措施如下：

1）对噪声源：选低噪声水泵。

2）基础——固体传振主要通道：橡胶隔振垫。

3）管道——固体传振第二通道：吸、压水管设可曲挠接头。

4）支吊架——固体传振第三通道：弹性支吊架。

5）隔振为主，吸声为辅，在水泵房采取隔声、吸声措施，如双层门窗、墙面，顶棚设多孔吸声板。

（2）水泵吸水管上应设置阀门，出水管上应设置阀门、止回阀和压力表。

（3）水泵安装示意图如图1-50所示。

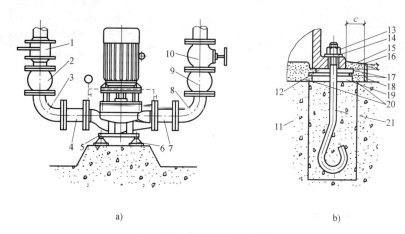

图1-50 水泵安装示意图
a）立式离心单级水泵安装示意图
1—进口阀门 2—挠性接头 3—弯头 4—直管 5—底板 6—隔振器 7—直管 8—弯管 9—挠性接头 10—出口阀门
b）地脚螺栓垫铁和灌浆部示意图
11—地坪或基础 12—底座底面 13—螺母 14—垫圈 15—灌浆层斜面 16—灌浆层 17—成对斜垫铁
18—外模板 19—平垫铁 20—麻面 21—地脚螺栓

1.2.5 水箱

1. 水箱的分类

（1）膨胀水箱：在热水采暖系统中起着容纳系统膨胀水量、排除系统中的空气、为系统补充水量及定压的作用。膨胀水箱一般用钢板焊制而成，装在系统的最高处。

（2）给水水箱：在给水系统中起储水、稳压作用，是重要的给水设备，多用钢板焊制而成，也可用钢筋混凝土制成。

2. 水箱的构造

（1）进水管：水箱进水管一般从侧壁接入，进水管上应装设浮球阀或液位阀，在浮球阀前设置检修阀门。进水管管顶至水箱上缘应有150~200mm的距离。

（2）出水管：水箱出水管一般从侧壁接出。管口下缘应高出箱底50mm以上，一般取100mm，以防污物进入进水管内，可与进水管共用，设单向阀以避免将沉淀物冲起。

（3）溢流管：用以控制水箱的最高水位，溢流管高于设计最高水位50mm。溢流管不能直接接入下水道，水箱设在平屋顶上时，溢流水可直接流在屋面上。溢流管上不设阀门。

（4）信号管：安装在水箱壁的溢流管口以下10mm处，管径15~20mm，信号管的另一端通到值班室的洗涤盆处，以便随时发现浮球阀失灵而能及时修理。

（5）泄水管：泄水管从水箱底接出，用以检修或清洗水箱时泄水。泄水管上装设阀门，平时关闭，泄水时开启。

（6）通气管：供应生活饮用水的水箱应设密封箱盖，箱盖上设检修人孔和通气管，使水箱内空气流通，通气管管径一般不小于50mm，管口应朝下并设网罩，管上不设阀门。水箱的构造如图1-51所示。

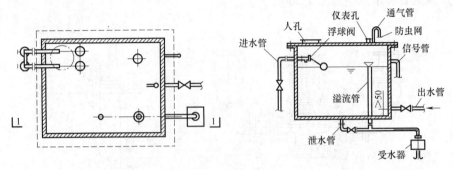

图 1-51 水箱构造示意图

1.3 室内污水排水系统

人生欲求安全，当有五要：一要清洁空气；二要澄清饮水；三要流通沟渠；四要扫洒房屋；五要日光充足。

——南丁格尔

绿水青山就是金山银山

1.3.1 室内污水排水系统组成

建筑排水系统应能满足三个基本要求：第一，系统能迅速畅通地将污废水排到室外；第二，排水管道系统内的气压稳定，管道系统内的有害气体不能进入室内；第三，管线布置合理，工程造价低。因此，建筑内部排水系统由卫生器具或生产设备受水器、排水管道、通气管及清通设备等组成，如图 1-52 所示。

1. 卫生器具

卫生器具是用来收集污废水的器具，如便溺器具、盥洗、沐浴器具、洗涤器具和地漏等。

2. 排水管道

排水管道包括：器具排水管、排水横支管、立管、排出管和通气管。

（1）器具排水管：连接卫生器具和排水横支管之间的短管。

（2）排水横支管：收集器具排水管送来的污水，并将污水排至立管。

（3）排水立管：汇集各层横支管排入的污水，并将污水排入至排出管中。

（4）排出管：连接排水立管与室外排水检查井的管段，通常埋设在地下，坡向室外检查井。

（5）通气管：通气管是把管道内产生的有害气体排至大气中，以免影响室内的环境卫生的管道。通气管形式如图 1-53 所示。

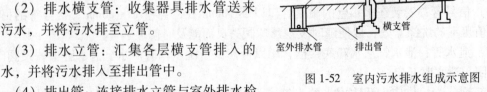

图 1-52 室内污水排水组成示意图

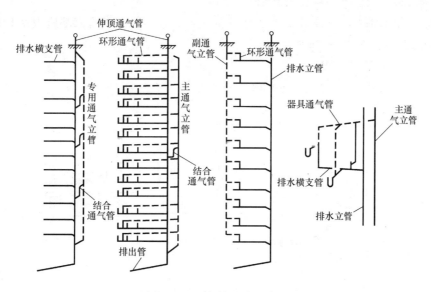

图 1-53 通气管形式示意图

1) 伸顶通气管：立管最高处的检查口以上部分。
2) 专用通气管：当立管设计流量大于临界流量时设置，且每隔二层与立管相通。
3) 结合通气管：连接排水立管与通气管的管道。
4) 安全通气管：横支管连接卫生器具较多且管线较长时设置。
5) 卫生器具通气管：设置于卫生标准及控制噪声要求高的排水系统中。

3. 排水附件

（1）存水弯：存水弯是利用一定高度的静水压力来抵抗排水管内气压变化，防止管内气体进入室内的措施。常用存水弯见表 1-12。

表 1-12 存水弯样式

名 称		示 意 图	优 缺 点	适 用 条 件
管式存水弯	P 形		1. 小型 2. 污物不易停留 3. 在存水弯上设置通气管是理想、安全的存水弯装置	适用于所接的排水横管标高较高的位置
	S 形		1. 小型 2. 污物不易停留 3. 在冲洗时容易引起虹吸而破坏水封	适用于所接的排水横管标高较低的位置
	U 形		1. 有碍横支管的水流 2. 污物容易停留，一般在 U 形两侧设置清扫口	适用于水平横管

（2）清通装置：清通装置包括检查口和清扫口，其作用是方便疏通，在排水立管和横管上都有设置。

1) 清扫口装设在排水横管上，当连接的卫生器具较多时，横管末端应设清扫口，用于单向清通排水管道，如图1-54a所示。

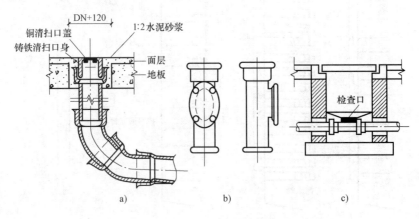

图1-54 清通装置
a) 清扫口 b) 检查口 c) 检查井

2) 检查口是带有可开启检查盖的配件，装设在排水立管及较长水平管段上，可作检查和双向清通管道之用，如图1-54b所示。

(3) 地漏：地漏属于排水装置，用于排除地面的积水，厕所、淋浴房及其他需经常从地面排水的房间应设置地漏，其安装方法如图1-55所示。

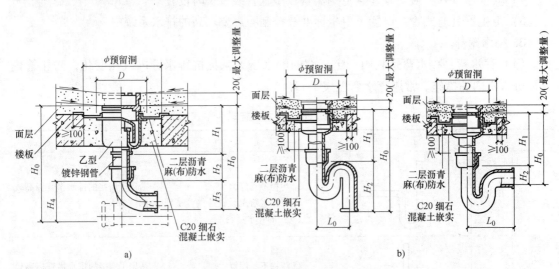

图1-55 地漏安装示意图
a) 带水封地漏安装示意图 b) 无水封地漏安装示意图

(4) 伸缩节：伸缩节是补偿吸收管道轴向、横向、角向受热引起的伸缩变形的装置。

4. 污水局部处理构筑物

(1) 化粪池：民用建筑所排出的粪便污水必须经化粪池处理后方可排入城市排水管网，化粪池结构如图1-56所示。

(2) 隔油池：隔油池是防止食品加工厂、饮食业公共食堂等产生的含食用油脂较多的废水中油脂凝固堵塞管道,对废水进行隔油处理的装置,隔油池结构如图 1-57 所示。

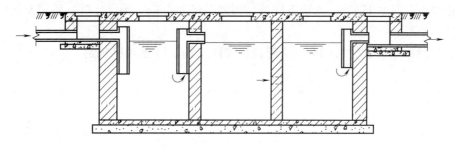

图 1-56 化粪池

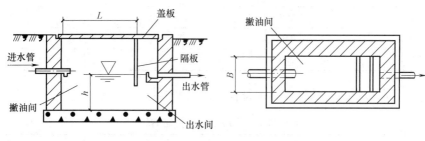

图 1-57 隔油池

(3) 降温池:对排水温度高于 40℃ 的污废水进行降温处理,防止高温影响管道使用寿命,降温池结构如图 1-58 所示。

(4) 污水提升装置:排除不能自流排至室外检查井的地下建筑物污废水,如图 1-59 所示。

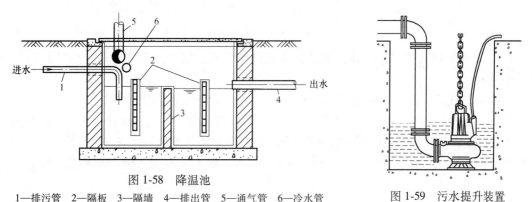

图 1-58 降温池
1—排污管 2—隔板 3—隔墙 4—排出管 5—通气管 6—冷水管

图 1-59 污水提升装置

1.3.2 室内污水排水管道安装

1. 管道安装工艺流程

室内排水系统管道安装根据图样要求并结合实际情况,按预留口位置测量尺寸,绘制加工草图。其工艺流程为:安装准备→预制加工→干管安装→立管安装→支管安装→卡件固定→封口堵洞→闭水试验→通水试验。

2. 管道安装技术要求

(1) 隐蔽或埋地的排水管道在隐蔽前必须做灌水试验,其灌水高度应不低于底层卫生器具的上边缘或底层地面高度。

检验方法：满水 15min，水面下降后，再灌满观察 5min，液面不降，管道及接口无渗漏为合格。

（2）生活污水铸铁管道的坡度必须符合设计或表 1-13 的规范规定。

表 1-13　生活污水铸铁管道的坡度

项　次	管径/mm	标准坡度(‰)	最小坡度(‰)
1	50	35	25
2	75	25	15
3	100	20	12
4	125	15	10
5	150	10	7
6	200	8	5

（3）生活污水塑料管道的坡度必须符合设计或表 1-14 的规范规定。

表 1-14　生活污水塑料管道的坡度

项　次	管径/mm	标准坡度(‰)	最小坡度(‰)
1	50	25	12
2	75	15	8
3	110	12	6
4	125	10	5
5	160	7	4

（4）排水塑料管必须按设计要求及位置装设伸缩器。如设计无要求时，伸缩器间距不得大于 4m。

（5）高层建筑物内管径大于或等于 110mm 的明设立管以及穿越墙体处的横管应按设计要求设置阻火圈或防火套管，如图 1-60 和图 1-61 所示。阻火圈或防火套管主要由金属外壳和热膨胀芯材组成，安装时套在 PVC-U 管的管壁上，固定于楼板或墙体部位。火灾发生时，阻火圈内芯材受热后急剧膨胀，并向内挤压塑料管壁，在短时间内封堵住洞口，起到阻止火势蔓延的作用。

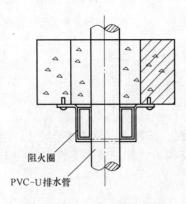

图 1-60　阻火圈安装示意图

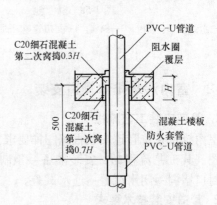

图 1-61　防火套管安装示意图

(6) 排水主立管及水平干管管道均应做通球试验,通球球径不小于排水管道管径的 2/3,通球率必须达到 100%。

具体做法:球从最上层的检查口中扔进去,然后用水冲,如果管道畅通,球就从系统末端随水流出来。为了防止管道堵塞和预测管道堵塞的位置,球根部可以用施工线拴住,如果堵塞的话,就可以顺着线将球扯出来,另外根据线的长度来大概确定堵塞的位置,然后进行检修。

(7) 在生活污水管道上设置检查口或清扫口,当设计无要求时应符合下列规定:

1) 在立管上应每隔一层设置一个检查口,但在最底层和有卫生器具的最高层必须设置。如为两层建筑时,可仅在底层设置立管检查口;如有乙字弯管时,则在该层乙字弯管的上部设置检查口。检查口中心高度距操作地面一般为 1m,允许偏差±20mm;检查口的朝向应便于检修。暗装立管,在检查口处应安装检修门。

2) 在连接 2 个及 2 个以上大便器或 3 个及 3 个以上卫生器具的污水横管上应设置清扫口。当污水管在楼板下悬吊敷设时,可将清扫口设在上一层楼地面上,污水管起点的清扫口与管道相垂直的墙面距离不得小于 200mm;若污水管起点设置堵头代替清扫口时,与墙面距离不得小于 400mm。

3) 在转角小于 135°的污水横管上,应设置检查口或清扫口。

4) 污水横管的直线管段,应按设计要求的距离设置检查口或清扫口。

(8) 埋在地下或地板下的排水管道的检查口应设在检查井内。井底表面标高与检查口的法兰相平,井底表面应有 5%坡度,坡向检查口。

(9) 金属排水管道上的吊钩或卡箍应固定在承重结构上。固定件间距:横管不大于 2m;立管不大于 3m。楼层高度小于或等于 4m,立管可安装 1 个固定件。立管底部的弯管处应设支墩或采取固定措施。

(10) 排水塑料管道支吊架间距应符合表 1-15 的规定。

表 1-15 排水塑料管道支吊架最大间距　　　　　　　（单位:m）

管径/mm	50	75	110	125	160
立管支吊架最大间距	1.2	1.5	2.0	2.0	2.0
横管支吊架最大间距	0.5	0.75	1.10	1.30	1.6

(11) 排水通气管不得与风道或烟道连接,且应符合下列规定:

1) 通气管应高出屋面 300mm,但必须大于最大积雪厚度。

2) 在通气管出口 4m 以内有门、窗时,通气管应高出门、窗顶 600mm 或引向无门、窗一侧。

3) 在经常有人停留的平屋顶上,通气管应高出屋面 2m,并应根据防雷要求设置防雷装置。

4) 屋顶有隔热层应从隔热层板面算起。

(12) 安装未经消毒处理的医院含菌污水管道,不得与其他排水管道直接连接。

(13) 饮食业工艺设备引出的排水管及饮用水水箱的溢流管不得与污水管道直接连接,并应留出不小于 100mm 的隔断空间。

(14) 通向室外的排水管穿过墙壁或基础必须下返时,应采用 45°三通和 45°弯头连接,并应在垂直管段顶部设置清扫口，如图 1-62 所示。

（15）高层建筑物排水立管应有消能装置，立管简易消能装置（图 1-63）安装位置由设计确定。

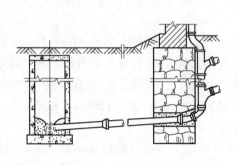

图 1-62 排出管安装示意图

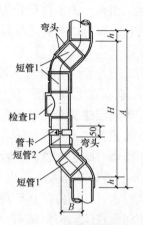

图 1-63 立管消能装置

1.3.3 卫生洁具安装

1. 卫生洁具安装示意图

（1）大便器：大便器有坐式、蹲式两种。坐式大便器按冲洗的水力原理可分为冲洗式和虹吸式两种，坐式大便器都自带存水弯（水封）；蹲式大便器有带存水弯和不带存水弯的，如为后者，设计安装时需另外配置存水弯。

卫生洁具安装——
洗面盆安装

（2）小便器：小便器设于男厕所内，有挂式、立式和小便槽三类，如图 1-64 和图 1-65 所示。

（3）洗脸盆：主要有台式、立式和挂式洗脸盆等，如图 1-66 所示。

（4）洗涤盆：如图 1-67 所示。

（5）浴盆：如图 1-68 所示。

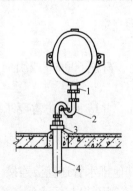

图 1-64 挂式小便器
1—排水栓 2—存水弯 3—转换接头 4—排水管

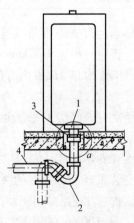

图 1-65 立式小便器
1—排水栓 2—存水弯 3—转换接头 4—排水管

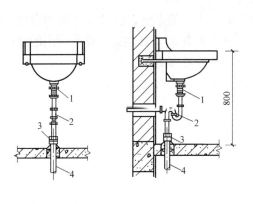
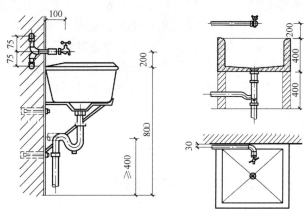

图 1-66 洗脸盆安装示意图
1—排水栓　2—存水弯　3—转换接头
4—排水管

图 1-67 洗涤盆安装示意图

2. 卫生洁具安装工艺流程

安装准备→卫生洁具及配件检验→卫生洁具安装→卫生洁具配件预装→卫生洁具稳装→卫生洁具与墙、地缝隙处理→卫生洁具外观检查→通水试验。

3. 卫生洁具安装技术要求

（1）卫生洁具的安装应采用预埋螺栓或膨胀螺栓安装固定。

（2）连接卫生洁具的排水管管径和最小坡度应符合设计要求。

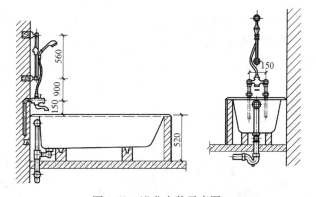

图 1-68 浴盆安装示意图

1.4 建筑屋面雨水排水系统

1.4.1 雨水排水系统分类

1. 按雨水管道布置位置分类

（1）外排水系统：是指屋面不设雨水斗，建筑内部没有雨水管道的雨水排放形式。按屋面有无天沟，又可分为檐沟外排水系统和天沟外排水系统。

（2）内排水系统：是指屋面设有雨水斗，建筑物内部设有雨水管道的雨水排水系统。内排水系统可分为单斗排水系统和多斗排水系统，敞开式内排水系统和密闭式内排水系统。

（3）混合排水系统：同一建筑物采用几种不同形式的雨水排除系统，分别设置在屋面的不同部位，组合成屋面雨水混合排水系统。

2. 按管内水流情况分类

（1）重力流雨水系统：是指使用自由堰流式雨水斗的系统，设计流态是无压流态，系统的流量负荷、管材、管道布置等忽略水流压力的作用。

（2）重力半有压流雨水系统：是指使用65型、87型雨水斗的系统，设计流态是半有压流态，系统的流量负荷、管材、管道布置等考虑了水流压力的作用。目前我国普遍应用的就是该系统。该系统一般用于采用传统的重力流排水系统的中、小型建筑。

（3）压力流雨水系统（虹吸式雨水系统）：虹吸排水系统属压力流排水系统，由于虹吸作用产生"满管流"，使系统排水量能够满足最大的雨水量。其优点是节省管材和建筑空间。管道施工完后要按有关规定进行试压，一般用于大型公共建筑，如商场、展览馆、体育馆等屋面雨水排水。

1.4.2 雨水排水系统的组成

1. 外排水系统的组成与分类

（1）系统组成如图1-69所示。

（2）系统分类。

1）檐沟外排水系统（重力流）。

2）长天沟外排水系统（单斗压力流）。

2. 内排水系统的组成

内排水系统由天沟、雨水斗、连接管、悬吊管、立管、排出管、埋地干管和检查井组成，如图1-70所示。内排水的单斗或多斗系统可按重力流或压力流设计，大屋面工业厂房和公共建筑宜按多斗压力流设计，雨水斗的选型与外排水系统相同，需分清重力流或压力流。

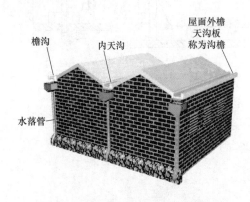

图1-69 外排水系统的组成示意图

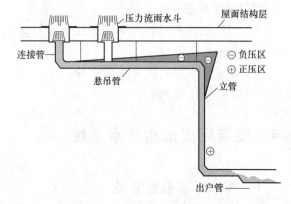

图1-70 内排水系统组成示意图

3. 雨水排水系统常用管材

室内外排水系统采用的管材有UPVC塑料管和铸铁管，其最小管径可用DN75，但应注意下游管段管径不得小于上游管段管径，且在距地面以上1m处设置检查口，并牢靠地固定在建筑物的外墙上。对于工业厂房屋面雨水排水管道，也可采用焊接钢管，但其内外壁应做防腐处理。

1.4.3 雨水排水系统安装技术要求

（1）雨水管道宜使用塑料管、铸铁管、镀锌和非镀锌钢管或混凝土管等。

（2）悬吊式雨水管道应选用钢管、铸铁管或塑料管。易受振动的雨水管道（如锻造车间等）应使用钢管。

（3）雨水管道不得与生活污水管道相连接。

（4）雨水斗应固定在屋面承重结构上。雨水斗边缘与屋面相连处应严密不漏。连接管管径当设计无要求时，不得小于100mm。

（5）安装在室内的雨水管道安装后应做灌水试验，灌水高度必须到达每根立管上部的雨水斗。

（6）雨水管道如采用塑料管，其伸缩节安装应符合设计要求。

（7）悬吊式雨水管道的敷设坡度不得小于5‰；埋地雨水管道的最小坡度应符合表1-16的规定。

表1-16 地下埋设雨水排水管道的最小坡度

管径/mm	最小坡度(‰)	管径/mm	最小坡度(‰)
50	20	125	6
75	15	150	5
100	8	200~400	4

1.5 建筑给水排水系统施工图的识读

无规矩不成方圆。只有不折不扣地"厉行"规矩，才能保证成方圆。

1.5.1 给水排水施工图常用表示方法

1. 图线

建筑给水排水施工图的线宽 b 应根据图样的类别、比例和复杂程度确定，一般线宽 b 宜为0.7mm或1.0mm。各种管线宽度表示见表1-17。

表1-17 管线宽度

名称	宽度	表示意义
粗实线	b	新建各种排水和其他重力流管线
中实线	$0.5b$	表示给水排水设备、构件的可见轮廓线；原有各种给水和其他压力流管线
粗虚线	b	表示新建各种给水排水和其他重力流管线的不可见轮廓线
中虚线	$0.5b$	表示设备、构件不可见轮廓线

2. 标高标注方法

标高用以表示管道的高度，有相对标高和绝对标高两种表示方法。相对标高一般以建筑物的底层室内地面高度为±0.000，室内工程应标注相对标高；绝对标高是以青岛附近黄海的平均海平面作为标高的零点，所计算的标高称为绝对标高。室外工程应标注绝对标高，当无绝对标高资料时，可标注相对标高，但应与总图一致。

下列部位应标注标高：沟渠和重力流管道的起讫点、转角点、连接点、变尺寸（管径）点及交叉点；压力流管道中的标高控制点；管道穿外墙、剪力墙和构筑物的壁及底板等处；

不同水位线处；构筑物和土建部分的相关标高。

压力管道应标注管中心标高，沟渠和重力流管道宜标注沟（管）内底标高。

3. 常用给水排水图例

建筑给水排水图样上的管道、卫生器具、设备等均按照《给水排水制图标准》(GB/T 50106—2010)使用统一的图例来表示。在《给水排水制图标准》中列出了管道、管道附件、管道连接、管件、阀门、给水配件、消防设施、卫生设备及水池、小型给水排水构筑物、给水排水设备、仪表等共11类图例。下面列出了一些常用给水排水图例供参考。

(1) 管道附件图例见表1-18。

表1-18 管道附件图例

名 称	图 例	名 称	图 例
交叉管	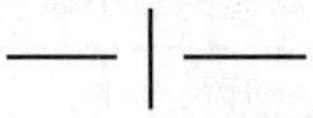	弧形伸缩器	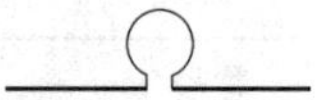
三通连接	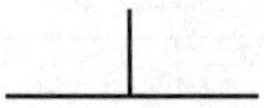	方形伸缩器	
四通连接	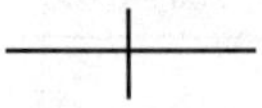	刚性防水套管	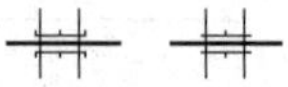
流向		柔性防水套管	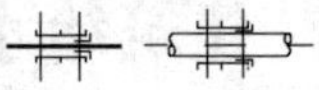
坡向		防水翼环	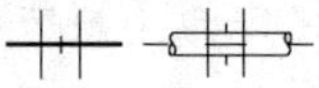
套管伸缩器	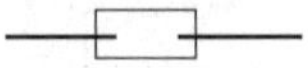	可弯曲橡胶接头	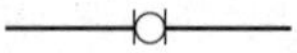
波形伸缩器	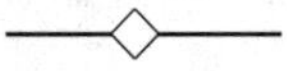	管道固定支架	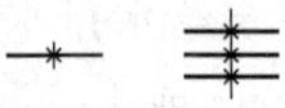
管道滑动支架		圆形地漏	
防护套管(沟)	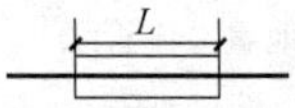	方形地漏	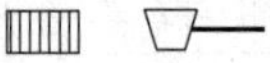
弯折管		雨水斗	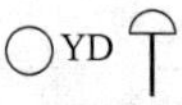
存水弯		排水栓	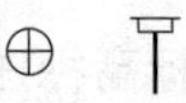
检查口	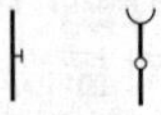	水池通气帽(乙型)	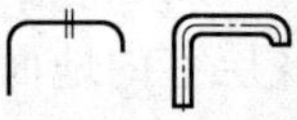
清扫口		喇叭口	
通气帽	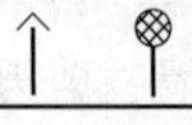	吸水管喇叭口支座	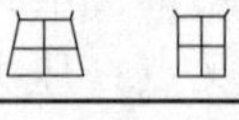

（2）管道连接图例见表 1-19。

表 1-19　管道连接图例

名　称	图　例	名　称	图　例
法兰连接	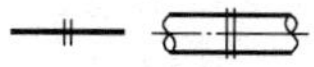	偏心异径管	
承插连接	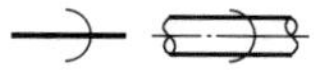	异径弯头	
螺纹连接	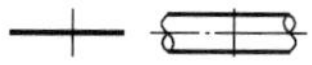	乙字管	
活接头	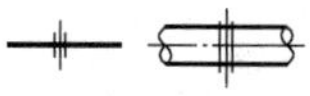	管接头	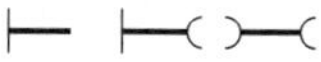
管堵	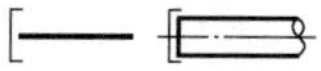	弯管	
法兰堵盖	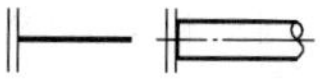	正三通	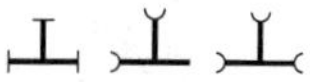
快速接头		斜三通	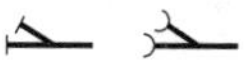

（3）卫生洁具及水池图例见表 1-20。

表 1-20　卫生洁具及水池图例

名　称	图　例	名　称	图　例
洗涤盆	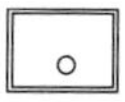	盥洗槽	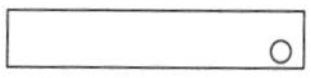
化验盆	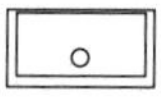	妇女卫生盆	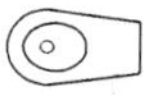
台式洗脸盆	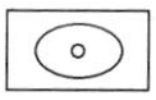	立式小便器	
立挂式洗脸盆	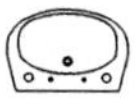	挂式小便器	
污水盆		蹲式大便器	
浴盆		坐式大便器	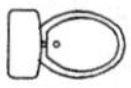
洗菜盆	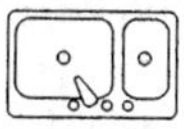	小便槽	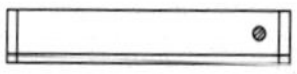
饮水器		雨水口	
淋浴喷头		检查井	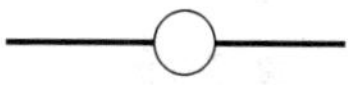
软管淋浴器		水表井	
矩形化粪池	 HC	阀门井	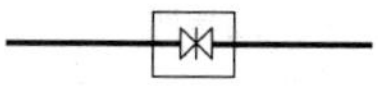
除油池	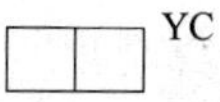 YC	沉砂池	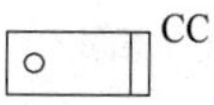 CC

（4）设备及仪表图例见表 1-21。

表 1-21　设备及仪表图例

名　　称	图　　例	名　　称	图　　例
水泵			风机		
离心水泵			轴流通风机		
真空泵			开水器		
定量泵	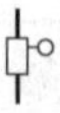	温度计	
管道泵		压力表	
潜水泵			自动记录压力表	
旋涡泵			水表	

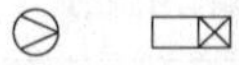

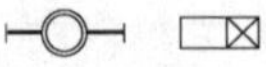

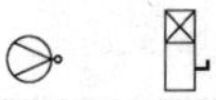

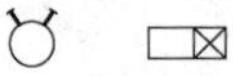

（5）阀门图例见表 1-22。

表 1-22　阀门图例

名　　称	图　　例	名　　称	图　　例
闸阀		电磁阀	
截止阀		电动阀	
角阀	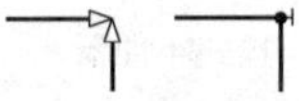	延时自闭冲洗阀	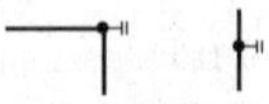
三通阀		水龙头	
旋塞阀		皮带龙头	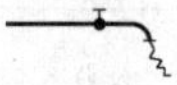
底阀	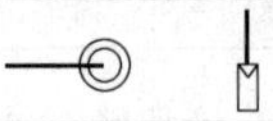	洒水龙头	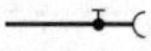
球阀		化验龙头	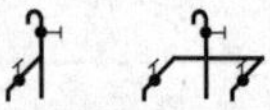
隔膜阀		肘式开关	
温度调节阀		脚踏开关	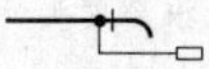
压力调节阀		气动阀	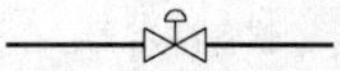
减压阀	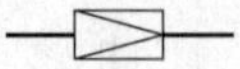	电动调节阀	
蝶阀	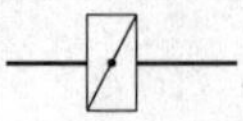	气动调节阀	

(续)

名 称	图 例	名 称	图 例
手动调节阀	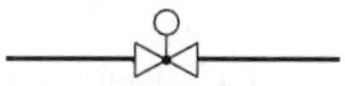	消声止回阀	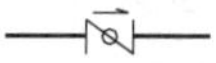
节流阀		缓闭止回阀	
快速排污阀		室外消火栓	
弹簧安全阀	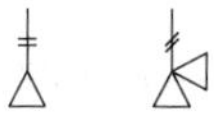	室内消火栓（单口）明装/暗装	
平衡锤安全阀		室内消火栓（双口）明装/暗装	
自动排气阀		灭火器	
浮球阀	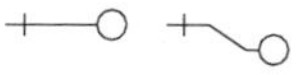	消防喷头（闭式）	
液压式水位控制阀		消防报警阀	
止回阀	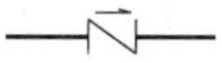	水泵接合器	

1.5.2 给水排水施工图的构成

建筑给水排水施工图一般由图样目录、主要设备材料表、设计说明、图例、平面图、系统图（轴测图）、施工详图等组成。

室外小区给水排水工程根据工程内容还应包括管道断面图、给水排水节点图等。各部分的主要内容为：

1. 平面布置图

给水、排水平面图表达给水、排水管线和设备的平面布置情况。根据建筑规划，在设计图样中，用水设备的种类、数量、位置，均要做出给水和排水平面布置；各种功能管道、管道附件、卫生器具、用水设备，如消火栓箱、喷头等，均应用各种图例表示；各种横干管、立管、支管的管径、坡度等，均应标出。平面图上管道都用单线绘出，沿墙敷设时不标注管道距墙面的距离。

2. 系统图

系统图，也称"轴测图"，其绘法取水平、轴测、垂直方向，完全与平面布置图相同。系统图上应标明管道的管径、坡度，标出支管与立管的连接处，以及管道各种附件的安装标高，标高的±0.000应与建筑图一致。系统图上各种立管的编号应与平面布置图相一致。

3. 施工详图

凡平面布置图、系统图中局部构造因受图面比例限制而表达不完善或无法表达的，为使施工概预算及施工不出现失误，必须绘出施工详图。通用施工详图系列，如卫生器具安装、排水检查井、雨水检查井、阀门井、水表井、局部污水处理构筑物等，均有各种施工标准图，施工详图宜首先采用标准图。

4. 设计施工说明及主要材料设备表

用工程绘图无法表达清楚的给水、排水、热水供应、雨水系统等管材，防腐、防冻、防露的做法；或难以表达的诸如管道连接、固定、竣工验收要求，施工中特殊情况技术处理措施，或施工方法要求严格必须遵守的技术规程、规定等，可在图样中用文字写出设计施工说明。工程选用的主要材料及设备表，应列明材料类别、规格、数量，设备品种、规格和主要尺寸。

此外，施工图还应绘出工程图所用图例，所有以上图样及施工说明等应编排有序，写出图样目录。

1.5.3 给水排水施工图的识读

1. 室内给水排水施工图识读方法

阅读主要图样之前，应当先看施工设计总说明和设备材料表，然后以系统图为线索深入阅读平面图、系统图及详图。阅读时，应三种图相互对照来看。先看系统图，对各系统做到大致了解。看给水系统图时，可由建筑的给水引入管开始，沿水流方向经干管、立管、支管到用水设备；看排水系统图时，可由排水设备开始，沿排水方向经支管、横管、立管、干管到排出管。

一层卫生间局部给水三维模型展示

2. 室内给水排水施工图识读实例

现以某住宅楼给水排水工程施工图为例进行识读，施工图如图1-1~图1-7所示。

（1）施工图简介。该住宅楼给水排水工程施工图样内容包含设计与施工说明（图1-1、图1-2）、系统图两张（图1-3、图1-4）平面图三张（图1-5~图1-7）。

（2）工程概况。阅读设计及施工说明可知本工程为二层住宅楼，建筑高度8m，内容包括冷水系统、太阳能热水系统和生活污水排水系统。给水系统管道采用钢塑复合管及配件，热水系统管道采用热水型钢塑复合管及配件，排水系统管道采用优质硬聚氯乙烯塑料管（UPVC）。明装钢塑复合管刷银粉漆两道，灰色调和漆两道，埋地敷设管道刷沥青漆两道，明敷设的热水管均用橡塑保温材料保温。

（3）施工图解读。识读图样时可先粗看系统图，对给水排水管道的走向建立大致的空间概念，然后将平面图与系统图对照，按水的流向顺序识读，对照出各管段的管径、标高、坡度、位置等，再看卫生设备的位置及标注的数量等。

1) 入户管：从图1-5一层给水排水平面图可看出，该住宅楼进水管从北面接小区给水管网进来，入口处设有水表，供水管管径为DN50。对照图1-3冷水给水系统图可看出供水总管标高为-1.000m。

2) 冷水管：继续看图1-5，供水总管引入Q轴后，向西引一条支管至P轴与M轴之间的卫生间，再向上引出供水立管JL-1；向东引一条支管至游泳池；向南引一条支管至K轴外墙皮处再分出三条支管，一条管至N轴与K轴之间的卫生间再向上引出供水立管JL-2，另一条管至厨房和洗衣房再向上引出供水立管JL-3。对照图1-3可看出，供水立管JL-1管径为DN25，在0.250m标高处引出一条DN20的支管供应一层卫生间，在标高3.650m处引出一条支管至二层卫生间；供水立管JL-2管径为DN32，在0.250m标高处引出一条

DN20 的支管供应一层卫生间，在标高 3.650m 处引出一条支管至二层卫生间，在 6.400m 标高处出屋面引至太阳能热水器；供水立管 JL-3 管径为 DN25，在 0.250m 标高处引出一条 DN20 的支管供应工人房卫生间、厨房及洗衣房用水，在标高 3.650m 处引出一条支管至二层卫生间。

3）热水管：看图 1-7 屋顶平面图，在屋顶设有一太阳能热水器。太阳能热水器的进水管由 JL-1 给水立管供给，出水管分成三条立管 RL-1、RL-2 和 RL-3。对照图 1-4 可看出，RL-1 热水立管管径为 DN20，在 3.850m 标高处引出一条 DN20 的支管供应二层 P 轴与 M 轴之间的卫生间，在 0.450m 标高处引出一条 DN20 的支管供应一层卫生间；RL-2 热水立管管径为 DN20，在 3.850m 标高处引出一条 DN20 的支管供应二层 N 轴与 K 轴之间的卫生间，在 0.450m 标高处引出一条 DN20 的支管供应一层卫生间；RL-3 热水立管管径为 DN25，在 3.850m 标高处引出一条 DN20 的支管供应二层 N 轴与 K 轴之间的卫生间，在 0.450m 标高处引出一条 DN20 的支管供应一层工人房卫生间以及厨房、洗衣房用水。

本项目小结

（1）建筑室内给水系统通常分为生活给水、生产给水及消防给水三类。

（2）一般情况下，建筑给水系统由引入管、水表节点、管道系统、给水附件、升压和储水设备、室内消防设备等部分组成。

（3）室内给水系统的给水方式有直接给水、单设水箱给水、设储水池水泵和水箱的给水、分区给水及气压给水等方式。具体采用哪一种给水方式要根据建筑类型、建筑高度和对水质、水量水压的要求及市政水源供水条件来确定。

（4）常用的给水管材有镀锌钢管、无缝钢管、铸铁管、PP-R 塑料管、PE 塑料给水管和复合管等。

（5）常用给水阀门有闸阀、截止阀、蝶阀、止回阀、球阀、安全阀、减压阀及疏水阀等。阀门的连接方式有螺纹连接、法兰连接等。阀门的安装要注意其方向性。

（6）常用的给水仪表有水表、压力表及温度计。水表根据翼轮的不同结构分为旋翼式水表和螺翼式水表，螺翼式水表用于大流量管路，旋翼式水表用于小流量管路。

（7）给水系统中常用的增压设备为离心式水泵，它具有结构简单、体积小、效率高等优点。

（8）室内给水系统管道布置形式有下行上给式、上行下给式和环状式。

（9）室内给水系统管道安装有明装和暗装，要求掌握管道的安装技术要求。

（10）管道连接方法主要有螺纹连接、焊接连接、法兰连接、沟槽连接、承插连接和热熔连接。

（11）建筑室内污水排水系统主要由卫生洁具、排水管道、清通装置和辅助设施构成。

（12）生活污水排水常用管材有塑料排水管、铸铁排水管和钢筋混凝土管等。

思考题与习题

1. 室内给水按用途可分为哪几类？由哪几部分组成？

2. 室内给水系统的给水方式有哪几种？各有哪些特点和适用范围？
3. 室内给水排水系统常用的管材有哪些？其规格如何表示？
4. 管道的连接方式有哪几种？各适用于何种管材的连接？
5. 常用的给水阀门有哪些？各有何特点？
6. 室内给水管道安装的基本技术要求有哪些？
7. 室内排水管道安装的基本技术要求有哪些？
8. 卫生器具的作用是什么？安装时有什么要求？
9. 离心式水泵的管路有哪些附件？各起什么作用？
10. 常用水表有哪两类？安装时有什么要求？
11. 建筑给水排水施工图通常由哪几部分组成？各有什么作用？

项目 2

建筑消防灭火系统

 学习目标：

(1) 了解室内消防给水系统的组成及分类。
(2) 熟悉室内消防给水系统常用材料。
(3) 掌握室内消防给水系统安装的工艺要求。
(4) 能熟读建筑消防给水系统施工图，具有建筑室内消防给水工程安装的初步能力。

 学习重点：

(1) 消防给水管道、阀门及消防设施的安装工艺。
(2) 消防给水系统施工图的识读。

 学习建议：

(1) 在课堂教学中应重点学习施工图的识读要领和方法，掌握施工程序、施工材料、施工工艺和施工技术要求。
(2) 学习中可以以实物、参观、录像等手段，掌握施工图识读方法和施工技术的基本理论。

 相关知识链接：

(1)《建筑设计防火规范》（GB 50016—2014）。
(2)《建筑给水排水及采暖工程施工质量验收规范》（GB 50242—2002）。
(3)《自动喷水灭火系统施工及验收规范》（GB 50261—2017）。
(4) 图集《消防设备安装》（S2 2014 版）。

 导引：

1. 工作任务分析

图 2-1～图 2-3 是某住宅楼的消防给水施工系统图和平面图，图上的符号、线条和数据代表的是什么含义？这些设备是如何安装的？安装时有什么技术要求？以上一系列的问题你将通过对本项目内容的学习逐一获得解答。

2. 实践操作（步骤/技能/方法/态度）

为了能完成前面提出的工作任务，我们需从解读消防给水系统的组成开始，然后到系统的构成方式、设备、材料认识、施工工艺与下料，进而学会用工程语言来表示施工做法，学会施工图读图方法，最重要的是能熟读施工图，熟悉施工过程，为建筑消防给水系统施工图的算量与计价打下基础。

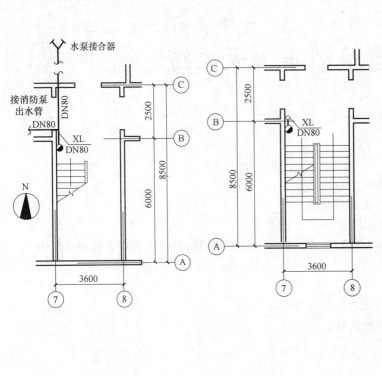

图 2-1　底层消防平面图　　图 2-2　标准层消防平面图　　图 2-3　消火栓系统图

2.1　消火栓给水灭火系统

☞ 向"119"报警的内容和要求

报警人姓名、工作单位、联系电话；失火场所的准确地理位置；尽可能地说明失火现场情况，如起火时间、燃烧特征、火势大小、有无被困人员、有无重要物品、失火周围有何重要建筑、行车路线、消防车和消防员如何方便地进入或接近火灾现场等。

2.1.1　室内消火栓给水系统类型

室内消火栓给水系统的类型按照高、低层建筑分类，有多层建筑室内消火栓给水系统和高层建筑室内消火栓给水系统。

1. 多层建筑室内消火栓给水系统分类

（1）无水箱、无水泵室内消火栓给水系统。
（2）仅设水箱不设水泵的消火栓给水系统。
（3）设有消防泵和消防水箱的室内消火栓给水系统。

2. 高层建筑室内消火栓给水系统分类

（1）高层建筑区域集中的高压、临时高压室内消防给水系统。

高层发生火灾时处理办法

消防水灭火系统介绍

（2）分区供水的室内消火栓给水系统。

2.1.2 室内消火栓给水系统的组成

如图2-4所示，消火栓给水灭火系统包括消火栓设备（包括水枪、水龙带、消火栓、消

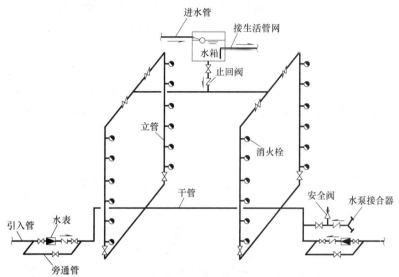

图 2-4 消火栓给水灭火系统组成示意图

火栓箱及消防报警按钮）、消防管道和水源等。当室外给水管网的水压不能满足室内消防要求时，消火栓给水灭火系统还应当设置消防水泵、消防水泵接合器、水箱和水池。

1. 消火栓设备

（1）室内消火栓：由水枪、水龙带和消火栓组成，均安装于消火栓箱内。

1）水枪是灭火的主要工具之一，其作用在于收缩水流，产生击灭火焰的充实水柱。水枪喷口直径有 13mm、16mm 和 19mm 三种，另一端设有和水龙带相连接的接口，其口径有 50mm 和 65mm 两种。

2）水龙带有麻织水龙带和橡胶水龙带两种，麻织水龙带耐折叠性能较好。水龙带的长度有 10m、15m、20m 和 25m 四种。

3）消火栓是一个带内扣接头的阀门，分为单出口和双出口。消防用水流量小于 3L/s 时，用 50mm 的消火栓；

消火栓系统组成——室内消火栓与试验消火栓区别

消火栓系统组成——试验消火栓

消火栓系统组成——室外消火栓

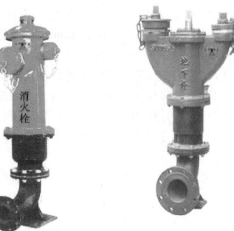

图 2-5 室外消火栓
a）地上式室外消火栓 b）地下式室外消火栓

消防用水流量大于3L/s时，用65mm的消火栓。双出口消火栓的直径不小于65mm。

（2）室外消火栓。是一种室外地上消防供水设施，用于向消防车供水或直接与水龙带、水枪连接进行灭火，是室外必备消防供水的专用设施，如图2-5所示。它上部露出地面，标志明显，使用方便。室外消火栓由本体、弯管、阀座、阀瓣、排水阀、阀杆和接口等零部件组成。

室外消火栓有地下式和地上式两种。地下式常用的型号有SX65—1.0、SX100—1.0型或SX65—1.6、SX100—1.6，地上式有SS100—1.0、SS150—1.0型和SS100—1.6、SS150—1.6。

2. 水泵接合器

水泵接合器是连接消防车向室内消防给水系统加压供水的装置，一端由消防给水管网水平干管引出，另一端设于消防车易于接近的地方，如图2-6所示。

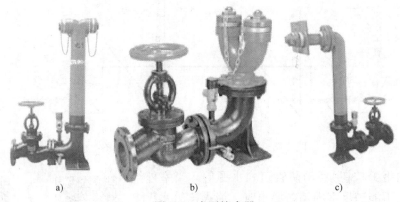

图2-6 水泵接合器
a）地上式 b）地下式 c）墙壁式

2.1.3 消火栓给水系统安装的技术要求

1. 系统管道安装技术要求

（1）系统管材应采用镀锌钢管，DN≤100mm时用螺纹连接，当管子与设备、法兰阀门连接时应采用法兰连接；DN>100mm时管道均采用法兰连接或沟槽式连接（卡套式），管子与法兰的焊接处应进行防腐处理。

（2）管道的安装要求横平竖直，支架间距的安装要求同室内给水管道。

（3）当管道穿越楼板或墙体时，应设套管。穿墙套管长度不得小于墙体厚度，穿楼板套管应高出楼板面50mm，套管与穿管之间间隙应用阻燃材料（可用麻丝）填塞。

（4）埋地敷设的金属管道应做防腐处理（一般的做法是刷沥青漆和包玻璃布）。

2. 室内消火栓安装

（1）安装消火栓水龙带时，水龙带与水枪和快速接头绑扎好后，应根据箱内构造将水龙带挂放在箱内的挂钉、托盘或支架上，如图2-7所示。

（2）箱式消火栓的安装应符合下列规定：
1）栓口应朝外，并不应安装在门轴侧。
2）栓口中心距地面为1.1m，允许偏差±20mm。
3）阀门中心距箱侧面为140mm，距箱后内表面为100mm，允许偏差±5mm。

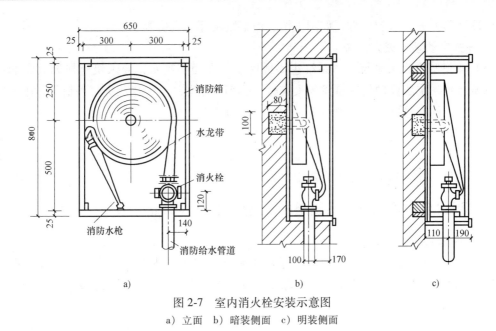

图 2-7 室内消火栓安装示意图
a）立面 b）暗装侧面 c）明装侧面

4) 消火栓箱体安装的垂直度允许偏差为 3mm。

3. 系统试验

室内消火栓系统安装完成后应在屋顶层（或水箱间内）试验消火栓和首层取两处消火栓做试射试验，达到设计要求为合格。

2.2 自动喷水灭火系统

2.2.1 自动喷水灭火系统分类

自动喷水灭火系统按喷头开闭形式分为闭式自动喷水灭火系统和开式自动喷水灭火系统，前者有湿式、干式、干湿式和预作用自动灭火系统之分，后者有雨淋喷水、水幕和水喷雾灭火系统之分。每种自动喷水灭火系统适用于不同的范围。

自动喷水灭火系统有两个基本功能：一是在火灾发生后自动喷水灭火；二是能发出警报。

1. 闭式自动喷水灭火系统

(1) 湿式自动喷水灭火系统：该系统具有自动探测、报警和喷水的功能，也可以与火灾自动报警装置联合使用。之所以称为湿式自动喷水灭火系统，是由于其供水管路和喷头内始终充满有压水。

(2) 干式自动喷水灭火系统：干式系统是由湿式系统发展而来的，平时管网内充满压缩空气或氮气，因此适用于环境温度低于 4℃ 或高于 70℃ 的场所。

(3) 干湿式自动喷水灭火系统：干湿两用系统（又称干湿交替系统）是把干式和湿式两种系统的优点结合在一起的一种自动喷水灭火系统，在环境温度高于 70℃、低于 4℃ 时系统呈干式；环境温度在 4~70℃ 之间转化为湿式系统。这种系统最适合于季节温度的变化比较明显又在寒冷时期无采暖设备的场所。

(4) 预作用自动喷水灭火系统：预作用系统通常安装在那些既需要用水灭火但又绝对

不允许发生非火灾泡水的地方，如图书馆、档案馆及计算机房等。

2. 开式自动喷水灭火系统

（1）雨淋喷水灭火系统：该系统主要适用于需大面积喷水，要求快速扑灭火灾的特别危险场所。当系统所保护的区域发生火灾时，感烟探测器就会发出火灾报警信号。雨淋阀开启后，水进入雨淋管网，喷头喷水灭火，同时水力警铃发出火警信号。

（2）水幕消防系统：水幕系统是由水幕喷头、管道和控制阀等组成的喷水系统，其作用是阻止、隔断火情。同时还可以与防火幕配合使用进行灭火，是可以起冷却、阻火、防火分隔的一种自动喷水系统，但不直接进行灭火。

2.2.2 湿式自动喷水灭火系统组成及其作用

1. 系统组成

如图2-8所示，湿式自动喷水灭火系统由水源、自动喷淋泵、供水管网、湿式报警装置、闭式喷头、信号蝶阀、水流开关、末端试水装置和自动喷淋消防水泵接合器组成。

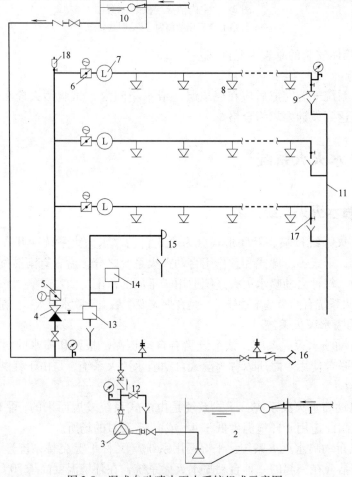

图2-8 湿式自动喷水灭火系统组成示意图

1—消防水池进水管 2—消防水池 3—喷淋水泵 4—湿式报警阀 5—系统检修阀（信号阀） 6—信号控制阀
7—水流指示器 8—闭式喷头 9—末端试水装置 10—屋顶水箱 11—试水排水管 12—试验放水阀 13—延迟器
14—压力开关 15—水力警铃 16—水泵接合器 17—试水阀 18—自动排气阀

2. 工作原理

发生火灾时，火焰或高温气流使闭式喷头的热敏感元件动作，喷头开启，喷水灭火。此时，管网中的水由静止变为流动，使水流指示器动作送出电信号，在报警控制器上指示某一区域已在喷水。由于喷头开启持续喷水泄压造成湿式报警阀上部水压低于下部水压，在压力差的作用下，原来处于关闭状态的湿式报警阀就自动开启，压力水通过报警阀流向灭火管网，同时打开通向水力警铃的通道，水流冲击水力警铃发出声响报警。控制中心根据水流指示器或压力开关的报警信号，自动起动消防水泵向系统加压供水，达到持续自动喷水灭火的目的。

3. 系统各组件作用

（1）**喷头**：喷头可分为闭式喷头和开式喷头。

1）闭式喷头：喷口用由热敏元件组成的释放机构封闭，当达到一定温度时能自动开启，如玻璃球爆炸、易熔合金脱离。其构造按溅水盘的形式和安装位置有直立型、下垂型、边墙型、普通型、吊顶型和干式下垂型洒水喷头之分，如图2-9所示。

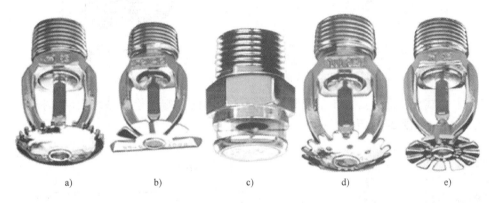

图2-9 各式喷头

a）直立式 b）边墙式 c）窗口式 d）普通式 e）下垂式

2）开式喷头：根据用途分为开启式、水幕式、喷雾式。

（2）**湿式报警阀**：是用来开启和关闭管网的水流，传递控制信号至控制系统并起动水力警铃直接报警的装置，如图2-10所示。

（3）**水流报警装置**：水流报警装置主要有水力警铃、水流指示器和压力开关。

1）水力警铃：主要用于湿式喷水灭火系统，宜装在报警阀附近（连接管不宜超过6m），如图2-11所示。

作用原理：当报警阀打开消防水源后，具有一定压力的水流冲动叶轮打铃报警。水力警铃不得由电动报警装置取代。

2）水流指示器：水流指示器是自动喷水灭火系统中的辅助报警装置，一般安装在系统各分区的配水干管或配水管上，可将水流动的信号转换为电信号，对系统实施监控、报警。水流指示器是由本体、微动开关、桨板和法兰（或螺纹）三通等组成，如图2-12所示。

3）压力开关：作用原理是在水力警铃报警的同时，依靠警铃管内水压的升高自动接通电触点，完成电动警铃报警，向消防控制室传送电信号或启动消防水泵。

（4）**信号阀**：常应用于自动喷水消防管路系统，用来监控供水管路，远距离地指示阀门

图 2-10　湿式报警阀

图 2-11　水力警铃

图 2-12　水流指示器

开度,如图 2-13 所示。

(5) 末端试水装置:安装在系统管网或分区管网的末端,检验系统启动、报警及联动等功能的装置,如图 2-14 所示。

图 2-13　信号阀

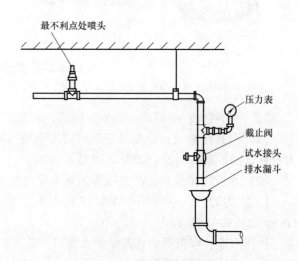

图 2-14　末端试水装置

(6) 自动喷淋水泵接合器:自动喷淋水泵接合器是为高层建筑配套的消防设施,其作用是消防水泵车通过该接合器的接口,向建筑物内的消防供水系统输送消防用水或其他液体灭火剂,用于解决建筑物内部的室内消防给水系统管道水压低,造成供水不足或无法供水的情况。它与消火栓水泵接合器一样,都是由法兰接管、弯管、止回阀、放水阀、闸阀、消防接口及本体等部件组成。其安装形式有地上式、地下式和墙壁式。

2.2.3 自动喷水灭火系统安装

1. 管网安装技术要求

(1) 热镀锌钢管安装应采用螺纹、沟槽式管件或法兰连接,管道连接后不应减小过水横断面面积。

(2) 管网安装前应校直管道,并清除管道内部的杂物;在具有腐蚀性的场所,安装前应按设计要求对管道、管件等进行防腐处理;安装时应随时清除管道内部的杂物。

(3) 法兰连接可采用焊接法兰或螺纹法兰。焊接法兰焊接处应做防腐处理,并宜重新镀锌后再连接。

(4) 管道的安装位置应符合设计要求,当设计无要求时,管道的中心线与梁、柱、楼板等的最小距离应符合表2-1的规定。

表2-1 管道的中心线与梁、柱、楼板的最小距离

公称直径/mm	25	32	40	50	70	80	100	125	150	200
距离/mm	40	40	50	60	70	80	100	125	150	200

(5) 管道支架、吊架、防晃支架的安装应符合下列要求:

1) 管道应固定牢固,管道支架或吊架之间的距离不应大于表2-2的规定。

表2-2 管道支架或吊架之间的距离

公称直径/mm	25	32	40	50	70	80	100	125	150	200	250	300
距离/m	3.5	4.0	4.5	5.0	6.0	6.0	6.5	7.0	8.0	9.5	11.0	12.0

2) 管道支架、吊架、防晃支架的形式、材质、加工尺寸及焊接质量等,应符合设计要求和国家现行有关标准的规定。

3) 管道支架、吊架的安装位置不应妨碍喷头的喷水效果;管道支架、吊架与喷头之间的距离不宜小于300mm;与末端喷头之间的距离不宜大于750mm。

4) 配水支管上每一直管段、相邻两喷头之间的管段设置的吊架均不宜少于1个,吊架的间距不宜大于3.6m。

5) 当管道的公称直径大于或等于50mm时,每段配水干管或配水支管设置防晃支架不应少于1个,且防晃支架的间距不宜大于15m;当管道改变方向时,应增设防晃支架。

6) 竖直安装的配水干管除中间用管卡固定外,还应在其始端和终端设防晃支架或采用管卡固定,其安装位置距地面或楼面的距离宜为1.5~1.8m。

(6) 管道穿过建筑物的变形缝时,应采取抗变形措施。穿过墙体或楼板时应加设套管,套管长度不得小于墙体厚;穿过楼板的套管其顶部应高出装饰地面20mm;穿过卫生间或厨房楼板的套管,其顶部应高出装饰地面50mm,且套管底部应与楼板底面相平。套管与管道的间隙应采用不燃材料填塞密实。

(7) 管道横向安装宜设0.002~0.005的坡度,且应坡向排水管;当周围区域难以利用排水管将水排净时,应采取相应的排水措施。当喷头数量小于或等于5只时,可在管道低凹处加设堵头;当喷头数量大于5只时,宜装设带阀门的排水管。

（8）配水干管、配水管应做红色或红色环圈标志。红色环圈标志宽度不应小于20mm，间隔不宜大于4m，在一个独立的单元内环圈不宜少于2处。

2. 喷头安装

喷头安装应符合下列技术要求，喷头安装示意图如图2-15所示。

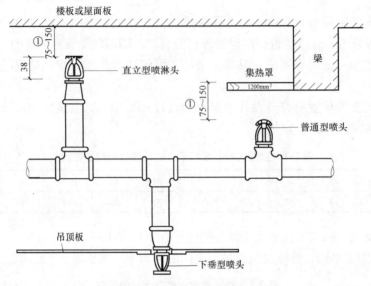

图2-15　喷头安装示意图

（1）喷头安装应在系统试压、冲洗合格后进行。

（2）喷头安装时，不得对喷头进行拆装、改动，并严禁给喷头附加任何装饰性涂层。

（3）喷头安装应使用专用扳手，严禁利用喷头的框架施拧；喷头的框架、溅水盘产生变形或释放原件损伤时，应采用规格、型号相同的喷头更换。

（4）安装在易受机械损伤处的喷头，应加设喷头防护罩。

（5）喷头安装时，溅水盘与吊顶、门、窗、洞口或障碍物的距离应符合设计要求。

（6）安装前检查喷头的型号、规格、使用场所，确保符合设计要求。

（7）当喷头的公称直径小于10mm时，应在配水干管或配水管上安装过滤器。

（8）喷头溅水盘与吊顶、顶棚、楼板、屋面板的距离不宜小于75mm，并不宜大于150mm；当楼板、屋面板为耐火极限大于或等于0.5h的非燃烧体时，其距离不宜大于300mm；当喷头为吊顶型喷头时可不受上述距离限制。

3. 报警阀组安装

（1）报警阀组的安装应在供水管网试压、冲洗合格后进行。安装时应先安装水源控制阀、报警阀，然后进行报警阀辅助管道的连接。水源控制阀、报警阀与配水干管的连接，应使水流方向一致。报警阀组安装的位置应符合设计要求；当设计无要求时，报警阀组应安装在便于操作的明显位置，距室内地面高度宜为1.2m；两侧与墙的距离不应小于0.5m；正面与墙的距离不应小于1.2m；报警阀组凸出部位之间的距离不应小于0.5m。安装报警阀组的室内地面应有排水设施。

（2）报警阀组附件的安装应符合下列要求：

1）压力表应安装在报警阀上便于观测的位置。
2）排水管和试验阀应安装在便于操作的位置。
3）控制阀安装应便于操作，且应有明显开闭标志和可靠的锁定设施。
4）在报警阀与管网之间的供水干管上。应安装由控制阀，检测供水压力、流量用的仪表及排水管道组成的系统流量压力检测装置，其过水能力应与系统过水能力一致；干式报警阀组、雨淋报警阀组应安装检测时水流不进入系统管网的信号控制阀门。

（3）湿式报警阀组的安装应符合下列要求：
1）应使报警阀前后的管道中能顺利充满水，压力波动时，水力警铃不应发生误报警。
2）报警水流通路上的过滤器应安装在延迟器前，且便于排渣操作的位置。

4. 水流指示器的安装

（1）水流指示器的安装应在管道试压和冲洗合格后进行，其规格、型号应符合设计要求。

（2）水流指示器应使电器元件部位竖直安装在水平管道上侧，其动作方向应和水流方向一致；安装后的水流指示器桨片、膜片应动作灵活，不应与管壁发生碰擦。

5. 信号阀安装

信号阀应安装在水流指示器前的管道上，与水流指示器之间的距离不宜小于300mm。

6. 末端试水装置安装

末端试水装置和试水阀的安装位置应便于检查、试验，并应有相应排水能力的排水设施。

7. 排气阀安装

排气阀的安装应在系统管网试压和冲洗合格后进行；排气阀应安装在配水干管顶部、配水管的末端，且应确保无渗漏。

2.3 其他灭火系统

2.3.1 气体灭火

气体灭火系统

1. 气体灭火简介

在消防领域应用最广泛的灭火剂就是水。但对于扑灭可燃气体、可燃液体、电器火灾以及计算机房、重要文物档案库、通信广播机房、微波机房等不宜用水灭火的场所，气体消防将作为最有效最干净的灭火手段。

传统的灭火气体一是卤代烷1211及1301，二是二氧化碳。目前两种气体的装备量约占气体灭火系统总装备量的80%以上。由于卤代烷灭火剂会破坏大气臭氧层，我国政府于1989年及1991年分别签署了《关于保护臭氧层的维也纳公约》《关于破坏臭氧层物质的蒙特利尔议定书》，并决定于2005年停产1211，2010年停产1301；而二氧化碳的最低设计浓度高于对人体的致死浓度，在保护经常有人的场所时须慎重采用。

目前推广使用的洁净气体灭火剂为七氟丙烷（HFC-227ea、FM-200）。七氟丙烷是无色、无味、不导电、无二次污染的气体，具有清洁、低毒、电绝缘性好，灭火效率高的特点，特别是它对臭氧层无破坏，在大气中的残留时间比较短，其环保性能明显优于卤代烷，被认为是替代卤代烷1301、1211的最理想的产品之一。

2. 气体灭火系统组成

气体自动灭火系统由储存瓶组、储存瓶组架、液流单向阀、集流管、选择阀、三通、异径三通、弯头、异径弯头、法兰、安全阀、压力信号发送器、管网、喷嘴、药剂、火灾探测器、气体灭火控制器、声光报警器、警铃、放气指示灯和紧急起动/停止按钮等组成，如图2-16所示。

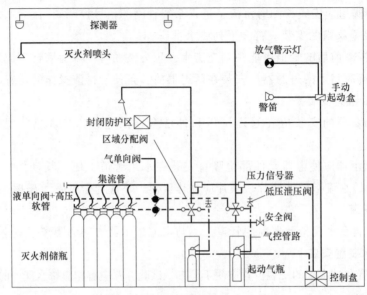

图2-16 气体灭火系统组成示意图

2.3.2 泡沫灭火系统

1. 泡沫灭火系统的组成

泡沫灭火系统的组成如图2-17所示。

2. 泡沫灭火工作原理

泡沫灭火工作原理是：泡沫灭火剂与水混溶后产生一种可漂浮的黏性物质，黏附在可燃、易燃液体或固体表面，或者充满某一着火物质的空间，起到隔绝、冷却的作用，使燃烧物质熄灭。

3. 泡沫灭火剂及泡沫灭火系统分类

泡沫灭火剂按其成分有化学泡沫灭火剂、蛋白质泡沫灭火剂及合成型泡沫灭火剂等几种类型。泡沫灭火系统广泛应用于油田、炼油厂、油库、发电厂、汽车库、飞机库及矿井坑道等场所。

泡沫灭火系统按其使用方式有固定式、半固定式和移动式之分；按泡沫喷射方式有液上喷射式、液下喷射式和喷淋式之分；按泡沫发泡倍数有低倍、中倍和高倍之分。

2.3.3 干粉灭火系统

1. 干粉灭火工作原理

以干粉作为灭火剂的灭火系统称为干粉灭火系统。干粉灭火剂是一

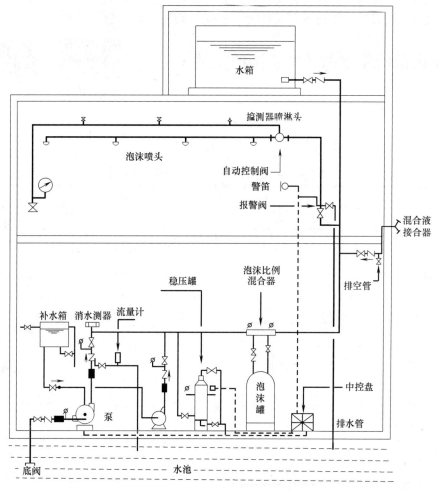

图 2-17 泡沫灭火系统组成示意图

种干燥的、易于流动的细微粉末，平时储存于干粉灭火器或干粉灭火设备中，灭火时靠加压气体（二氧化碳或者氮气）的压力将干粉从喷嘴射出，形成一股携带着加压气体的雾状粉流射向燃烧物。

干粉灭火剂对燃烧有抑制作用，当大量的粉粒喷向火焰时，可以吸收维持燃烧连锁反应的活性基团，随着活性基团的急剧减少，使燃烧连锁反应中断、火焰熄灭；另外，某些化合物与火焰接触时，其粉粒受高热作用后爆裂成许多更小的颗粒，从而大大增加了粉粒与火焰的接触面积，提高了灭火效力，这种现象称为烧爆作用；另外，使用干粉灭火剂时，粉雾包围了火焰，可以减少火焰的热辐射，同时粉末受热放出结晶水或发生分解，可以吸收部分热量而分解生成不活泼气体。

2. 干粉灭火剂及干粉灭火系统分类

干粉灭火剂有普通型干粉（BC 类）、多用途干粉（ABC 类）和金属专用灭火剂（D 类火灾专用干粉）。BC 类干粉根据其制造基料的不同有钠盐、钾盐及氨基干粉之分。这类干粉适用于扑救易燃、可燃液体如汽油、润滑油等火灾，也可用于扑救可燃气体（液化气、乙炔气等）和带电设备的火灾。

干粉灭火系统按其安装方式有固定式、半固定式之分；按其控制起动方法有自动控制、手动控制之分；按其喷射干粉的方式有全淹没和局部应用系统之分。

2.4 室内消防给水系统施工图的识读

2.4.1 室内消防给水系统施工图常用图例

室内消防给水系统施工图常用图例见表2-3。

消防泵房管道平面布置局部三维模型展示

消防系统施工图识读及计算

表2-3 室内消防给水系统施工图常用图例

名 称	图 例	名 称	图 例
消火栓给水管道	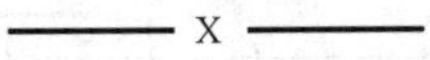 ——— X ———	室外消火栓	
自动喷淋给水管道	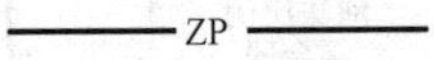 ——— ZP ———	室内单口消火栓	 平面图 系统图
闸阀	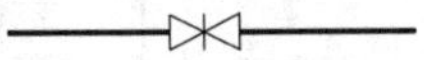	室内双口消火栓	 平面图 系统图
蝶阀	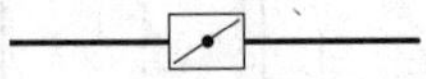	灭火器	▲
止回阀	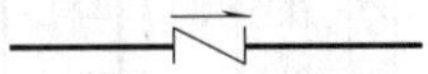	消防喷头(闭式下喷)	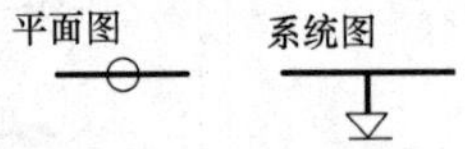 平面图 系统图
信号蝶阀	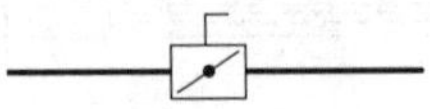	消防喷头(闭式上喷)	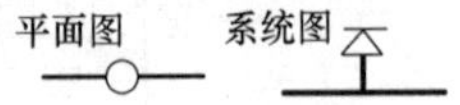 平面图 系统图
湿式报警阀	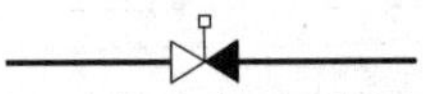	消防喷头(开式)	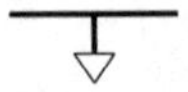
水流指示器	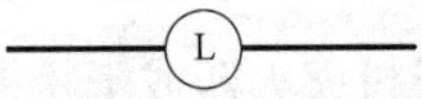	水泵接合器	

2.4.2 室内消防给水系统施工图的识读

识读消防施工图时，先看设计说明，了解工程的基本情况。将平面图和系统图对照起来看，使管道、设备、附件等在头脑里转换成空间的立体布置。对于水箱间和水泵房，可通过详图，搞清具体的细部管道走向及安装要求。识读时，沿着水流方向，从消防泵出水管（或消防引入管）、水泵接合器到消防立管及各消火栓，从消防水箱的消防出水管到消防立管及消火栓。

现以图2-1～图2-3为例，说明识读的主要内容和注意事项。

（1）先弄清图样中的方向和该建筑在总平面图上的位置，查明建筑物的情况。这是一幢九层楼的建筑，图面上只画出了楼梯间，楼梯间在A-B轴线和7-8轴线处。

（2）查明消防设备和管道的平面位置。消火栓及消防立管设在楼梯间7轴线和8轴线处，各层位置相同。在底层水泵接合器及其相应管道（DN80）沿7轴线由北向南引入室内，与消防立管 XL 连接。同时消防泵出水管（DN80）沿 7 轴线由东向西与水泵接合器管道连接。消防立管与消火栓箱均明装敷设。

（3）看系统图，查明管道实际的空间走向和管道标高及规格。水泵接合器的管道在标高为 −1.200m 处由室外引入，进入室内后升高至 −0.450m 处，沿 7 轴线与立管连接；DN80 的消防水泵出水管由东沿 B 轴线引向消防立管 XL。消防立管管径为 DN80，从底层引至各楼层并与上部的消防水箱出水管连接。

（4）消防水箱出水管设有闸阀和止回阀，避免消防泵起动后水进入水箱，水箱设在屋面上，水箱底标高为 28.600m，消火栓安装高度为地面以上 1.100m。

（5）了解管道材料及连接形式、支吊架形式及设置要求，弄清管道保温、防腐等要求。这些内容可通过看说明、有关施工规程及习惯做法确定。

本项目小结

（1）本项目介绍了消防灭火系统的分类和组成，重点讲述了消火栓给水灭火系统和自动喷淋系统的分类、组成、施工工艺及其识图方法和技巧。

（2）消火栓给水灭火系统主要由消火栓设备（水枪、水龙带、消火栓、消火栓箱及消防报警按钮）、消防管道、消防水池、水箱、增压设备和水源等组成。

（3）湿式自动喷水灭火系统由水源、自动喷淋泵、供水管网、湿式报警装置、闭式喷头、信号蝶阀、水流开关、末端试水装置、自动喷淋消防水泵接合器组成。该系统具有自动探测、报警和自动喷水灭火的功能，也可以与火灾自动报警装置联合使用。

（4）消防系统管道应采用镀锌钢管，DN≤100mm 时用螺纹连接，当管子与设备、法兰阀门连接时应采用法兰连接；DN>100mm 时管道均采用法兰连接或沟槽式连接（卡套式），管子与法兰的焊接处应进行防腐处理。

（5）室内消防给水系统施工图主要由设计说明、平面图、系统图、详图（泵房平剖面图、水箱平剖面图和系统图）、主要设备材料表等组成。识读消防施工图时，先看设计说明，了解工程的基本情况。将平面图和系统图对照起来看，使管道、设备、附件等在头脑里转换成空间的立体布置。对于水箱间和水泵房，可通过详图，搞清具体的细部管道走向及安装要求。识图的顺序是：沿着水流方向，从消防泵出水管（或消防引入管）、水泵接合器到消防立管及各消火栓，从消防水箱的消防出水管到消防立管及消火栓。

思考题与习题

1. 哪些建筑必须设置建筑消防给水系统？
2. 消火栓给水系统由哪几部分组成？各有什么作用？
3. 消火栓给水系统安装时需要注意哪些技术要求？
4. 什么是自动喷水灭火系统？它由哪几部分组成？
5. 自动喷水灭火系统主要有哪些类型？
6. 简述湿式自动喷水系统的工作流程。
7. 消防给水系统设置水泵接合器的目的是什么？
8. 自动喷水灭火系统安装时有哪些技术要求？

项目 3

供暖工程

 学习目标：

(1) 熟悉供暖系统的组成、分类。
(2) 熟悉供暖系统的形式。
(3) 掌握室内供暖管道安装的基本技术要求。
(4) 了解供暖系统设备及附件的作用、安装布置要求。
(5) 掌握供暖工程施工图的常用图例、表示方法及其识读方法。

 学习重点：

(1) 供暖系统的组成、分类。
(2) 机械循环热水供暖系统的形式。
(3) 高层建筑热水供暖系统的形式。
(4) 热水集中供暖分户热计量系统的形式。
(5) 低温热水地板辐射供暖系统加热管管材、布置要求。
(6) 散热器的分类及其安装。
(7) 室内供暖管道安装。
(8) 供暖施工图的组成，常用图例，识读方法。

 学习建议：

(1) 供暖系统与日常生活、工作、生产活动息息相关，学习中应将所学知识与实际工程相结合，多观察、勤思考。
(2) 供暖系统节能是实现建筑节能的主要途径，应注重多渠道查阅、收集供暖系统温控、热计量的新知识和新技术。
(3) 多做施工图识读练习，着重培养室内供暖工程施工图识读能力。
(4) 应按学习进度逐步完成项目后的思考题与习题，加强练习以巩固所学知识。

 相关知识链接： （相关规范、定额、手册、精品课网址、网络资源网址）：

(1)《工业建筑供暖通风与空气调节设计规范》（GB 50019—2015）。
(2)《民用建筑供暖通风与空气调节设计规范》（GB 50736—2012）。
(3)《建筑给水排水及采暖工程施工质量验收规范》（GB 50242—2002）。
(4)《低温热水地板辐射供暖应用技术规程（北京市标准）》（DBJ/T01—49—2000）。
(5)《新建集中供暖住宅分户热计量设计技术规程（北京市标准）》（DBJ01—605—2000）。

项目3　供暖工程

1. 工作任务分析

图 3-1～图 3-7 是某住宅楼供暖工程施工图，图中大量的图形符号和文字标注各代表什么含义？互相之间有何联系？图样表达的工程内容应如何安装施工？通过本项目内容的学习，将逐一得到解答。

2. 实践操作（步骤/技能/方法/态度）

为了完成上面提出的工作任务，我们需从了解集中供热与供暖的基本概念开始，熟悉供暖系统的组成及分类，然后着重学习常见的散热器热水供暖系统、热水集中供暖分户热计量系统、低温热水地板辐射供暖系统的形式及其安装施工知识，熟悉室内供暖工程施工工艺流程，掌握室内供暖施工图常用图例及识读方法，从而具备熟读施工图的能力，为室内供暖工程算量与计价打下基础。

1. 本工程供暖热媒为 95℃/70℃ 的低温热水，耗热量见供暖系统图，系统阻力损失为 3000Pa，供暖系统入口做法见新 02N01-9 图集。

2. 供暖系统采用下供下回单管水平串联式系统，户内系统为一户一表，每户为一独立供暖系统。

3. 散热器采用内腔无砂灰铸铁柱翼型散热器 TFD2-6-5（挂装），挂装高度均距地 12cm，餐厅及楼梯间（一层除外）为 TFD2-3-5（挂装），每组散热器均应在回水侧上部装 φ6 手动放气阀一个。

4. 管材选用及连接方式：明装部分为热镀锌钢管，DN≤50mm 为螺纹连接，DN>50mm 为焊接；埋地部分为铝塑 PP-R 复合管，热熔连接；出地面后，PP-R 管连接采用专用管件。埋地直管段每 1m 设一固定卡。铝塑 PP-R 复合管在供暖系统图上的标识，DN20：φ25×3.1，DN25：φ32×3.9。

5. 阀门选用及连接方式：每户热量表前的阀门为锁闭阀，其他均为闸阀，DN≤50mm 为螺纹连接，DN>50mm 为焊接。

6. 明装管道及散热器除锈后，涂装红丹底漆两遍，白色调和漆两道。

7. 地沟内供暖管道均需保温，保温前涂装红丹防锈底漆两遍，保温层采用 5cm 厚的聚氨酯硬泡沫块，外缠玻璃丝布两道，布面涂装灰色调和漆两道。

图 3-1　住宅楼供暖设计与施工说明

3.1　供暖系统的组成及分类

人不光是靠他生来就拥有一切，而是靠他从学习中所得到的一切来造就自己。

——歌德

绿色建筑特点

3.1.1　集中供热与供暖的基本概念

所谓集中供热，是指从一个或多个热源通过热网向城市或其中某些区域用户供给采暖和生活所需要的热量。目前，我国应用最广泛的集中供热系统主要有区域锅炉房供热系统和热电联产供热系统。区域锅炉房是为两个或两个以上用热单位服务的锅炉房。区域锅炉房供热包括城市分区供热、住宅区和公共设施供热、若干个热用户的联合供热等。热电联产供热系统是以热电厂为热源，电能和热能联合生产的集中供热系统，适用于生产热负荷稳定的区域供热。

所谓供暖，是指根据热平衡原理，在冬季以一定方式向房间补充热量，以维持人们正常生活和生产所需要的环境温度。供暖系统，是指由热源通过管道系统向各幢建筑物或各用户提供热媒、供给热量的系统。

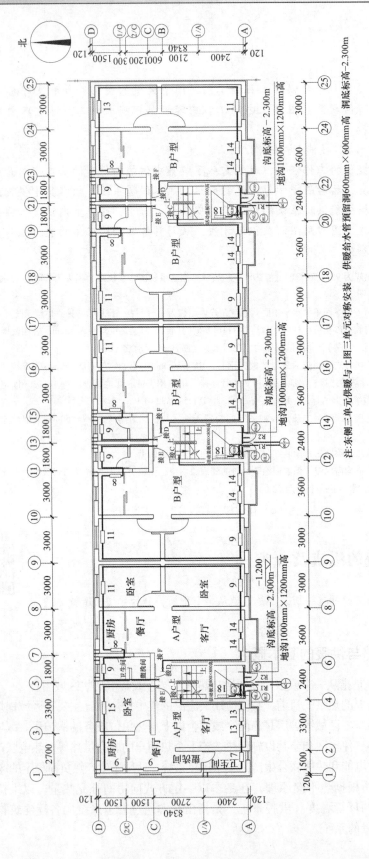

图 3-2 住宅楼一层供暖平面图

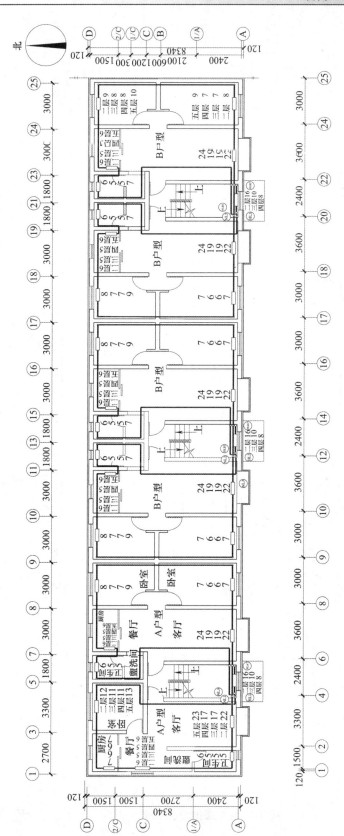

图 3-3 住宅楼二～五层供暖平面图

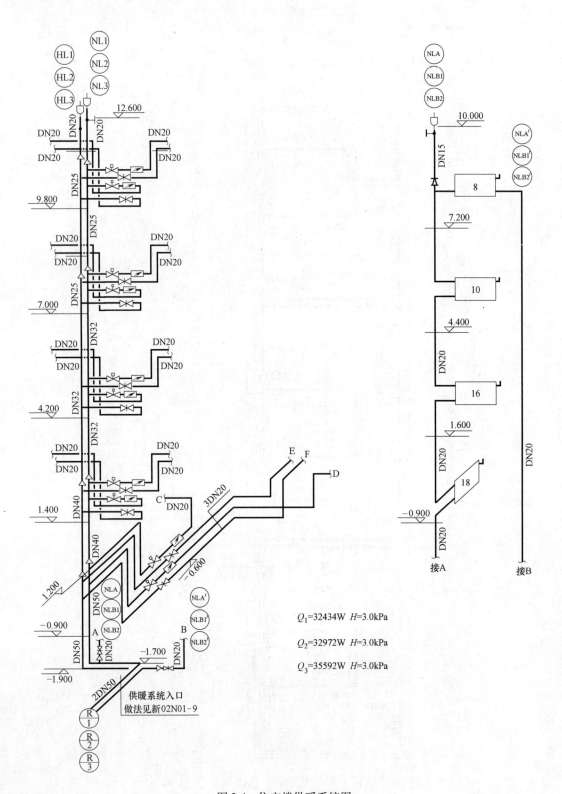

图 3-4 住宅楼供暖系统图

项目3 供暖工程

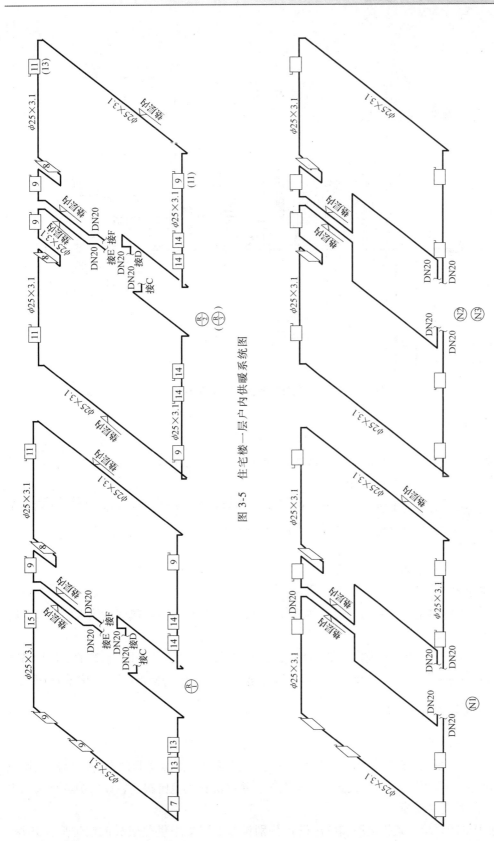

图 3-5 住宅楼一层户内供暖系统图

图 3-6 住宅楼二~五层户内供暖系统图
注：图中散热器数量未标注，详见二~五层平面图。

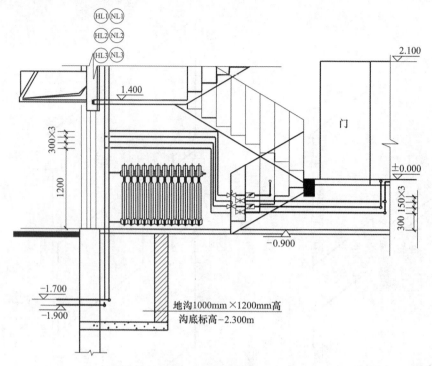

图 3-7 住宅楼一层楼梯间设备安装剖面图

3.1.2 供暖系统的组成

供暖系统主要由热源、供暖管道、散热设备三个基本部分组成。

1. 热源

主要有热电厂、区域锅炉房、热交换站（又称热力站）、地热供热站等，还可采用水源热泵机组、燃气炉设备以及余热、废热、太阳能、电能等能源。

2. 供暖管道

包括供水、回水循环管道。

3. 散热设备

将热媒携带的热量散入室内的设备称为散热设备。散热设备有散热器、热水辐射管、暖风机等。

此外，供暖系统中设置有辅助设备及附件，以保证系统正常工作。供暖系统的辅助设备有循环水泵、膨胀水箱、除污器、排气设备等，系统附件有补偿器、热计量仪表、各类阀门等。

3.1.3 供暖系统的分类

（1）供暖系统按作用范围的大小不同，可以分为以下系统：

1）局部供暖系统：是指热源、供暖管道和散热设备都在供暖房间内，为使局部区域或工作地点保持一定的温度要求而设置的供暖系统。系统的作用范围很小，如火炉、火墙、火炕、电暖器、燃气供暖等。

2）集中供暖系统：是指热源和散热设备分别设置，以集中供热或分散锅炉房作热源，通过管道系统向多个建筑物供给热量的系统。

3) 区域供暖系统：是指城市某一个区域的集中供热系统。这种供暖系统的作用范围大、节能、减少城市污染，是城市供暖的发展方向。

(2) 供暖系统按使用热媒的种类不同，可以分为以下系统：

1) 热水供暖系统：以热水作为热媒。一般将温度低于或等于100℃的水称为低温水，温度大于100℃的水称为高温水。集中供暖系统的热媒，民用建筑应采用低温水；工业建筑当厂区只有或以供暖用热为主时，宜采用高温水。

低温热水供暖系统的设计供回水温度通常为95℃/70℃（也有采用85℃/60℃）。高温热水供暖系统的设计供回水温度大多采用110~130℃/70~80℃。

2) 蒸汽供暖系统：以蒸汽作为热媒。按蒸汽压力的不同可以分为低压蒸汽采暖（$p \leq 0.07MPa$）、高压蒸汽采暖（$p > 0.07MPa$）、真空蒸汽采暖（$p <$ 大气压强）。适用于厂区供热以工艺用蒸汽为主的工业建筑集中供暖。

3) 热风供暖系统：以热空气作为热媒，是把空气加热到适当的温度（一般为35~50℃）送入供暖房间，如暖风机、热空气幕等。

4) 烟气供暖系统：以高温烟气作为热媒，直接利用燃料燃烧时所产生的高温烟气在流动过程中向供暖房间散出热量，如火墙、火炕等。

(3) 供暖系统按热源种类的不同可以分为以下系统：

1) 集中供暖系统：以集中供热或分散锅炉房作为热源。

2) 分户热源供暖系统：以住宅户内的燃气、电力以及集中供热的热媒作为能源，制备户内供暖的热源。如分户式燃气供暖、分户电热直接供暖、水源热泵供暖、利用集中供热的家用换热机组供暖等。

(4) 供暖系统按供、回水管道与散热器连接方式的不同，可以分为以下系统：

1) 单管供暖系统：热媒顺次流过各楼层散热器或同一楼层的各组散热器，热媒供、回水管道合并设置的称为单管供暖系统，如图3-8所示。

2) 双管供暖系统：热媒同时平行分配到各楼层散热器或同一楼层的各组散热器，热媒供、回水管道分开设置的称为双管供暖系统，如图3-9所示。

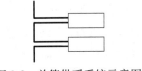
图3-8 单管供暖系统示意图

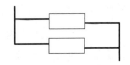
图3-9 双管供暖系统示意图

(5) 供暖系统按供暖时间的不同，可以分为以下系统：

1) 连续供暖系统：适用于全天使用的建筑物，是使供暖房间全天均能达到设计温度的供暖系统。

2) 间歇供暖系统：适用于非全天使用的建筑物，是使供暖房间在使用时间内达到设计温度，而在非使用时间内可以自然降温的供暖系统。

3) 值班供暖系统：在非工作时间或中断使用的时间内，使建筑物保持最低室温要求

（以免冻结）所设置的供暖系统。

3.2 散热器热水供暖系统

散热器供暖是多年来建筑物内常见的一种供暖形式。工程实际中，低温热水供暖系统应用最为广泛。热水供暖系统按循环动力的不同，可以分为自然循环系统和机械循环系统。

3.2.1 自然循环热水供暖系统

自然循环热水供暖系统又称重力循环热水供暖系统，是以供回水密度差产生的重度差为循环动力，推动热水在系统中循环流动的供暖系统。

自然循环热水供暖系统的工作原理如图3-10所示。系统充水后，水在锅炉中被加热，水温升高而密度变小，沿供水管上升流入散热设备；热水在散热设备中放热后，水温降低而密度增加，沿回水管流回锅炉再次加热；热水不断地被加热和放热，如此循环流动。

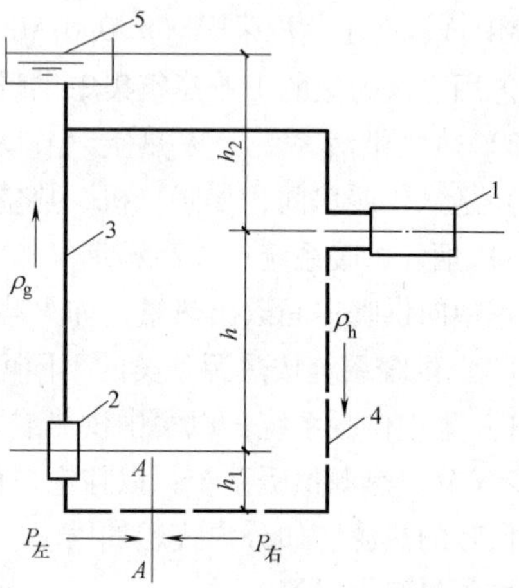

3.2.2 机械循环热水供暖系统

机械循环热水供暖系统是依靠循环水泵提供的动力使热水循环流动的供暖系统。它的作用压力比自然循环供暖系统大得多，因此系统的作用半径大，是应用最多的供暖系统。

机械循环热水供暖系统的形式多样，主要有垂直式和水平式两大类。

1. 垂直式系统

所谓垂直式供暖系统，是指热媒沿垂直方向供给各楼层的散热器并放出热量的供暖系统。这种系统穿楼板的立管较多，施工难度大，耗用管材多，系统总造价高；优点是系统的空气排除效果较好。

（1）上供下回式系统：如图3-11所示，该系统的供水干管敷设在所有散热器之上（顶层顶棚下或吊顶内），水流沿散热器立支管自上而下流过各楼层散热器，回水干管敷设在底层（地下室、地沟内或底层地面上）。图中，立管Ⅰ、Ⅱ为垂直双管式系统，立管Ⅲ为垂直单管顺流式系统，立管Ⅳ为垂直单管带跨越管式系统。其中，垂直双管式系统各楼层散热器均形成独立的循环环路，由于受到自然循环作用压力的影响，存在着沿垂直方向各楼层温度逐层降低的垂直失调现象。因此，垂直双管系统的建筑物层数不宜超过4层。上供下回式系统在工程实际中应用较为广泛。

（2）下供下回式系统：如图3-12所示，该系统的供、回水干管都敷设在底层散热器的下面（地下室、地沟内或底层地面上）。由于供、回水干管集中布置在下部，干管的无效热损失小，系统的安装可以配合土建施工进度进行。但系统的空气排除困难，因此应设专用空气管排气或在顶层散热器上设手动放气阀排气。该系统适用于顶层顶棚难以布置管道的建筑物。

图 3-10 自然循环热水供暖系统工作原理图
1—散热设备 2—热水锅炉 3—供水管路
4—回水管路 5—膨胀水箱

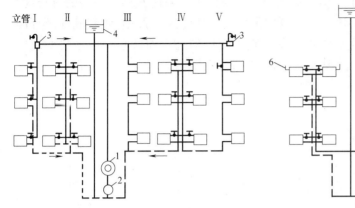
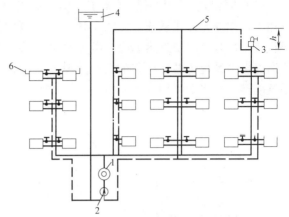

图 3-11 机械循环上供下回式系统
1—热水锅炉 2—循环水泵 3—排气装置 4—膨胀水箱

图 3-12 机械循环下供下回式系统
1—热水锅炉 2—循环水泵 3—排气装置 4—膨胀水箱 5—空气管 6—手动放气阀

(3) 下供上回式（倒流式）系统：如图 3-13 所示，该系统的供水干管敷设在下部（地下室、地沟内或底层地面上），回水干管敷设在顶部（顶层顶棚下或吊顶内），水流沿散热器立支管自下而上流动，故亦称倒流式系统。适用于高温热水供暖系统，可以有效避免高温水汽化。

(4) 中供式系统：如图 3-14 所示，该系统的总供水干管敷设在系统的中部。总供水干管以下为上供下回式；总供水干管以上可以采用下供下回式，如图 3-14a 所示，也可采用上供下回式，如图 3-14b 所示。该系统适用于顶层顶棚难以布置管道的建筑物，能减轻上供下回式系统楼层过多而易出现的垂直失调现象。

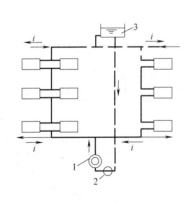
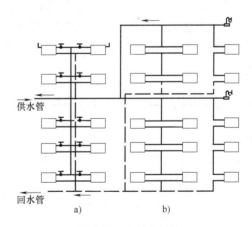

图 3-13 机械循环下供上回式系统
1—热水锅炉 2—循环水泵 3—膨胀水箱

图 3-14 中供式系统
a) 上部系统—下供下回式系统
b) 上部系统—上供下回式系统

(5) 混合式系统：如图 3-15 所示，该系统是由下供上回式系统 Ⅰ 与上供下回式系统 Ⅱ 这两组系统串联组成的。这种由两种或两种以上基本形式组合而成的供暖系统称为混合式供暖系统。

（6）同程式系统与异程式系统：供暖系统中，若通过供暖系统各循环环路的总长度都不相等，称为异程式系统，如图3-16所示，图中Ⅰ、Ⅱ、Ⅲ代表三个不同的简化循环环路。异程式系统容易出现近热远冷（相对于距离系统热力入口的远近而言）的水平失调现象。若通过供暖系统各循环环路的总长度基本相等，称为同程式系统，如图3-17所示。同程式系统能够克服水平失调现象，但耗用管材较多。

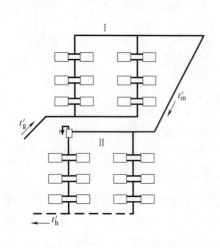

图3-15 混合式系统

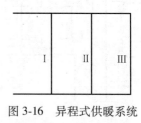

图3-16 异程式供暖系统

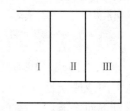

图3-17 同程式供暖系统

2. 水平式系统

所谓水平式供暖系统，是指热媒沿水平方向供给楼层的各组散热器并放出热量的供暖系统。这种系统构造简单，管道穿楼板少，施工简便，节省管材，系统总造价低。缺点是系统的空气排除较麻烦，应在每组散热器上装设手动放气阀排气。

水平式系统按水平管与散热器的连接方式不同，有水平单管串联式（又称水平单管顺流式）和水平单管跨越管式系统，如图3-18和图3-19所示。

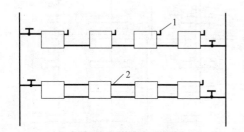

图3-18 水平单管串联式
1—手动放气阀 2—空气管

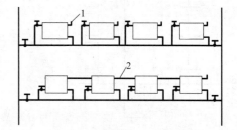

图3-19 水平单管跨越管式
1—手动放气阀 2—空气管

3.2.3 高层建筑热水供暖系统常用形式

高层建筑由于层数多、高度大，因此建筑物热水供暖系统产生的静压较大，垂直失调问题也较严重。应根据散热器的承压能力、室外供热管网的压力状况等因素来确定系统形式。

目前，国内高层建筑热水供暖系统常用的形式有：

1. 竖向分区式供暖系统

高层建筑热水供暖系统在垂直方向分成两个或两个以上的独立系统，称为竖向分区式供暖系统。建筑物高度超过50m时，热水供暖系统宜竖向分区设置。系统的低区通常与室外管网直接连接，按高区与室外管网的连接方式主要分为两种：

（1）设热交换器的分区式供暖系统：如图3-20所示，该系统的高区通过热交换器与外网间接连接。热交换器作为高区的热源，高区设有循环水泵、膨胀水箱，独立成为与外网压力隔绝的完整系统。这种系统比较可靠，适用于外网是高温水的供暖系统。

（2）双水箱分区式供暖系统：如图3-21所示，该系统将外网的水直接引入高区，当外网的供水压力低于高层建筑的静压时，可在供水管上设加压水泵，使水进入高区上部的进水箱。高区的回水箱设非满管流动的溢流管与外网回水管相连。两水箱与外网压力隔绝，利用两水箱的高差 h 使水在高区内自然循环流动。这种系统的投资比设热交换器低，但由于采用开式水箱，易使空气进入系统，增加了系统的腐蚀因素，适用于外网是低温水的供暖系统。

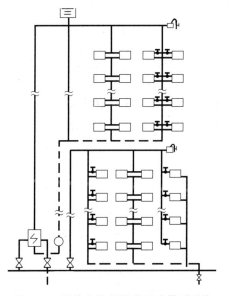

图3-20 设热交换器的分区式供暖系统

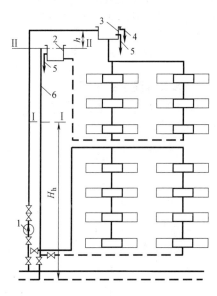

图3-21 双水箱分区式供暖系统
1—加压水泵 2—回水箱 3—进水箱 4—进水箱溢流管 5—信号管 6—回水箱溢流管

2. 双线式供暖系统

高层建筑的双线式供暖系统能分环路调节，因为在每一环路上均设置有节流孔板、调节阀门。主要有以下两种：

（1）垂直双线单管式供暖系统：如图3-22所示，系统的散热器立管由上升立管和下降立管（双线立管）组成，垂直方向各楼层散热器的热媒平均温度近似相同，有利于避免垂直失调现象。系统在每根回水立管末端设置节流孔板，以增大各立管环路的阻力，可减轻水平失调现象。

（2）水平双线单管式供暖系统：如图3-23所示，系统水平方向各组散热器的热媒平均温度近似相同，有利于避免水平失调现象。系统在每根水平管线上设置调节阀进行分层流量调节，在每层水平回水管线末端设置节流孔板，以增大各水平环路的阻力，可减轻垂直失调现象。

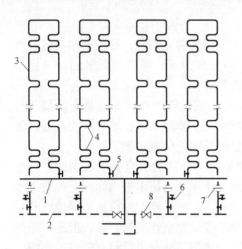 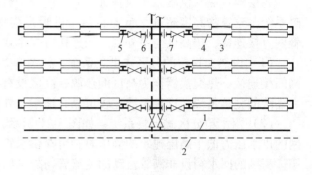

图 3-22　垂直双线单管式供暖系统 　　　　　图 3-23　水平双线单管式供暖系统
1—供水干管　2—回水干管　3—双线立管　　　1—供水干管　2—回水干管　3—双线水平管　4—散热器
4—散热器　5—截止阀　6—排气阀　　　　　　5—截止阀　6—节流孔板　7—调节阀
7—节流孔板　8—调节阀

3. 单双管混合式供暖系统

如图 3-24 所示，这种系统是将垂直方向的散热器按 2~3 层为一组，在每组内采用双管系统，而组与组之间采用单管连接。这样既可避免楼层过多时双管系统产生的垂直失调现象，又能克服单管系统散热器不能单独调节的缺点。

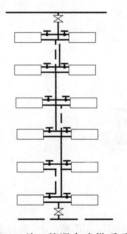

图 3-24　单双管混合式供暖系统

3.3　热水集中供暖分户热计量系统

一个人再完美，也不过是一滴水；一个团队，一个优秀的团队则是大海。

集中供暖分户热计量系统是指以建筑物的户（套）为单位，分别计量向户内供给热量的集中供暖系统。建筑物应根据采用的热量计量方式选用不同的供暖系统形

公平公正的
职业态度

式。当采用热量分配表加楼用总热量表计量方式，宜采用垂直式供暖系统；当采用户用热量表计量方式，应采用共用立管的分户独立供暖系统。

1. 分户热计量垂直式供暖系统

宜采用垂直单管跨越式系统、垂直双管式系统。从克服垂直失调的角度，垂直双管式系统宜采用下供下回异程式系统。

2. 共用立管的分户独立供暖系统

共用立管的分户独立供暖系统即集中设置各户共用的供回水立管，从共用立管上引出各户独立成环的供暖支管，支管上设置热计量装置、锁闭阀等，按户计量热量的供暖系统形式。该系统可分为建筑物内共用供暖系统及户内供暖系统两部分。

（1）建筑物内共用供暖系统：是指自建筑物热力入口起至户内系统分支阀门止的供暖系统。由建筑物热力入口装置、建筑内共用的供回水水平干管和各户共用的供回水立管组成。

1）建筑物热力入口装置：是指连接外网和建筑物内供暖系统，具有调节、检测、关断等功能的装置。

当户内为单管跨越式定流量系统时，热力入口应设自力式流量控制阀；当户内为双管式变流量系统时，热力入口应设自力式压差控制阀。热力入口的供水管上应设两级过滤器。设总热量表的热力入口，其流量计宜设在回水管上。热力入口的供回水管上应设置关断阀、压力表，供回水管之间应设旁通管和旁通阀。典型的建筑物热力入口装置如图3-25所示。

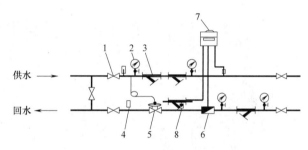

图3-25 典型建筑物热力入口装置图示
1—关断阀门 2—压力表 3—过滤器 4—温度计 5—自力式压差控制阀或流量控制阀 6—流量传感器
7—积分仪 8—温度传感器

2）建筑内共用的供回水水平干管：应有不小于0.2%的坡度。不应穿越户内空间，通常设置在建筑物的设备层、管沟、地下室或公共用房的适宜空间内，并应具备检修条件。当各户共用的供回水立管压力损失相近时，共用水平干管宜采用同程式布置。

3）各户共用的供回水立管：宜采用下供下回式，其顶端应设排气装置。每副共用供回水立管每层连接的户数不宜大于3户，当每层用户数较多时，应增加共用立管的数量或采用分水器、集水器连接。共用立管应设在管道井内或户外的公共空间内，并具备户外检修的条件。

（2）户内供暖系统：是指自连接共用立管的分支阀门后的供暖系统。由入户装置、户内供回水管道、散热设备、室温控制装置等组成。

1）户内供暖系统入户装置：是指安装在户外管道井或热量表箱内，具有调节、计量、检测、关断等功能的装置。

入户装置包括供水管上的锁闭调节阀（或手动调节阀）、回水管上的锁闭阀（或其他关断阀）、户用热量表、过滤器等部件。户用热量表的流量传感器宜安装在供水管上，热量表前宜设置过滤器。入户装置应与共用立管一同设于管道井内或户外的公共空间内。典型的户内供暖系统入户装置如图3-26所示。

2）户内供回水管道：可采用金属管道，也可采用塑料管道或复合管道。

3）户内供暖系统形式：可以采用低温热水地板辐射供暖系统、散热器供暖系统。其中，散热器供暖系统主要有两种形式：一种是户内设小型分水器、集水器，散热器相互并联的放射式（又称章鱼式）双管系统，如图3-27所示。该方式管线埋地敷设，施工复杂，对楼层高度有一定的影响，但可以实现分室

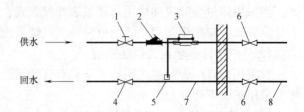

图3-26 典型户内供暖系统入户装置图示
1—锁闭调节阀 2—过滤器 3—户用热量表 4—锁闭阀
5—温度传感器 6—关断阀 7—热镀锌
钢管 8—户内系统管道

控温，有利于装修美观；另一种是户内所有散热器串联或并联成环形布置的系统，如图3-28所示。宜采用水平单管跨越式、水平双管并联式、上供下回水平双管式、上供上回水平双管式等形式。该方式不能实现分室控温，在布管时需解决过门及美观的问题，可采用沿管线方向挖暗槽等措施加以解决。

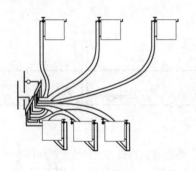

图3-27 章鱼式双管系统

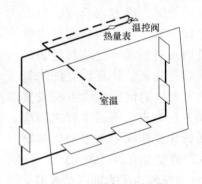

图3-28 环形布置的系统

3.4 辐射供暖系统

3.4.1 辐射供暖分类

辐射供暖系统根据辐射板表面温度不同可分为低温辐射供暖（低于80℃）、中温辐射供暖（80~200℃）、高温辐射供暖（500~900℃）；根据辐射板安装位置可分为顶棚式、墙壁式、地板式、踢脚板式等；根据辐射板构造可分为埋管式、风道式、组合式辐射供暖。

3.4.2 低温热水地板辐射供暖系统

1. 低温热水地板辐射供暖基本概念

低温热水地板辐射供暖（简称地暖）是采用低温热水为热媒，通过预埋在建筑物地板内的加热管辐射散热的供暖方式。民用建筑的供水温度不应超过60℃，供、回水温差宜小于或等于10℃。一般，地暖供回水温度为35~55℃。地暖系统的工作压力不宜大于0.8MPa，当建筑物高度超过50m时宜竖向分区设置。

2. 地暖加热管

地暖所采用的加热管有交联聚乙烯（PE-X）管、聚丁烯（PB）管、交联铝塑复合（XPAP）管、无规共聚聚丙烯（PP-R）管、耐热增强型聚乙烯（PE-RT）管等。这些管材具有耐老化、耐腐蚀、不结垢、承压高、无污染、沿程阻力小等优点。

地暖加热管的布置形式有联箱排管、平行排管、S形盘管、回形盘管四种。联箱排管宜于布置，但板面温度不均，排管与联箱之间采用管件或焊接连接，应用较少。其余三种形式的管路均为连续弯管，应用较多，如图3-29所示。加热管间距一般为100~350mm。为

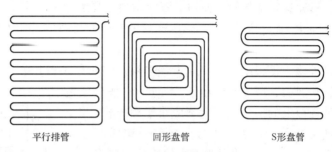

图3-29 地暖加热管常用布置形式

减少流动阻力和保证供、回水温差不致过大，地暖加热管均采用并联布置。每个分支环路的加热盘管长度宜尽量相近，一般为60~80m，最长不宜超过120m。

3. 分水器、集水器

地暖系统一般采用分水器、集水器与管路系统连接。分水器、集水器组装在一个分水器、集水器箱内，每套分水器、集水器负责3~8个分支环路的供回水。分水器、集水器的直径一般为25mm。分水器前应设阀门及过滤器；集水器后应设阀门，必要时可在阀门前安装平衡阀；分水器、集水器上应设放气阀；分水器、集水器供回水连接管间应设旁通管，旁通管上应设阀门，以便在水流不进入地暖盘管的情况下，对供暖系统进行整体清洗；分水器、集水器及连接件的材料应采用耐腐蚀材料，宜为铜制。分水器、集水器安装示意图如图3-30所示。分水器、集水器宜布置于厨房、盥洗间、走廊两头等既不占用主要使用面积，又便于操作的部位，并留有一定的检修空间，且每层安装位置宜相同。分水器、集水器距共

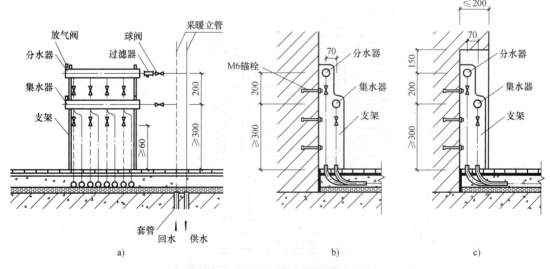

图3-30 分水器、集水器安装示意图
a）平面图　b）支架明装　c）支架嵌墙安装

用总立管的距离不得小于350mm。

4. 地暖地面结构

地暖的地面结构一般由地面层、找平层、填充层、绝热层、结构层组成。其中，地面层指完成的建筑装饰地面；找平层是在填充层或结构层之上进行抹平的构造层。填充层用来埋置、覆盖保护加热管并使地面温度均匀，其厚度不宜小于50mm，一般，公共建筑大于或等于90mm，住宅大于或等于70mm。填充层的材料应采用C15豆石混凝土，豆石粒径不宜大于12mm，并宜掺入适量的防裂剂。绝热层主要用来控制热量传递方向，在加热管及其覆盖层与外墙、楼板结构层间应设绝热层。绝热层一般用密度大于或等于20kg/m³的聚苯乙烯泡沫塑料板，厚度不宜小于25mm。一般楼层之间的楼板上的绝热层厚度不应小于20mm，与土壤或室外空气相邻的地板上的绝热层厚度不应小于40mm，沿外墙内侧周边的绝热层厚度不应小于20mm。当绝热层铺设在土壤上时，绝热层下部应做防潮层。在潮湿房间（如卫生间、厨房等）敷设地暖时，加热管覆盖层（填充层）上应做防水层。地暖地面结构剖面图如图3-31所示。

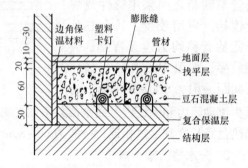

图3-31 地暖地面结构剖面图

填充层应设伸缩缝，伸缩缝的位置、距离及宽度应根据计算确定。一般在面积超过30m²或长度超过6m时，伸缩缝设置间距小于或等于6m，伸缩缝的宽度大于或等于5mm；面积较大时，伸缩缝的设置间距可适当增大，但不宜超过10m。加热管穿过伸缩缝时，宜设长度不小于100mm的柔性套管。地暖管路布置示意图如图3-32所示。

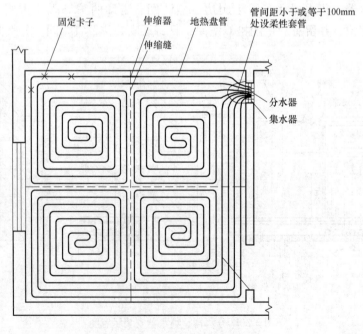

图3-32 地暖管路布置示意图

3.4.3 热水吊顶辐射板供暖

热水吊顶辐射板供暖，可用于层高为 3~30m 建筑物的供暖。

热水吊顶辐射板的供水温度宜采用 40~140℃。在非供暖季节，系统应充水保养。常用的金属吊顶辐射板，主要有钢板与钢管组合和铝板与钢管组合两种类型。

热水吊顶辐射板供暖系统的管道布置宜采用同程式，辐射板宜沿最长的外墙平行布置，安装高度应根据人体的舒适度而定。辐射板与供暖系统供、回水管的连接方式可采用并联或串联、同侧或异侧连接。

3.4.4 低温加热电缆辐射供暖

电供暖的形式有：电暖器供暖、电热锅炉供暖、电热辐射供暖。

低温加热电缆辐射供暖系统由可加热柔韧电缆、感应器、恒温器等组成，宜采用地板式。该供暖方式通常将电缆埋设于混凝土中，有直接供热、存储供热、薄型安装等系统形式，如图 3-33 所示。适用于任何材质的地面，如混凝土、木地板、大理石、瓷砖等。

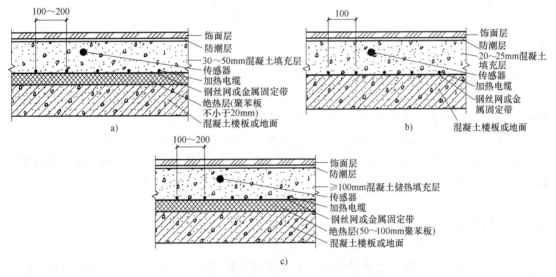

图 3-33 低温加热电缆地板辐射供暖系统安装
a）混凝土直接供热系统安装 b）混凝土地面上的薄型安装 c）混凝土存储供热系统安装

加热电缆的结构在径向上从里到外应由发热导体、绝缘体、接地防触电体、防水防潮体、屏蔽体、耐腐蚀护套体等组成，其外径不宜小于 6mm。加热电缆的布置可采用平行型（直列型）或回折型（旋转型），宜选择平行型。加热电缆热线之间的最大间距不宜超过 300mm，且不应小于 50mm；距离外墙内表面不得小于 100mm。每个房间宜独立安装一根发热电缆，不同温度要求的房间不宜共用一根加热电缆；每个房间宜通过加热电缆温控器单独控制温度。

加热电缆的地面结构做法与低温热水地板辐射供暖相同。加热电缆下必须铺设钢丝网或金属固定带，以保证加热电缆不被压入隔热材料中。

3.4.5 低温电热膜辐射供暖

低温电热膜辐射供暖方式是以电热膜为发热体,大部分热量以辐射方式散入供暖区域。电热膜是一种通电后能发热的半透明聚酯薄膜,由可导电的特制油墨、金属载流条经印刷、热压在两层绝缘聚酯薄膜之间制成。电热膜工作时表面温度为40~60℃,通常布置在顶棚上、地板下或墙裙、墙壁内,同时配以独立的温控装置。

低温电热膜辐射供暖宜采用顶棚式,如图3-34所示。

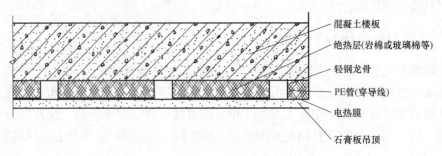

图3-34 低温电热膜辐射吊顶安装

3.4.6 燃气红外线辐射供暖

燃气红外线辐射器由热能发生器、电子激发室、发热室、辐射管、反射器、真空泵和电控箱组成。辐射管表面产生2~10μm的热能辐射波,经上部的反射器导向被辐射表面进行加热。辐射器的安装高度应根据人体舒适度而定,但不应低于3m。

燃气红外线辐射供暖可用于建筑物室内供暖或室外工作地点供暖。必须采取相应的防火防爆或通风换气等安全措施。应在便于操作的位置设置能直接切断供暖系统及燃气供应系统的控制开关;利用通风机供应空气时,通风机与供暖系统应设联锁开关。

3.5 供暖系统安装

室内供暖系统安装施工工艺流程为:安装准备→预制加工→卡架安装→供暖总管安装→供暖干管安装→供暖立管安装→散热设备安装→供暖支管安装→系统水压试验→冲洗→防腐→保温→调试。

供暖系统安装施工,前期准备工作应认真熟悉施工图,配合土建施工进度,预留孔洞及安装预埋件,并按设计图画出管路的位置、管径、变径、坡向及预留孔洞、阀门、卡架等位置的施工草图。按施工草图进行管段的加工预制,并按安装顺序编号存放。安装管道前,按设计要求或规定间距安装卡架。

3.5.1 室内供暖管道安装

1. 室内供暖管道安装施工验收基本规定

(1) 管道穿过结构伸缩缝、抗震缝及沉降缝敷设时,应根据情况采取下列保护措施:在墙体两侧采取柔性连接;在管道或保温层外皮上、下部留有不小于150mm的净空;在穿墙处做成方形补偿器，水平安装。

（2）钢管、塑料管及复合管、铜管垂直或水平安装的支、吊架间距规定详见给水排水章节。

（3）供暖系统的金属管道立管管卡安装应符合下列规定：楼层高度小于或等于5m，每层必须安装1个；楼层高度大于5m，每层不得少于2个。管卡安装高度，距地面应为1.5~1.8m，2个以上管卡应匀称安装。同一房间管卡应安装在同一高度上。

（4）管道穿过墙壁和楼板应设置金属或塑料套管。安装在楼板内的套管，其顶部应高出装饰地面20mm；安装在卫生间及厨房内的套管，其顶部应高出装饰地面50mm；底部应与楼板底面相平。安装在墙壁内的套管其两端与饰面相平。穿过楼板的套管与管道之间缝隙应用阻燃密实材料和防水油膏填实，端面光滑。穿墙套管与管道之间缝隙宜用阻燃密实材料填实，且端面应光滑。管道的接口不得设在套管内。

（5）焊接钢管的连接，管径小于或等于32mm时应采用螺纹连接；管径大于32mm时采用焊接。

（6）管道安装坡度，当设计未注明时，应符合下列规定：气、水同向流动的热水供暖管道和汽、水同向流动的蒸汽管道及凝结水管道，坡度应为0.3%，不得小于0.2%；气、水逆向流动的热水供暖管道和汽、水逆向流动的蒸汽管道，坡度不应小于0.5%；散热器支管的坡度应为1%，坡向应利于排气和泄水。

（7）散热器支管长度超过1.5m时，应在支管上安装管卡。

（8）管道、金属支架和设备的防腐和涂漆应附着良好，无脱皮、起泡、流淌和漏涂缺陷。

2. 散热器供暖系统管道安装

供暖管道的材质，应根据供暖热媒的性质、管道敷设方式选用，并应符合国家现行有关产品标准的规定。室内散热器供暖管道一般采用焊接钢管、无缝钢管。

（1）供暖总管安装：供暖总管由总供水（汽）管、总回水（凝结水）管构成，管道上安装有热力入口装置。典型的建筑物热力入口装置如图3-25所示。

在满足室内各环路水力平衡的前提下，应尽量减少建筑物的供暖管道入口数量。管道穿越地下室或地下构筑物外墙时，应采取防水措施。有严格防水要求的，应采用柔性防水套管，一般可采用刚性防水套管。

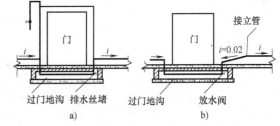

图3-35 供暖总管过门的安装
a) 蒸汽干管过门 b) 热水干管过门

（2）供暖干管安装：位于地沟内的干管，安装前应将地沟内杂物清理干净，安装好托吊、卡架，最后盖好沟盖板；位于楼板下的干管，应在结构进入安装层的一层以上后安装；位于顶层的干管，应在结构封顶后安装。凡需隐蔽的干管，均需单体进行水压试验。

供暖干管过门时应按图3-35所示的形式安装。

（3）供暖立管安装：立管安装必须在确定准确的地面标高后进行，并检查和复核各层预留孔洞是否在垂直线上,将预制好的管道运到安装地点进行安装。

供暖立管与顶部干管连接,热水立管应从干管底部接出,蒸汽立管应从干管的侧部或顶部接出,如图3-36所示。供暖立管与干管一般用2~3个弯头连接,如图3-37所示。设于地沟内的干管与立管连接时,应在立管底部安装泄水丝堵。

(4) 供暖支管安装:支管安装必须在墙面抹灰后进行。检查散热设备安装位置及立管预留口甩头是否准确,量出支管尺寸进行安装。

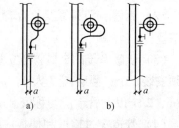

图3-36 供暖立管与顶部干管的连接
a) 供暖热水管 b) 供暖蒸汽管

供暖支管安装与立管交叉时,支管应揻弯绕过立管。暗装或半暗装的散热器支管上应揻制灯叉弯。

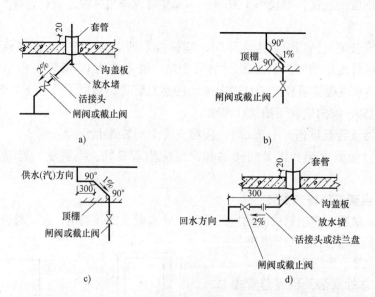

图3-37 供暖立管与干管连接
a) 400mm×400mm管沟内立干管连接 b) 顶棚内立干管连接汽(三层以下)水(四层以下)
c) 顶棚内立干管连接汽(四层以上)水(五层以上) d) 地沟内立干管连接

3. 低温热水地板辐射供暖系统加热管安装

(1) 加热管的内外表面应光滑、平整、干净,不应有可能影响产品性能的明显划痕、凹陷、气泡等缺陷。

(2) 加热管管径、间距和长度应符合设计要求。间距偏差不大于±10mm。

(3) 加热管安装间断或完毕时,敞口处应随时封堵。

(4) 管道安装过程中,应防止涂料、沥青或其他化学溶剂污染管材、管件。

(5) 加热管切割应采用专用工具;切口应平整,断面应垂直管轴线。

(6) 熔接连接管道的结合面应有一均匀的熔接圈,不得出现局部熔瘤或熔接圈凸凹不匀现象。

(7) 加热管弯曲部分不得出现硬折弯现象,弯曲半径应符合下列规定:塑料管不应小于管道外径的 8 倍；复合管不应小于管道外径的 5 倍。

(8) 埋设于填充层内的加热盘管不应有接头。检验方法：隐蔽前现场查看。

(9) 加热管应设固定装置。可采用下列方法之一固定：用固定卡将加热管直接固定在绝热板或设有复合面层的绝热板上；用扎带将加热管固定在铺设于绝热层上的网格上；直接卡在铺设于绝热层表面的专用管架或管卡上；直接固定于绝热层表面凸起间形成的凹槽内。塑料加热管固定方式如图 3-38 所示。

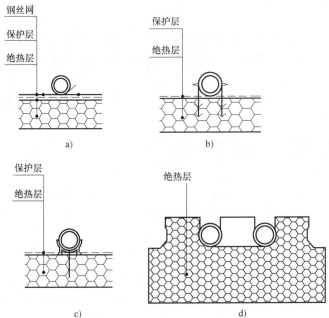

图 3-38 塑料加热管固定方式
a) 塑料扎带绑扎（保护层为铝箔） b) 塑料卡钉（管卡，保护层为聚乙烯膜）
c) 管架或管托（保护层为聚乙烯膜） d) 带凸台或管槽的绝热层

(10) 加热管弯头两端宜设置固定卡；加热管固定点的间距，直管段固定点间距宜为 0.5~0.7m，弯曲管段固定点间距宜为 0.2~0.3m。

(11) 在分水器、集水器附近以及其他局部加热管排列比较密集的部位，当管间距小于 100mm 时，加热管外部应采取设置柔性套管等措施。

(12) 加热管出地面至分水器、集水器连接处，弯管部分不宜露出地面装饰层。加热管出地面至分水器、集水器下部球阀接口之间的明装管段，外部应加装塑料套管。套管应高出装饰面 150~200mm。

(13) 加热管隐蔽前必须进行水压试验，水压试验按设计要求进行，如设计无规定时应符合下列规定：试验压力为工作压力的 1.5 倍，但不得小于 0.6MPa。加压宜采用手动泵缓慢升压，升压时间不得少于 10min，稳压 1h 后压力降不大于 0.05MPa，且不渗不漏为合格。

(14) 加热管与分水器、集水器连接，应采用卡套式、卡压式挤压夹紧连接；连接件材料宜为铜制；铜制连接件与 PP-R 或 PP-B 直接接触的表面必须镀镍。

3.5.2 散热设备安装

1. 散热器安装

(1) 散热器分类：散热器按材质分为铸铁、钢、铝、全铜、塑料、钢（铜）铝复合散热器等；按其结构形式分为翼型、柱型、管型、板型等；按其传热方式分为对流型和辐射型。

（2）常用散热器：民用建筑宜采用外形美观、易于清扫的散热器；放散粉尘或防尘要求较高的工业建筑，应采用易于清扫的散热器；具有腐蚀性气体的工业建筑或相对湿度较大的房间，应采用耐腐蚀的散热器。工程中常用的散热器有：

1）铸铁散热器：具有结构简单、耐腐蚀、使用寿命长、价格低廉的优点，但其承压能力低、质量重、安装劳动繁重。主要有柱型、翼型、柱翼型等形式。

① 翼型散热器：可分为圆翼型和长翼型两种，如图3-39和图3-40所示。其中，长翼型散热器又可分为大60（长度280mm）和小60（长度200mm）两种。

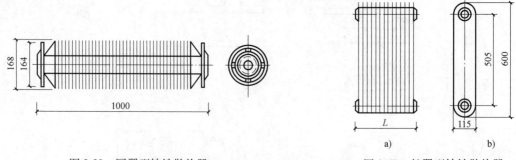

图3-39　圆翼型铸铁散热器　　　　　　图3-40　长翼型铸铁散热器

② 柱型散热器：是由若干个中空立柱相互连通的单片组成的散热器。有二柱（M132）、四柱、五柱型等，如图3-41所示。其片型有带腿（足片）和不带腿（中片）两种。

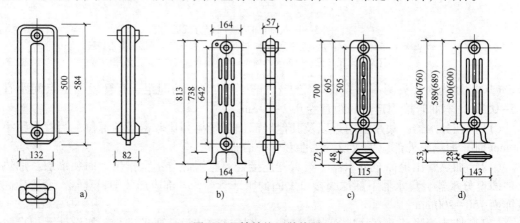

图3-41　铸铁柱型散热器
a）M132型　b）四柱813型　c）四柱700型　d）四柱640（760）型

③ 柱翼型散热器：又称辐射对流型散热器，如图3-42所示。

2）钢制散热器：具有承压能力高、质量轻、体型紧凑、外形美观的优点，但耐腐蚀性能较差。

钢制散热器有柱型、板型、柱翼型、闭式串片型、翅片管对流型、扁管型、钢管型、组合型等形式。其中，钢制柱型、板型、柱翼型、扁管型、钢管型散热器热媒宜为热水，不应采用蒸汽，供暖系统应采用闭式系统，停暖时应充水密闭保养。钢制闭式串片型、翅片管对

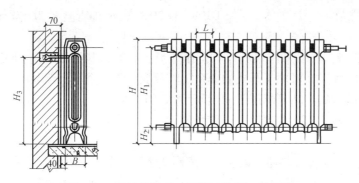

图 3-42 铸铁柱翼型（辐射对流型）散热器

流型、扁管型散热器不适用于卫生间、浴室等潮湿场所。常用的钢制散热器如图 3-43～图 3-45 所示。

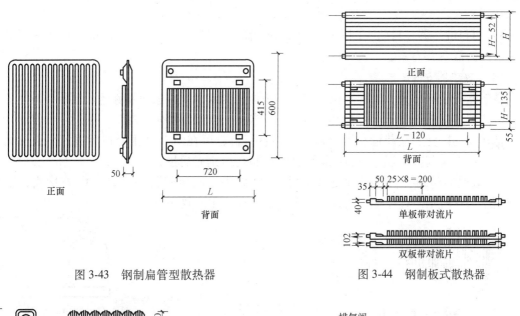

图 3-43 钢制扁管型散热器　　　　　　图 3-44 钢制板式散热器

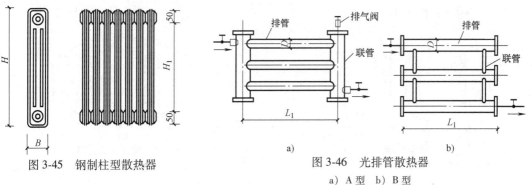

图 3-45 钢制柱型散热器　　　图 3-46 光排管散热器
　　　　　　　　　　　　　　　　a) A 型　b) B 型

3）光排管散热器：一般由钢管焊接而成，包括联管和排管两部分。分为 A 型和 B 型两种，如图 3-46 所示。具有传热系数大、表面光滑不易积尘、便于清扫、承压能力高、可现场制作并随意组成所需散热面积的优点，但钢材耗量大、外形不美观、易锈蚀。

光排管散热器多用于粉尘较多的车间，也常用作临时性供暖设施。其型号表示方法为：

排管直径×排管排数×排管长度。例如 D108×3×2000 表示排管直径为 108mm，3 排，长度为 2000mm。

4）铝制散热器：一般采用铝制型材挤压成形，具有结构紧凑、造型美观、耐氧腐蚀、承压高、质量轻的优点，可用于开式供暖系统以及卫生间、浴室等潮湿场所。其缺点是不耐碱腐蚀，无防腐措施的产品只能用于 pH 低于 8.5 的热媒水中。

铝制散热器有柱翼型、管翼型、板翼型等形式，与供暖管道采用焊接或钢拉杆连接。

（3）新型散热器。

1）钢（铜）铝复合散热器：以钢管、不锈钢管、铜管等为内芯，以铝合金翼片为散热元件，结合了钢管、铜管的高承压、耐腐蚀和铝合金外表美观、散热效果好的优点。以热水为热媒，工作压力为 1.0MPa。

2）全铜水道散热器：过水部件全部为金属铜的散热器，具有耐腐蚀、导热性好、强度好、承压高、高效节能、易加工、外形美观的优点。该散热器以热水为热媒，工作压力为 1.0MPa。

3）塑料散热器：目前我国尚处于研制开发阶段，其单位散热面积的散热量约比同类型钢制散热器低 20% 左右。

（4）散热器安装。

散热器安装程序为：画线定位→打洞→栽埋托钩或卡子→散热器除锈、涂装→散热器组对→散热器单组水压试验（→散热器除锈、涂装）→挂装或落地安装散热器。

散热器的除锈、涂装可在散热器组对前进行，也可在组对试压合格后进行。散热器托钩、支架安装可与散热器组对试压同时进行，也可分别先后进行。

1）散热器组对：散热器的组对材料有外接头、汽包垫片、丝堵、内外接头，如图 3-47～图 3-50 所示。垫片材质当设计无要求时，应采用耐热橡胶。

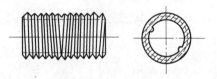

图 3-47 散热器外接头

图 3-48 汽包垫片

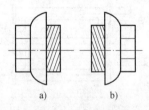

图 3-49 散热器丝堵
a）左旋丝堵 b）右旋丝堵

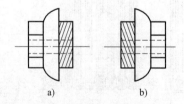

图 3-50 散热器内外接头
a）反螺纹内外接头 b）正螺纹内外接头

散热器组对后以及整组出厂安装之前应做水压试验。试验压力如设计无要求时应为工作压力的 1.5 倍，但不得小于 0.6MPa。检验方法：试验时间为 2～3min，压力不降且不渗不漏。

挂装的柱型散热器应采用中片组装。落地安装的柱型散热器，14 片及以下的安装两个足片；15~24 片的安装 3 个足片；25 片及以上的安装 4 个足片，足片分布均匀。

2）散热器支架、托架安装：位置应准确，埋设牢固。散热器支架、托架数量应符合设计或产品说明书要求，如设计未注明时，则应符合表 3-1 的规定。

表 3-1 散热器支架、托架数量

项次	散热器形式	安装方式	每组片数	上部托钩或卡架数	下部托钩或卡架数	合计
1	长翼型	挂墙	2~4	1	2	3
			5	2	2	4
			6	2	3	5
			7	2	4	6
2	柱型 柱翼型	挂墙	3~8	1	2	3
			9~12	1	3	4
			13~16	2	4	6
			17~20	2	5	7
			21~25	2	6	8
3	柱型 柱翼型	带足落地	3~8	1	—	1
			9~12	1	—	1
			13~16	2	—	2
			17~20	2	—	2
			21~25	2	—	2

散热器托钩和卡件的尺寸如图 3-51 所示。

3）散热器挂装或带足落地安装：散热器的安装分为明装、暗装、半暗装三种形式。明装为散热器全部裸露于墙的内表面安装；暗装为散热器全部嵌入墙槽内安装；半暗装为散热器

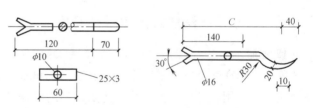

图 3-51 散热器托钩和卡件的加工尺寸

的宽度一半嵌入墙槽内安装。散热器背面与装饰后的墙面安装距离，应符合设计或产品说明书要求。如设计未注明，应为 30mm。

散热器宜安装在外墙窗台下，当安装或布置管道有困难时，也可靠内墙安装；两道外门的门斗内，不应设置散热器；楼梯间的散热器宜分配在底层或按一定比例分配在下部各层；散热器宜明装，暗装时装饰罩应有合理的气流通道、足够的通道面积，并方便维修；幼儿园的散热器必须安装或加防护罩。

4）散热器除锈、涂装：铸铁或钢制散热器表面的防腐及面漆应附着良好，色泽均匀，无脱落、起泡、流淌和漏涂缺陷。

2. 金属辐射板安装

水平安装的辐射板应有不小于 0.5% 坡度坡向回水管，辐射板管道及带状辐射板之间的连接应使用法兰连接。

热水吊顶辐射板在安装前应做水压试验,如设计无要求时,试验压力应为工作压力的1.5倍,但不小于0.6MPa。检验方法:在试验压力下,2~3min内压力不降且不渗不漏。

3. 暖风机安装

暖风机是由风机、电动机、空气加热器和送、吸风口组成的热风供暖设备,将吸入空气经空气加热器加热后送入供暖房间。暖风机适用于大空间的公共建筑、耗热量大的高大厂房、间歇供暖房间、防火防爆和卫生要求必须采用全新风的车间等场所。

暖风机根据使用的热媒可分为蒸汽暖风机、热水暖风机、冷—热水两用暖风机、蒸汽—热水两用暖风机等。根据风机结构特点可以分为轴流式和离心式两种。

轴流式暖风机构造如图 3-52 所示,一般悬挂或用支架安装在墙上或柱子上。

常用的 NBL 型离心式暖风机构造如图 3-53 所示,一般用地角螺栓固定在地面基础上。

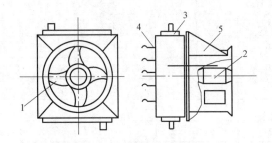

图 3-52　NC 型轴流式暖风机
1—轴流式风机　2—电动机　3—加热器
4—百叶片　5—支架

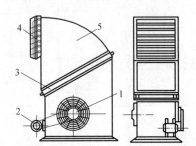

图 3-53　NBL 型离心式暖风机
1—离心式风机　2—电动机　3—加热器
4—导流叶片　5—外壳

3.5.3　供暖系统辅助设备和附件安装

1. 膨胀水箱

膨胀水箱在热水供暖系统中起着容纳系统膨胀水量、排除系统中的空气、为系统补充水量及定压的作用,是热水供暖系统重要的辅助设备之一。

膨胀水箱设在热水供暖系统的最高处。自然循环热水供暖系统中,膨胀水箱多连接在热源出口供水立管的顶端;机械循环热水供暖系统中,膨胀管应连接在循环水泵吸水口侧的回水干管上,且与循环管在回水干管上的连接点间距不小于 1.5~2.0m。

膨胀水箱一般用钢板焊制而成,其外形有矩形和圆形两种,以矩形水箱使用较多。膨胀水箱上的配管主要有膨胀管、循环管、溢流管、排污管、检查管、补水管。膨胀管、循环管、溢流管上均不得装设阀门;排污管上应装设阀门,可与溢流管接通并一起引向排水管道或附近的排水池槽;检查管只允许在水泵房的池槽检查点处装阀门,以检查水箱水位是否已降至最低水位而需补水;若为供暖水箱间,循环管可以不装。带补给水箱的膨胀水箱管路配置如图 3-54 所示。当不设补水箱时,将补水管与水泵送水管连接,由膨胀水箱和补给水泵连锁自动补水。

2. 排气装置

为排除系统中的空气,供暖系统设有排气装置,主要有手动排气阀、集气罐、自动排气阀。

（1）手动排气阀：又称手动放风阀、冷风阀。适用于热水或蒸汽供暖系统的散热器上，如图 3-55 所示。一般在水平式热水供暖系统的每组散热器上均安装手动排气阀。

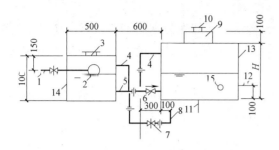

图 3-54　带补给水箱的膨胀水箱配管
1—给水管　2—浮球阀　3—水箱盖　4—溢水管　5—补水管
6—止回阀　7—阀门　8—排污管　9—人孔　10—人孔盖
11—膨胀管　12—循环管　13—膨胀水箱
14—补水箱　15—检查管

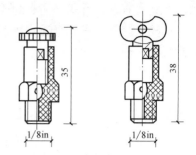

图 3-55　手动排气阀

（2）集气罐：一般用直径 100～250mm 的钢管焊制而成，分为立式和卧式两种，每种又有Ⅰ、Ⅱ两种形式，如图 3-56 所示。从其顶部引出 DN15 的排气管，排气管末端安装阀门并引到附近的排水设施处。集气罐一般安装于热水供暖系统上部水平干管末端的最高处。集气罐的规格尺寸见表 3-2。

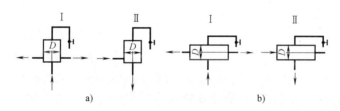

图 3-56　集气罐
a）立式集气罐　b）卧式集气罐

表 3-2　集气罐规格尺寸

规　格	型　号				国标图号
	1	2	3	4	
D/mm	100	150	200	250	T903
$H(L)$/mm	300	300	320	430	
质量/kg	4.39	6.95	13.76	29.29	

（3）自动排气阀：是靠阀体内的启闭机构自动排除空气的装置。其安装位置与集气罐相同，与系统的连接处应设阀门，以便于自动排气阀的检修和更换。

自动排气阀的种类较多，图 3-57 所示是一种立式自动排气阀。该自动排气阀依靠浮体的浮力，使排气孔自动打开或关闭，达到排气的目的。当阀内无空气时，阀体中的水将浮子浮起，带动杠杆机构将排气孔关闭；当系统内的空气经管道汇集到阀内时，阀体上部空间的空气将水面压下去，浮子下落，带动杠杆机构将排气孔打开，自动排除系统中的空气。

3. 除污器

除污器用于截留、过滤管路中的污物和杂质，以保证系统中的水质洁净，防止管路阻塞。有立式直通、卧式直通、卧式角通三种形式。

供暖系统常用立式直通除污器，如图3-58所示。其外壳为钢制筒体，当水从进水管流入除污器，由于流动截面增大，因而流速降低，水中的污物沉积到筒底，再经出水管中的滤料拦截杂质，流出洁净的水。

除污器一般应安装在热水供暖系统循环水泵的入口、热交换器的入口、建筑物热力入口装置处。安装时除污器不得反装，进出水口应设阀门。

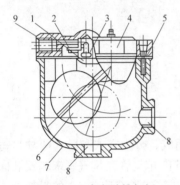

图3-57 立式自动排气阀
1—杠杆机构 2、5—垫片 3—阀堵 4—阀盖
6—浮子 7—阀体 8—接管 9—排气孔

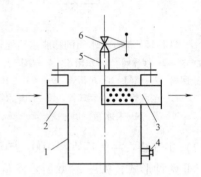

图3-58 立式直通除污器
1—外壳 2—进水管 3—出水管 4—排污管
5—放气管 6—截止阀

4. 热计量仪表

（1）热量表：热量表是通过测量水流量及供、回水温度，并经运算和累计得出某一系统所使用热能量的机电一体化仪表。热量表包括流量传感器（即流量计）、供回水温度传感器、热表计算器（也称积分仪、积分计算显示器）三部分，如图3-59所示。它是供暖分户计量收费不可缺少的装置。

热量表的规格，不能以供暖系统接口管径为准。

热量表安装，应注意以下问题：安装应预留一定的空间，以便于读数、周期检测和维护。流量计前后应设检修关断阀。对户内系统，一般用分户隔离阀代替，并设置方便拆装的活接头；对于热力入口，应将关断阀设于过滤器、调节阀、压力表等所有需检修设备的外侧，关断阀之间设置泄水阀。当流量计口径超过DN70时，流量计前后管道均应设

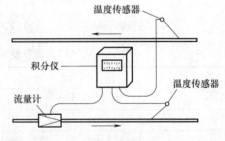

图3-59 热能表原理图

置稳固可靠的支撑。应根据需要设置旁通管，一般情况下检修应在供暖间歇期进行，不必设置旁通管。

（2）热量分配表：简称热分配表，有蒸发式和电子式两种。热分配表不是直接测量用户的实际用热量，而是测量每个住户的用热比例。由设于楼入口的总热量表测算总热量，供暖季结束后，由专业人员读表，通过计算得出每户的实际用热量。

热分配表应安装于散热设备正面的平均温度处（散热器宽度的中间，垂直方向偏上1/3

处），安装时采用夹具或焊接螺栓的方式使导热板紧贴在散热设备表面。

5. 补偿器

供暖系统的管道由于热媒温度变化而引起热变形，导致热应力的产生。为防止管道系统遭到破坏，要考虑干管、立管的热膨胀。利用管道的自然弯曲补偿简单易行，当自然补偿不能满足要求，则应设置补偿器。

补偿器有方形补偿器、波形补偿器、套筒式补偿器（图3-60）、球形补偿器等。

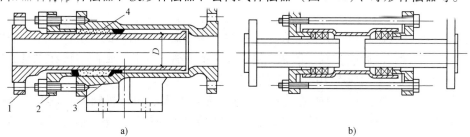

图3-60 套筒式补偿器
a) 单向套筒式补偿器 b) 双向套筒式补偿器
1—插管 2—填料压盖 3—套管 4—填料

各种补偿器在安装时，其两端必须安装固定支架，两固定支架之间装活动支架或导向活动支架，补偿器应位于两固定支架间距的1/2处。

方形补偿器在实际工程中应用较多。制作方形补偿器时，应用整根无缝钢管揻制，如需要接口，其接口应设在垂直臂的中间位置，且接口必须焊接。方形补偿器在安装前应预拉伸，应水平安装并与管道的坡度一致；如在其臂长方向垂直安装必须设排气及泄水装置。

方形补偿器与管道连接一般采用焊接。波形补偿器、套筒式补偿器、球形补偿器安装时与管道的连接采用法兰连接。

6. 阀门

（1）阀门设置位置：多层和高层建筑的热水供暖系统中，每根立管和分支管道的始、末端均应设置调节、检修和泄水用的阀门；供暖系统各并联环路应设置关闭和调节装置。当有冻结危险时，立管或支管上的阀门至干管的距离不应大于120mm。

（2）散热器恒温阀：也称恒温控制阀、自力式温控阀，是自动控制进入散热器的热媒流量，实现供暖房间温度控制和供暖系统节能的重要部件。它由控制阀和调温器（温度传感器单元）两部分组成，形式有直通阀、角阀、三通阀，如图3-61所示。

恒温阀的核心部件是调温器，它由一个充满特殊液体并内置浸没式波纹管的密闭金属容器和一个整体压下杆组成。温度的变化使液体体积产生变化，从而浸没式波纹管长度也随之变化，带动压下杆关闭或开启阀门。当室温高于恒温阀设定温度值时，液体膨胀，压下杆将阀门关小，进入散热器的热媒流量减小，散热量随之减小，室温下降；当室温下降到低于恒温阀设定温度值时，液体收缩，压下杆将阀门开

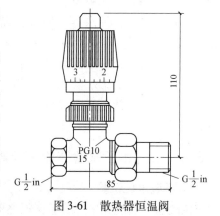

图3-61 散热器恒温阀

大，进入散热器的热媒流量增加，散热量随之增大，室温升高。温控阀的控温范围在 13～28℃之间，控温误差为±1℃。

恒温阀安装前应对管道和散热器进行彻底的清洗。其安装位置应远离高温物体表面。恒温阀阀体安装应注意水流方向。阀体安装完毕先用一个螺母罩保护起来，直到交付用户使用才可安装调温器。调温器安装在阀体上，应使标记位置朝上，并应确保调温器处于水平位置。

（3）水力控制阀

1）平衡阀：是一种手动调节阀，具备流量测量、流量设定、关断、泄水等功能。平衡阀可以安装在供水管路，也可以安装在回水管路，为了避免平衡阀的节流作用，一般安装在回水管路上。平衡阀前后应各有 5 倍和 2 倍管径长的直管段，若平衡阀装设在水泵的出口管路上，平衡阀与水泵之间应有 10 倍管径的直管段。

2）自力式流量控制阀：也叫流量调节器、流量限制器、定流量阀等，是无须外加能量即可工作的比例调节器，可使系统流量值在一定压差范围内保持恒定。通过手动调节可使阀门流量至设计流量。当阀前后压差偏离设计值，阀门自动调节机构可移动阀锥使阀前后压差趋于恒定，从而保持流量不变。

3）自力式压差控制阀：也叫压差调节器、定压差阀等，是以控制系统压差恒定为目的的自力式比例调节器，当系统压差升高时，阀芯关小，反之则阀芯开大。

4）锁闭调节阀：分两通式锁闭阀及三通式锁闭阀，具有调节、锁闭两种功能，内置专用弹子锁，如图 3-62 所示。锁闭阀工作压力 1.0MPa，使用温度不高于 120℃。

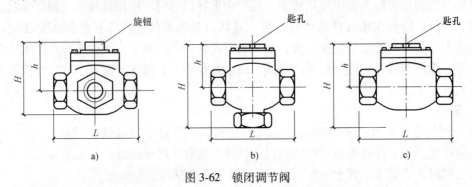

图 3-62 锁闭调节阀

a) A 型三通锁闭调节阀　b) B 型三通锁闭调节阀　c) 二通锁闭调节阀

7. 分水器、集水器安装

（1）分水器、集水器的型号、规格、公称压力及安装位置、高度等应符合设计要求。检验方法：对照图样及产品说明书，尺量检查。

（2）分水器、集水器宜在铺设加热管之前进行安装。

（3）分水器、集水器水平安装时，宜将分水器安装在上，集水器安装在下，中心距宜为 200mm，集水器中心距地面应不小于 300mm；当分水器、集水器垂直安装时，分水器、集水器下端距地面应不小于 150mm。

3.5.4 系统水压试验、冲洗及调试

1. 系统水压试验

供暖系统安装完毕，管道保温之前应进行水压试验。试验压力应符合设计要求。当设计

未注明时，应符合下列规定：

(1) 对于蒸汽、热水供暖系统，应以系统顶点工作压力加 0.1MPa 做水压试验，同时在系统顶点的试验压力不小于 0.3MPa。

(2) 对于高温热水供暖系统，试验压力应为系统顶点工作压力加 0.4MPa。

(3) 对于使用塑料管及复合管的热水供暖系统，应以系统顶点工作压力加 0.2MPa 做水压试验，同时在系统顶点的试验压力不小于 0.4MPa。

检验方法：对于使用钢管及复合管的供暖系统应在试验压力下 10min 内压力降不大于 0.02MPa，降至工作压力后检查，不渗、不漏；使用塑料管的供暖系统应在试验压力下 1h 内压力降不大于 0.05MPa，然后降压至工作压力的 1.15 倍，稳压 2h，压力降不大于 0.03MPa，同时各连接处不渗、不漏。

2. 系统冲洗

系统试压合格后，应对系统进行冲洗并清扫过滤器及除污器。检验方法：现场观察，直至排出水不含泥沙、铁屑等杂质，且水色不浑浊为合格。

3. 系统调试

系统冲洗完毕应充水、加热，进行试运行和调试。检验方法：观察、测量室温应满足设计要求。

3.6 供暖系统施工图的识读

3.6.1 室内供暖施工图的组成

室内供暖施工图一般由设计施工说明、平面图、系统图、详图、设备及主要材料明细表等组成。

1. 设计与施工说明

主要用文字阐述供暖系统的设计热负荷、热媒种类及设计参数、系统阻力；管道材料及连接方法；散热设备及其他设备的类型；管道防腐保温的做法；系统水压试验要求；施工中应执行和采用的规范、标准图号；其他设计图样中无法表示的设计施工要求等。

2. 供暖平面图

主要作用是确定供暖系统管道及设备的位置。图样内容应反映供暖系统入口位置及系统编号；室内地沟的位置及尺寸；干管、立管、支管的位置及立管编号；散热设备的位置及数量；其他设备的位置及型号等。

供暖平面图一般有建筑底层（或地下室）平面图、标准层平面图、顶层平面图。

3. 供暖系统图

反映供暖系统管道及设备的空间位置关系。主要内容有供暖系统入口编号及走向；其他管道的走向、管径、标高、坡度及立管编号；阀门的位置及种类；散热设备的数量（也可不标注）等。

供暖系统图可按系统编号分别绘制。如采用轴测投影法绘制，宜采用与相应的平面图一致的比例。系统图中的管线重叠、密集处可采用断开画法，断开处宜以相同的小写拉丁字母表示，也可用细虚线连接。

4. 详图

是将工程中的某一关键部位，或某一连接较复杂、在小比例的平面及系统图中无法清楚表达的部位，单独编号另绘详图，以便能够正确施工。

5. 设备与主要材料明细表

是施工图的重要组成部分。至少应包括序号（或编号）；设备名称、技术要求；材料名称、规格或物理性能；数量；单位；备注栏。

3.6.2 室内供暖施工图一般规定

室内供暖施工图一般规定应符合《暖通空调制图标准》（GB/T 50114—2010）和《供热工程制图标准》（CJJ/T 78—2010）的规定。

1. 比例

室内供暖施工图的比例一般为 1∶200、1∶100、1∶50。

2. 系统编号

一个工程设计中同时有供暖工程两个及两个以上的不同系统时，应进行系统编号。供暖系统编号、入口编号应由系统代号和顺序号组成。系统代号由大写拉丁字母表示（室内供暖系统用"N"表示），顺序号由阿拉伯数字表示，如图 3-63a 所示。系统编号宜标注在系统总管处。当一个系统出现分支时，可采用图 3-63b 所示的画法。

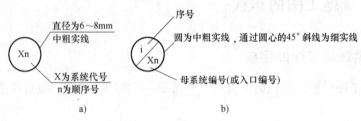

图 3-63 系统代号、编号的画法
a) 系统编号的画法 b) 分支系统的编号画法

3. 立管编号

竖向布置的垂直管道，应标注立管号，如图 3-64 所示。在不致引起误解时，可只标注序号，但应与建筑轴线编号有明显区别。

4. 标高

标高以米为单位，精确到厘米或毫米。水、汽管道所注标高未予说明时，表示管中心标高。

图 3-64 立管号的画法

如标注管外底或顶标高时，应在数字前加"底"或"顶"字样。标高符号应以直角等腰三角形表示。管道标高在平面图、系统图中的标注图示参考给水排水章节。

5. 管径

低压流体输送用焊接管道规格应标注公称直径"DN"或公称压力"PN"，如 DN15、DN32；输送流体用无缝钢管、螺旋缝或直缝焊接钢管、铜管、不锈钢管，用"D（或Φ）外径×壁厚"表示，如 D108×4、Φ108×4；金属或塑料管用"d"表示，如 d10。管径的标注图示参考给水排水章节。

3.6.3 室内供暖施工图常用图例

供暖施工图图例详见 GB/T 50114—2010 和 CJJ/T 78—2010 标准的规定,部分常用图例见表 3-3。

表 3-3 供暖施工图常用图例

序号	名称	图例	备注
1	(供暖、生活、工艺用)热水管	——— R ———	1. 用粗实线、粗虚线代表供回水管时可省略代号 2. 可附加阿拉伯数字 1、2 区分供水、回水
2	蒸汽管	——— Z ———	
3	凝结水管	——— N ———	
4	膨胀水管、排污管、排气管、旁通管	——— P ———	
5	补给水管	——— G ———	
6	泄水管	——— X ———	
7	循环管、信号管	——— XH ———	循环管用粗实线,信号管为细虚线
8	溢排管	——— Y ———	
9	绝热管		
10	方形补偿器		
11	套管补偿器		
12	波形补偿器		
13	弧形补偿器		
14	球形补偿器		
15	流向		
16	丝堵		
17	滑动支架		
18	固定支架		
19	手动调节阀		
20	减压阀		右侧为高压端
21	膨胀阀		也称"隔膜阀"
22	平衡阀		
23	快放阀		也称快速排污阀

（续）

序号	名称	图例	备注
24	三通阀	 	
25	四通阀	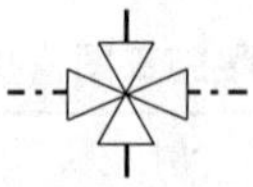	
26	疏水阀	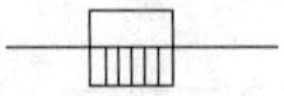	
27	散热器放风门	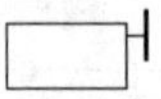	
28	手动排气阀	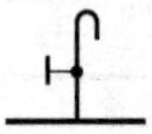	
29	自动排气阀		
30	集气罐	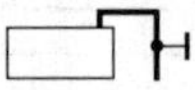	
31	散热器三通阀	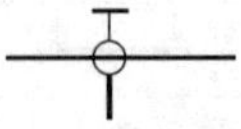	
32	节流孔板、减压孔板	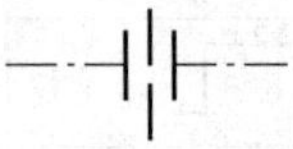	
33	散热器	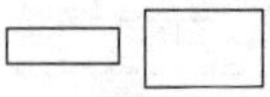	
34	可曲挠橡胶软接头		
35	过滤器	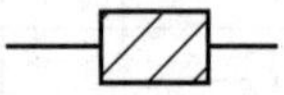	
36	除污器	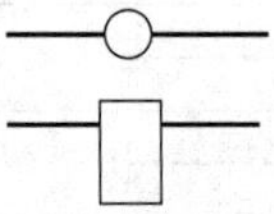	
37	暖风机	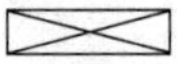	
38	水泵		左侧为进水，右侧为出水

3.6.4 供暖施工图识读

1. 室内供暖施工图识读方法

识读图样的方法没有统一规定，可按适合于自己的能够迅速熟读图样的方法进行识读。这需要在掌握供暖系统组成、系统形式、安装施工工艺、施工图常用图例及表示方法等知识的基础上，多进行识图练习，并不断总结，灵活掌握识图的基本方法，形成适于自己迅速、全面识读图样的方法。

识读室内供暖施工图的基本方法和顺序如下：

(1) 熟悉、核对施工图：迅速浏览施工图，了解工程名称、图纸内容、图纸数量、设计日期等。对照图样目录，检查整套图样是否完整，确认无误后再正式识读。

(2) 认真阅读施工图设计与施工说明：通过阅读文字说明，能够了解供暖工程概况，有助于读图过程中正确理解图样中用图形无法表达的设计意图和施工要求。

(3) 以系统为单位进行识读：识读时必须分清系统，不同编号的系统不能混读。可按水流方向识读，先找到供暖系统的入口，按供水总管、供水水平干管、供水立管、供水支管、散热设备、回水支管、回水立管、回水水平干管、回水总管的顺序识读，也可按从主管到支管的顺序识读，先看总管，再看支管。

(4) 平面图与系统图对照识读：识读时应将平面图与系统图对照起来看，以便相互补充和相互说明，建立全面、完整、细致的工程形象，以全面地掌握设计意图。

(5) 细看安装大样图：安装大样图很重要，用以指导正确的安装施工。安装大样图多选用全国通用标准安装图集，也可单独绘制。对单独绘制的安装大样图，也应将平面大样与系统大样对照识读。

2. 室内供暖工程施工图识读实例

现以某五层住宅楼供暖工程施工图为例进行识读，施工图如图 3-1~图 3-7 所示。

(1) 施工图简介：该住宅楼供暖工程施工图内容包含设计与施工说明（图 3-1）、平面图两张（图 3-2、图 3-3）、系统图两张（图 3-4~图 3-6）、剖面图一张（图 3-7）。所示图样只选取了该住宅楼 A、B 两种户型共三个单元的供暖工程内容。

(2) 工程概况：该工程为五层住宅楼，每层层高 2.8m，室外地坪标高为−1.20m。阅读设计及施工说明，可知该工程供暖热媒为 95℃/70℃ 的低温热水，三个单元的系统热负荷分别为 32434W、32972W、35592W。供暖系统形式为下供下回单管水平串联式，为一户一表的分户独立供暖系统。明装管道采用热镀锌钢管，DN≤50 采用螺纹连接，DN>50 采用焊接；埋地部分采用铝塑复合管，热熔连接。分户热量表前采用锁闭阀，均采用闸阀，DN≤50 采用螺纹连接，DN>50 采用焊接。散热器采用灰铸铁柱翼型 TFD2-6-5 及 TFD2-3-5 挂装，每组散热器上安装 $\phi6$ 的手动放气阀 1 个。明装管道及散热器除锈后，涂装红丹防锈漆两道，白色调和漆两道。敷设在地沟内的采暖管道涂装红丹防锈漆两道，采用 5cm 厚的聚氨酯泡沫块保温，外缠玻璃丝布两道，布面涂装灰色调和漆两道。

(3) 施工图解读：识读图样时可先粗看系统图，对供暖管道的走向建立大致的空间概念，然后将平面图与系统图对照，按供暖热媒的流向顺序识读，对照出各管段的管径、标高、坡度、位置等，再看散热设备的位置及标注的数量等。

该供暖工程施工图中，每个单元设一个供暖系统，所示图样内容有 $\dfrac{1}{R}$、$\dfrac{2}{R}$、$\dfrac{3}{R}$ 三个供暖系统。识读时应以系统为单位，分别识读每个供暖系统。现重点识读 A 户型的供暖系统。

1) 供、回水总管：从图 3-2 一层供暖平面图可看出，该住宅楼 A 户型供暖系统入口位于建筑物以南Ⓐ轴外墙外侧、④轴右侧，系统编号为 $\dfrac{1}{R}$，供水总管编号为 R1，回水总管编号为 R2，由南向北引入建筑物楼梯间。对照图 3-4 供暖系统图，可看出供水总管标高为 −1.70m，回水总管标高为 −1.90m，管径均为 DN50，供暖系统入口做法见按新 02N01-9 图集。

2）供、回水水平干管：继续看图 3-2，供水总管 R1 引入Ⓐ轴外墙后，向西行至④轴楼梯间内墙的右侧，向上引出分户供水立管 NL1，并在管段中间向上分出楼梯间供水立管 NLA。对照图 3-4 可看出，供水水平干管管径为 DN50，标高为-1.70m。回水总管 R2 引入Ⓐ轴外墙后分支，向东行至⑥轴楼梯间内墙左侧，管径为 DN20，向上引出楼梯间回水立管 NLA'；向西行至④轴楼梯间内墙右侧，管径为 DN50，向上引出分户回水立管 HL1，回水水平干管标高为-1.90m。

3）供、回水立管：看图 3-3 二~五层供暖平面图，图中 A 户型的立管 NL1、NLA、NLA'、HL1，其位置与图 3-2 中相同编号的立管位置相同。对照图 3-4，可看出立管各管段的管径。NL1、HL1 立管管径有 DN50、DN40、DN32、DN25、DN20，管段变径一般在立管与楼层支管连接分支处。NLA、NLA' 立管管径为 DN20，立管底部均设有阀门。

4）楼层水平串联管：从图 3-4 可看出，二~五层散热器水平串联管布置相同，一层有所不同。先看一层水平串联管，由供水立管 NL1 分出两路支管供给楼层用户，管段上设有锁闭阀、热量表，管路末端断开点分别标注 C、D；回水立管 HL1 上接入两路楼层用户回水支管，管段上设有阀门，管路末端断开点分别标注 E、F，四根支管管径均为 DN20。对照图 3-2，可看到一层平面 A 户型Ⓒ轴方向楼梯间处有四个断开接点，楼梯间左户接 C 点供水支管，热水沿顺时针方向顺次流过各组散热器，散热后接入 E 点回水支管；楼梯间右户接 D 点供水支管，热水沿逆时针方向顺次流过各组散热器，散热后接入 F 点回水支管。再对照图 3-5 一层户内供暖系统图，可看到水平串联支管各管段的管径、空间走向。

再看二~五层散热器水平串联管，图 3-4 中 NL1 立管分出两路支管，两路支管回入 HL1 立管，支管上同样设有锁闭阀、热量表、阀门，支管管径均为 DN20。对照图 3-3，可看到二~五层平面 A 户型Ⓐ轴方向楼梯间处，NL1 立管分支为两路，向西、向东分别供给左、右楼层用户，热水顺次流过户内各组散热器后，沿西、东向流回到 HL1 立管。再对照图 3-5 一层户内供暖系统图，可看到水平串联支管各管段的管径、空间走向。

5）散热设备：平面图中，一般在各组散热器旁标注其数量，并可在数量旁标注楼层。例如图 3-3 中，看②轴与④轴之间、A 轴外墙内侧的客厅散热器标注，表示第二层散热器为 22 片，第三、四层散热器为 17 片，第五层散热器为 23 片。系统图中，一般将散热器数量标注在散热器图例中间，系统图标注应与平面图标注一致。看图 3-4 可知，各楼层每组散热器上均安装手动放气阀 1 个以便于排气。

6）其他：为了更清楚地表达一层供暖系统楼梯间管道、设备安装，该工程绘制了图 3-7——一层楼梯间设备安装剖面图。看图可知，一层楼梯间地面标高为-0.90m，楼梯间休息平台地面标高为 1.40m，楼梯间散热器为挂装。NL1、HL1 分支的供、回水支管间敷设垂直间距为 0.3m，最低处回入 HL1 的回水支管距楼梯间地面为 1.2m。

本项目小结

（1）供暖系统主要由热源、供暖管道、散热设备三个基本部分与辅助设备及附件组成。

（2）供暖系统按其作用范围、热媒种类、热源种类、供回水管道与散热器连接方式、散热设备散热方式等的不同有不同的分类方法。民用建筑多采用集中供暖热水供暖系统，按热水温度分为低温水、高温水系统；按循环动力分为自然循环、机械循环系统。

（3）高层建筑热水供暖系统常用的形式有竖向分区式、双线式、单双管混合式系统。

（4）集中供暖分户热计量系统可根据采用的热量计量方式采用垂直式或共用立管的分户独立供暖系统。低温热水地板辐射供暖（简称地暖）是辐射供暖中应用较多的一种。

（5）室内供暖系统安装施工工艺流程为：安装准备→预制加工→卡架安装→供暖总管安装→供暖干管安装→供暖立管安装→散热设备安装→供暖支管安装→系统水压试验→冲洗→防腐→保温→调试。

（6）管道穿过墙壁和楼板应设置金属或塑料套管。安装在楼板内的套管，其顶部应高出装饰地面20mm；安装在卫生间及厨房内的套管，其顶部应高出装饰地面50mm，底部应与楼板底面相平；安装在墙壁内的套管其两端与饰面相平。

（7）供暖系统安装完毕，管道保温之前应进行水压试验。系统冲洗完毕应充水、加热，进行试运行和调试。

（8）散热器按材质分为铸铁、钢制、铝制、全铜、塑料、钢（铜）铝复合散热器等；按其结构形式分为翼型、柱型、管型、板型等；按其传热方式分为对流型和辐射型。

（9）供暖系统设有排气装置，主要有手动排气阀、集气罐、自动排气阀。

（10）室内供暖施工图一般由设计施工说明、平面图、系统图、详图、设备及主要材料明细表等组成。

（11）识读供暖施工图时，应首先熟悉施工图，核对整套图样是否完整，再阅读施工图设计与施工说明，以系统为单位进行识读，并将平面图与系统图对照识读。可按水流方向识读，也可按主管到支管的顺序识读。

思考题与习题

1. 何谓集中供热？集中供热系统分为哪些类型？
2. 简述供暖的概念，供暖系统由哪几部分组成？
3. 供暖系统如何分类？
4. 什么叫低温水？什么叫高温水？低温水的设计供回水温度为多少？
5. 自然循环热水供暖系统的工作原理是什么？
6. 机械循环热水供暖系统的常见形式有哪些？
7. 什么是同程式供暖系统？什么是异程式供暖系统？
8. 高层建筑热水供暖系统常用的形式有哪些？
9. 集中供暖分户热计量系统应如何选用供暖系统形式？
10. 共用立管的分户独立供暖系统由哪几部分组成？
11. 何谓建筑物内共用供暖系统？何谓户内供暖系统？
12. 辐射供暖根据辐射板表面温度如何分类？根据辐射板安装位置、构造如何分类？
13. 什么是低温热水地板辐射供暖？民用建筑的供水温度及供、回水温差有何规定？
14. 地暖加热管可采用哪些管材？加热管的布置形式有哪些？
15. 地暖的地面结构由哪些部分组成？
16. 试述供暖系统安装施工工艺流程。
17. 室内供暖管道安装施工验收应符合哪些基本规定？
18. 散热器如何分类？常用的散热器有哪些？
19. 散热器安装有哪些基本要求？

20. 膨胀水箱在供暖系统中起什么作用？设置在系统的什么位置？
21. 供暖系统常见的排气装置有哪些种类？一般安装在系统的什么位置？
22. 除污器有什么作用？一般安装在系统的哪些位置？
23. 供暖系统设置补偿器的目的是什么？常用补偿器有哪些？
24. 供暖系统中应在哪些位置设置阀门？
25. 室内供暖施工图由哪几部分组成？
26. 试述室内供暖施工图的识读方法。

项目 4

燃气工程

 学习目标:

(1) 了解燃气的分类及其性质。
(2) 了解城镇燃气供应系统的组成,城市燃气管网系统按压力级制的分类。
(3) 熟悉室内燃气供应系统的组成。
(4) 了解室内燃气管道、燃气计量表、燃气用具、燃气管道附件和附属设备的布置、安装基本要求。
(5) 掌握室内燃气工程施工图的常用图例及其识读方法。

 学习重点:

(1) 室内燃气供应系统的组成。
(2) 室内燃气管道布置、安装。
(3) 室内燃气工程施工图。

 学习建议:

(1) 了解燃气的分类、城镇燃气供应系统,重点学习室内燃气供应系统的组成、安装施工与识图内容。
(2) 室内燃气供应系统在民用住宅建筑中应用广泛,学习过程中若有疑难问题,可多观察建筑中燃气系统的材料及设备实物,或到施工现场了解系统安装施工过程。多渠道查阅资料,以拓宽知识面、加深理解。
(3) 多做施工图识读练习,着重培养室内燃气工程施工图识读能力。
(4) 应按学习进度逐步完成项目后的思考题与习题,通过练习巩固所学知识。

相关知识链接: (相关规范、定额、手册、精品课网址、网络资源网址):

(1)《城镇燃气室内工程施工与质量验收规范》(CJJ 94—2009)。
(2)《城镇燃气设计规范》(GB 50028—2006)。
(3)《城镇燃气输配工程施工及验收规范》(CJJ 33—2005)。
(4)《城镇燃气室内工程施工与质量验收规范》(CJJ 94—2009)。
(5)《建筑设计防火规范》(GB 50016—2014)。

 导引:

1. 工作任务分析

图 4-1～图 4-7 是某住宅楼燃气工程施工图，图中大量的图形符号和文字标注各代表什么含义？互相之间有何联系？图样表达的工程内容应如何安装施工？通过本项目内容的学习，你将逐一得到解答。

2. 实践操作（步骤/技能/方法/态度）

为了完成上面提出的工作任务，我们需从了解燃气的分类基本知识开始，了解城镇燃气供应系统的组成及城市燃气管网系统的分类，然后着重学习室内燃气供应系统的组成、安装施工、施工图常用图例及识读方法，从而熟悉室内燃气工程施工工艺流程，并具备熟读施工图的能力，为室内燃气工程算量与计价打下基础。

4.1 燃气基础知识

4.1.1 燃气的成分

各种气体燃料通称为燃气。燃气是由可燃成分和不可燃成分组成的混合气体。可燃成分主要有氢（H_2）、一氧化碳（CO）、硫化氢（H_2S）、甲烷（CH_4）和各种 C_mH_n 等，不可燃成分主要有氮（N_2）、氧（O_2）、二氧化碳（CO_2）、二氧化硫（SO_2）和水蒸气等。上述各种成分的含量比例不同而组成不同类型的燃气。气体燃料相比固体燃料，具有热能利用率高、环境污染小、清洁卫生、便于输送等优点。

各种可燃气体都可用做工农业生产和日常生活用的燃料，但并不是所有的燃气都可用做城镇燃气，只有符合一定要求的可燃气体才能作为城镇燃气使用。

4.1.2 燃气的分类及其性质

燃气的种类很多，按其来源可分为天然气、人工燃气、液化石油气和沼气。

1. 天然气

存在于地下自然生成的以甲烷（CH_4）为主的可燃气体称为天然气。根据开采和形成方式的不同，天然气可分为纯天然气、石油伴生气、矿井气、凝析气田气四种。

（1）纯天然气：从气井开采出来的气田气称为纯天然气。它是埋藏在地下深处的气态

1. 本工程采用天然气作为燃料，密度为 0.64kg/Nm^3，热值约为 8400kcal/Nm^3。
2. 本工程住宅楼每户考虑安装一台双眼灶和一台燃气热水器，每户用气量 2.5m^3/h，总用气量 50m^3/h。
3. 本工程采用低压供气：室外燃气管由市政中压燃气干管接入，经过室外调压柜调至低压，由室外接入各户厨房内燃气立管。
4. 燃气引入管采用无缝钢管，立管与室内管道采用热镀锌钢管。
5. 室外埋地钢管均采用焊接，不得采用螺纹连接，室内燃气管道均采用螺纹连接。
6. 表前设球阀，灶前采用紧接式或插口式旋塞。
7. 室内燃气管道安装完毕后，应根据规范要求进行强度和严密性试验。
8. 在完成强度和气密性试验后，除镀锌钢管外，所有管道和铁件除锈后涂装红丹两道，再涂装白色调和漆两道。
9. 钢质埋地燃气管需做环氧煤沥青防腐涂层并辅以阴极保护措施。

图 4-1 某住宅楼燃气设计及施工说明

项目4 燃气工程

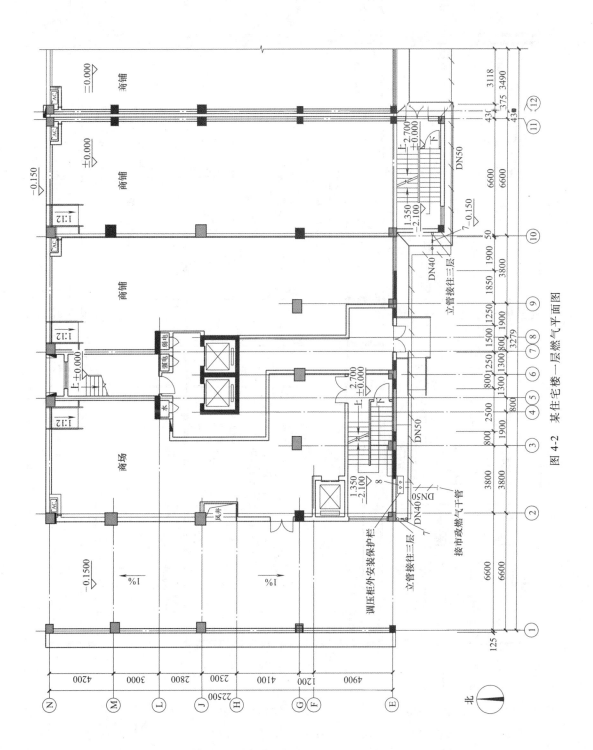

图 4-2 某住宅楼一层燃气平面图

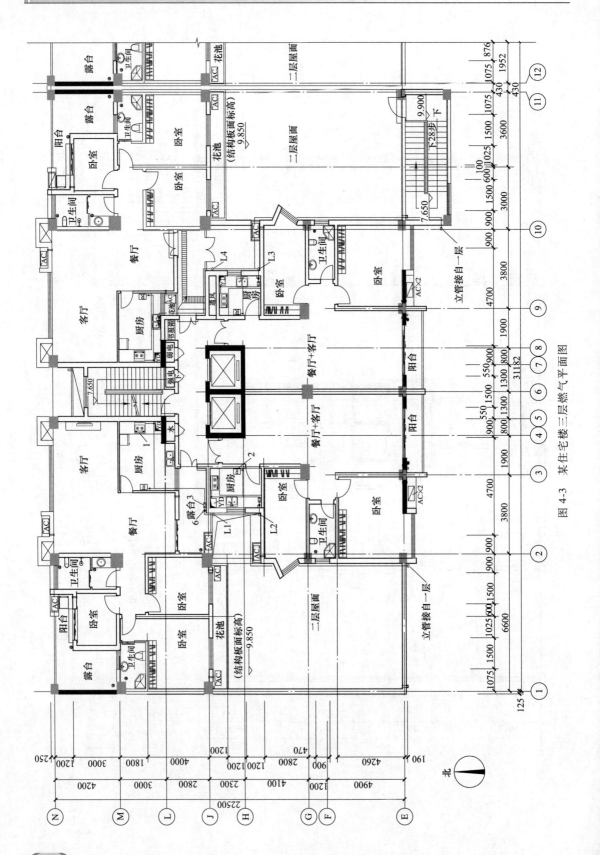

图 4-3 某住宅楼三层燃气平面图

项目4　燃气工程

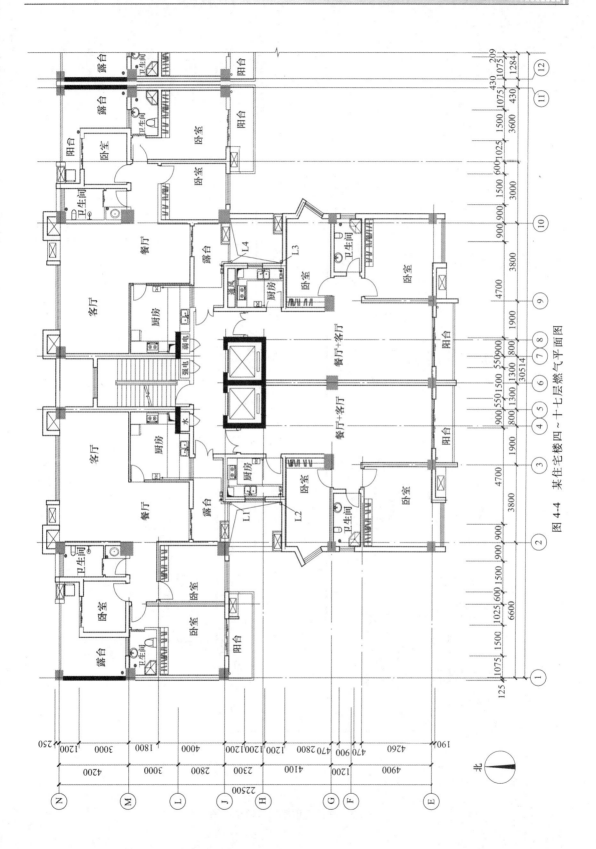

图4-4　某住宅楼四~十七层燃气平面图

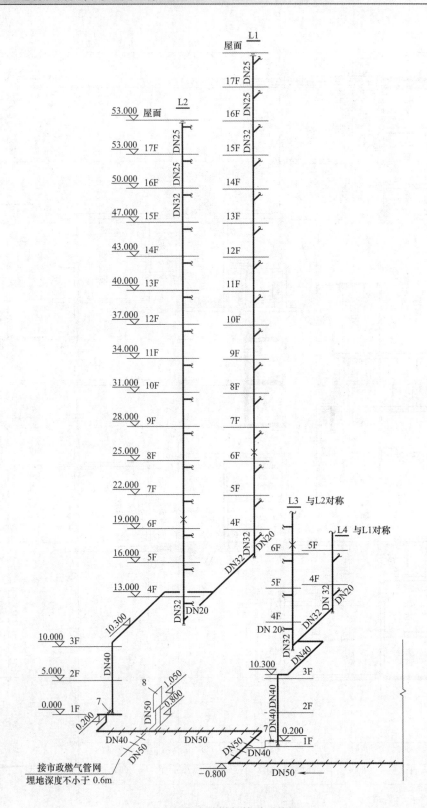

图 4-5 某住宅楼燃气管道系统图

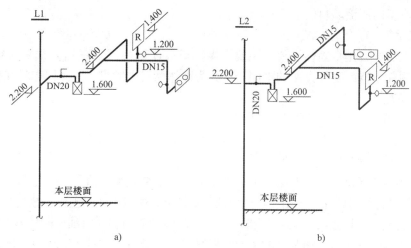

图 4-6　某住宅楼厨房燃气管道系统图

注：L4 立管与 a 图对称，L3 立管与 b 图对称。

设备材料表

序号	名称	型号及规格	单位	数量	备注
1	燃气双眼灶		台	120	适用天然气
2	燃气热水器	强排式或强制平衡式	台	120	适用天然气
3	IC卡燃气表	膜式，$Q = 25 m^3/h$	个	120	适用天然气
4	燃气旋塞	紧接式，DN15	个	240	
5	可燃气体报警器		个	120	
6	燃气球阀	DN20	个	120	
7	快速切断阀	DN40	个	4	
8	中低压悬挂式调压柜	额定流量:50m³/h 入口压力:中压B级 出口压力:2000～3000Pa可调 箱底安装高度:1.2m	个	1	适用天然气 带超压保护装置

施工图图例

图例	名称
———	燃气管
⊥⊥⊥⊥⊥	埋地燃气管
─┴─	球阀
─○┴─	紧接式转心阀
i = 0.003	管道坡向及坡度
⌷⌷	燃气双眼灶
─◇─	燃气计量表
R	燃气热水器

图 4-7　某住宅楼燃气施工图图例及主要设备材料表

燃料，其甲烷含量约为 95%。

（2）石油伴生气：伴随石油一起开采出来的石油气称为石油伴生气。其甲烷含量约为 80%，还含有一些其他的烃类。

（3）矿井气：开采煤炭时收集或从井下煤层抽出的燃气称为矿井气，又称为矿井瓦斯。其甲烷含量约占一半，其他主要成分为空气和氮。

（4）凝析气田气：含石油轻质馏分的燃气称为凝析气田气。

天然气在我国分布很广，又是优质燃气，是理想的城市气源。为方便运输，可将天然气压缩增压，形成压缩天然气并储入容器中，用汽车运输；也可将天然气深冷液化，使其在 −160℃ 变成液体成为液化天然气，用液化甲烷船及专用汽车运输。压缩天然气可用于民用建筑或作为汽车的清洁燃料。

2. 人工燃气

又称人工煤气，是将固体燃料（主要为煤）或液体燃料（如重油）加工所得到的可燃气体。根据制气原料或制气方法的不同，可分为固体燃料干馏煤气、固体燃料气化煤气、油制气、高炉煤气等。

（1）固体燃料干馏煤气：对固体燃料利用焦炉（干馏炉）、连续式直立炭化炉和立箱炉进行干馏所获得的煤气。其甲烷和氢的含量较高，在我国生产和使用历史较长，工艺成熟，是目前城镇燃气的重要气源之一。

（2）固体燃料气化煤气：以煤或焦炭为原料，采用纯氧和水蒸气为气化剂，使其在煤气发生炉中进行气化所得的煤气。由于其热值低且毒性大，所以不能单独作为城镇燃气气源。

（3）油制气：是以重油（炼油厂提取汽油、煤油、柴油和润滑油所剩的残油）为原料，经裂解后制取的可燃气体。油制气的生产装置简单、投资省、占地少、建设速度快，既可作为城镇燃气的基本气源，也可作为城镇燃气的调峰气源。

（4）高炉煤气：是冶金厂炼铁高炉在生产过程中的一种副产品。其主要成分为一氧化碳，无色、无味、无臭，但毒性极强。高炉煤气可用作炼焦炉的加热煤气以取代焦炉煤气，也常用作锅炉的燃料或与焦炉煤气掺混用于冶金厂的加热工艺。

人工燃气中通常含有焦油、灰尘、奈等杂质，易堵塞燃气管道和用气设备。此外，人工燃气中的硫化物具有强烈的刺鼻气味及毒性，对管道具有腐蚀性。

3. 液化石油气

液化石油气是在开采和炼制石油的过程中作为副产品而获得的一部分碳氢化合物。它是一种清洁的燃料，适用于工业、农业和民用，是目前我国城镇燃气的最大气源。

液化石油气在常温、常压下是气态，当在常温下升压或常压下降温时，很容易从气态转变为液态。它无色透明、有特殊的气味，气化后体积能迅速扩大250～350倍，密度为空气的1.5～2倍。因为它比空气重，泄漏后易在地面的低处停滞集聚，遇到火星就会引燃；当其在空气中的浓度达到2%～10%，遇火就会爆炸，破坏性很强。高浓度的液化石油气被人吸入体内会使人昏迷中毒，严重时使人窒息死亡。

液化石油气通常以液态运输和储存，既可采用瓶装供应，也可采用管道输配供应方式。

4. 沼气

又称生物气，是各种有机物质（蛋白质、纤维素、脂肪、淀粉等）在隔绝空气的条件下发酵，并在微生物的作用下产生的可燃气体。制取沼气的原料比较广泛，有粪便、垃圾、杂草、落叶等。

4.2 城镇燃气供应系统

4.2.1 城镇燃气供应系统组成

城镇燃气供应系统由气源、城市燃气输配系统、燃气用户三个部分组成。

1. 气源

气源即燃气供应的来源，主要有气源厂、燃气分配站或压送站、储罐站等。

2. 城市燃气输配系统

城市燃气输配系统由气源到燃气用户之间的一系列燃气输送和分配设施组成。包括城市燃气管网、调压计量站或区域调压室、电信与自动化控制系统等。

城市燃气输配流程为：气源→储配站→城市燃气高、中压管网→区域调压室（或调压计量站）→燃气用户。

3. 燃气用户

燃气用户是指室内燃气供应系统或工业用气用户。

4.2.2 燃气管道分类

1. 根据用途分类

可分为长距离输气管线、城市燃气管道、工业企业燃气管道。

2. 根据敷设方式分类

可分为地下敷设燃气管道、架空敷设燃气管道。

3. 根据输气压力分类

可分为低压、中压、次高压、高压、超高压燃气管道。

（1）低压燃气管道：压力 $p \leq 0.005$ MPa。

（2）中压燃气管道：压力为 0.005 MPa $< p \leq 0.15$ MPa。

（3）次高压燃气管道：压力为 0.15 MPa $< p \leq 0.3$ MPa。

（4）高压燃气管道：压力为 0.3 MPa $< p \leq 0.8$ MPa。

（5）超高压燃气管道：压力 $p > 0.8$ MPa。

4. 按管网形状分类

可分为环状管网、枝状管网、环枝状管网。

城市燃气管网系统各级压力的干管，特别是中压以上压力较高的管道，应连成环状管网。

4.2.3 城市燃气管网系统分类

城市燃气管网是城市燃气输配系统的主要部分，根据管网压力级制的不同可以分为：

1. 一级管网系统

仅用低压管网来输送和分配燃气，一般适用于小城镇。

2. 两级管网系统

由低压和中压或低压和次高压两级管网组成，一般适用于中小型城市。

3. 三级管网系统

由低压、中压（或次高压）和高压等三级管网组成，一般适用于大型城市。

4. 多级管网系统

由低压、中压、次高压、高压、超高压管网相连所组成的四级或五级管网，一般适用于特大型城市。

高压、中压管网的主要功能是输气，中压管网还有向低压管网配气的作用。低压管网的主要功能是直接向燃气用户配气，是最基本的管网。

4.3 室内燃气供应系统的组成

室内燃气供应系统由用户引入管、水平干管、立管、用户支管、燃气计量表、下垂管、用具连接管、燃气用具、燃气管道附件及附属设备组成，如图4-8所示。

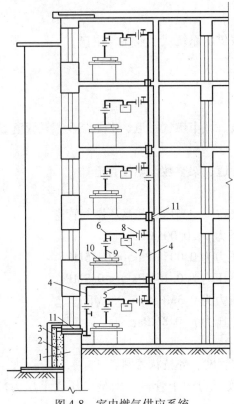

图 4-8 室内燃气供应系统
1—用户引入管 2—砖台 3—保温层 4—立管 5—水平干管 6—用户支管
7—燃气计量表 8—旋塞阀及活接头 9—用具连接管 10—燃气用具 11—套管

4.4 室内燃气供应系统安装

能源是动力之本，节水、节电、节气，从我做起，从现在做起！

室内燃气供应系统安装施工工艺流程为：安装准备→预制加工→卡架安装→管道系统安装→燃气计量表安装→管道吹扫→管道试压（强度、严密性试验）→防腐、涂装→燃气用具安装。

劳动精神的内涵

安装准备工作阶段，应熟悉施工图并参看相关专业设备图和装修建筑图，核对各种管道的坐标、标高是否准确，管道交叉、排列所用空间是否合理，配合土建施工预留孔洞、套管及预埋件。画出施工草图，并按草图进行预制加工。

4.4.1 室内燃气管道卡架安装

室内燃气管道的支承不得设在管件、焊口、螺纹连接口处，可采用管卡、托架、吊架等形式。立管宜以管卡固定，水平管道转弯处 2m 以内设固定托架不应少于一处。钢管的水平管和立管支承的最大间距宜按表 4-1 选择；铜管的水平管和立管支承的最大间距宜按表 4-2 选择。当铜管采用钢质支承时，支承与铜管之间应用石棉橡胶垫或薄铜片隔离，以防止两种金属产生电化学腐蚀。

表 4-1 钢管支承最大间距

公称直径/mm	DN15	DN20	DN25	DN32	DN40	DN50	DN70	DN80
最大间距/m	2.5	3.0	3.5	4.0	4.5	5.0	6.0	6.5
公称直径/mm	DN100	DN125	DN150	DN200	DN250	DN300	DN350	DN400
最大间距/m	7.0	8.0	10.0	12.0	14.5	16.5	18.5	20.5

表 4-2 铜管支承最大间距

公称外径/mm		15	18	22	28	35	42	54
最大间距/m	立管	1.8	1.8	2.4	2.4	3.0	3.0	3.0
	水平管	1.2	1.2	1.8	1.8	2.4	2.4	2.4
公称外径/mm		67	85	108	133	159	219	
最大间距/m	立管	3.5	3.5	3.5	4.0	4.0	4.0	
	水平管	3.0	3.0	3.0	4.5	4.5	4.5	

4.4.2 室内燃气管道系统安装

室内燃气管道的供气压力，公共建筑和居民用户、中压用户不得超过 0.2MPa，低压用户不得超过 0.005MPa。

1. 室内燃气管道的管材及连接方式

燃气管道的管材有钢管、铸铁管、不锈钢管、预应力钢筋混凝土管、塑料管等。室内燃气管道使用的管道、管件及管道附件，当设计文件无明确规定时，DN≤50 宜采用镀锌钢管或铜管，铜管宜采用牌号为 TP2 的管材。

燃气管道的连接方式应符合设计文件的规定。当设计文件无规定时，DN≤50 的燃气管道宜采用螺纹连接，螺纹接头宜采用聚四氟乙烯带做密封材料；DN>50 或使用压力超过 10kPa 的燃气管道宜采用焊接连接；铜管应采用硬钎焊连接，不得采用对接焊和软钎焊。凡有阀门等附件处可采用法兰或螺纹连接，法兰宜采用平焊法兰，法兰垫片宜采用耐油石棉橡胶垫片；螺纹管件宜采用可锻铸铁管件，螺纹密封填料可采用聚四氟乙烯带或尼龙绳等。铜管与球阀、燃气计量表及螺纹连接附件连接时，应采用承插式螺纹管件连接，弯头、三通可采用承插式铜配件或承插式螺纹连接件。

2. 室内燃气管道布置、敷设一般要求

室内燃气管道不得穿过易燃易爆品的仓库、变配电室、卧室、浴室、密闭地下室、厕所、空调机房、防烟楼梯间、电梯间及其前室等房间，也不得穿过电缆沟、暖气沟、烟道、风道、垃圾道等处。当不得不穿过时，必须采用焊接连接并设置在套管中。

室内燃气管道不应敷设在潮湿或有腐蚀性介质的房间内。当必须敷设时，必须采取防腐蚀措施。室内燃气管道应明设，明设燃气管道与墙面的净距，当管径小于 DN25 时，不宜小于 30mm；管径在 DN25～DN40 时，不宜小于 50mm；管径等于 DN50 时，不宜小于 60mm；

管径大于 DN50 时，不宜小于 90mm。

室内燃气管道应有防雷、防静电措施。暗埋的燃气铜管或不锈钢波纹管不应与各种金属和电线相接触，当不可避让时，应用绝缘材料隔开。

室内燃气管道和电气设备、相邻管道之间的净距不应小于表 4-3 的规定。

表 4-3　室内燃气管道和电气设备、相邻管道之间的净距　　　　（单位：mm）

管道和设备		与燃气管道之间的净距	
		平行敷设	交叉敷设
电气设备	明装的绝缘电线或电缆	250	100（注）
	暗装的或放在管子中的绝缘电线	50（从所作的槽底或管子的边缘算起）	10
	电压小于 1000V 的裸露电线的导电部分	1000	1000
	配电盘或配电箱	300	不允许
相邻管道		应保证燃气管道和相邻管道的安装、安全维护和修理	20

注：当明装电线与燃气管道交叉净距小于 100mm 时，电线应加绝缘套管，绝缘套管的两端应各伸出燃气管道 100mm。

3. 室内燃气管道安装

室内燃气管道的安装程序为：用户引入管→水平干管→立管→用户支管→下垂管→用具连接管。

（1）用户引入管安装：燃气引入管严禁敷设在易燃易爆品的仓库、有腐蚀性介质的房间、变配电室、电缆沟、暖气沟、烟道和进风道等部位；严禁敷设在冻土和未经处理的积土上。住宅燃气引入管应尽量引入厨房内，也可引入楼梯间、走廊、阳台等便于检修的非居住房间。公共设施的引入管应尽量直接引至安装燃气用具或燃气表的房间内。当设计文件无规定时，宜采用无缝钢管焊接连接，其壁厚应大于或等于 3.5mm。

燃气引入管可采用地下引入或室外地上引入两种方式。输送湿燃气的引入管一般由地下引入室内，当采取防冻措施时也可由地上引入。在非采暖地区或输送干燃气且管径不大于 75mm 时，可由地上直接引入室内。地上引入管与建筑物外墙之间的净距宜为 100~120mm。湿燃气引入管应坡向室外，其坡度应大于或等于 1%。

燃气引入管穿过建筑物基础、外墙或管沟时应加设套管，套管的两端应各伸出墙饰面 50mm，套管内不应有焊口及连接接头，伸出的弯管弯曲半径宜大于管道外径的 3.5 倍。敷设在套管中的燃气管道应与套管同轴，套管与引入管之间、套管与建筑物基础、外墙或管沟之间的间隙应采用密封性能良好的柔性防腐、防水材料填实。

图 4-9 为燃气地下引入管穿越基础墙的构造节点。套管穿墙处的预留孔洞尺寸应与建筑物沉降量相适应，必要时可采取如下补偿措施：

1）引入管穿墙前水平或垂直方向弯曲 2 次以上。
2）引入管穿墙前设金属柔性管接头或波纹补偿器。

（2）水平干管安装：当燃气引入管连接若干根立管时应设水平干管。室内燃气水平干管严禁穿过防火墙。敷设在楼梯间或外走廊时，距室内地面不低于 2.2m，距顶棚不得小于 0.15m。输送干燃气的水平干管可不设坡度，输送湿燃气的水平干管坡向引入管，坡度应不小于 0.2%。

(3) 立管安装：室内燃气立管一般敷设在厨房内或楼梯间。当燃气立管管径 DN<50 时，一般每隔一层装设一个活接头，其位置距地面不小于 1.2m；管径 DN≥50 的立管上可不设活接头。遇有阀门时，必须装设活接头，活接头的位置应设在阀门后边。燃气管道垂直交叉敷设时，大管应置于小管外侧。

高层建筑燃气立管的管道长、自重大，需在立管底部设置支墩。立管中间应安装吸收变形的补偿器，一般采用挠性管补偿装置或波纹管补偿装置，如图 4-10 所示。

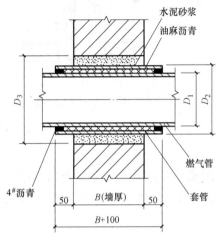

图 4-9 燃气地下引入管穿基础墙图

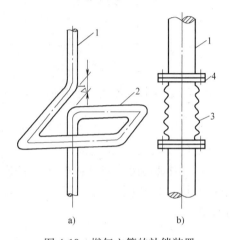

图 4-10 燃气立管的补偿装置
a) 挠性管 b) 波纹管
1—燃气立管 2—挠性管 3—波纹管 4—法兰

(4) 用户支管安装：由燃气立管向各楼层燃气用户供气的水平管称为燃气用户支管。室内燃气用户支管上一般安装燃气计量表，敷设坡度不小于 0.2%，并由燃气表分别坡向燃气立管和燃气用具。用户支管的安装高度，当燃气表高位敷设时不得低于 1.8m，当燃气表低位敷设时不得小于 0.3m。燃气支管与给水管道上、下平行敷设时，燃气管必须在给水管上面。

室内燃气水平管、立管穿过建筑物承重墙、隔断墙、楼板、楼梯平台时应加设套管，套管内应无接头，管口平整，固定牢固。穿楼板的套管，顶部应高出装饰地面不少于 50mm，底部与顶棚面齐平；穿墙套管两端与墙饰面平齐。套管与管道之间用柔性防水材料填实，套管与墙壁（或楼板）之间用水泥砂浆填实。图 4-11 为燃气管道穿隔断墙构造节点，图 4-12 为燃气管道穿楼板构造节点。

室内燃气管道穿过建筑物基础、外墙、承重墙、楼板时的钢套管或非金属套管管径不宜小于表 4-4 的规定；高层建筑引入管穿越建筑物基础时的套管管径应符合设计文件的规定。

表 4-4 燃气管道的套管直径 （单位：mm）

燃气管直径	DN15	DN20	DN25	DN32	DN40	DN50	DN70	DN80	DN100	DN150
套管直径	DN32	DN40	DN50	DN50	DN70	DN80	DN100	DN100	DN150	DN200

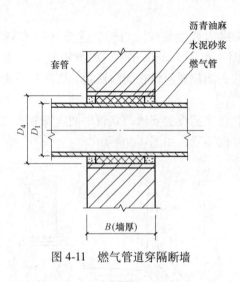
图 4-11 燃气管道穿隔断墙

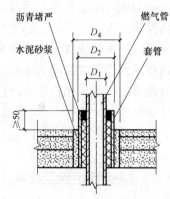
图 4-12 燃气管道穿楼板

(5) 下垂管安装：由燃气用户支管向下供气，连接燃气用具的垂直管段称为燃气下垂管。燃气下垂管上至少应设一个卡子，若下垂管有转心门时可设两个卡子。

(6) 用具连接管安装：燃气用具连接管应采用耐油橡胶软管。软管与燃气管道接口、燃气用具接口均应采用专用固定卡固定，软管长度不应超过 2.0m。非金属软管不得穿墙、门和窗。

4.4.3 室内燃气管道吹扫、试压

1. 管道吹扫

室内燃气管道在进行强度试验前应吹扫干净，吹扫介质宜采用空气，也可采用氮气。吹扫应不带燃气表进行，应反复数次直到吹净为止。

2. 管道试压

室内燃气管道安装完毕后，必须进行强度和严密性试验。试验介质宜采用空气，也可以采用氮气等惰性气体，严禁用水。试验温度应为常温。

(1) 强度试验：室内燃气管道强度试验的范围，居民用户为引入管阀门至燃气计量表进口阀门（含阀门）之间的管道；工业企业和商业用户为引入管阀门至燃具接入管阀门（含阀门）之间的管道。试验时不包括燃气表，装表处应用短管将管道暂时先联通。

试验压力及检验方法应符合下列规定：设计压力小于 10kPa 时，试验压力为 0.1MPa。可用发泡剂涂抹所有接头，不漏气为合格；设计压力大于或等于 10kPa 时，试验压力为设计压力的 1.5 倍，且不得小于 0.1MPa。应稳压 0.5h，用发泡剂涂抹所有接头，不漏气为合格；或稳压 1h，观察压力表，无压力降为合格。强度试验压力大于 0.6MPa 时，应在达到试验压力的 1/3 和 2/3 时各停止 15min，用发泡剂检查管道所有接头无泄漏后方可继续升压至试验压力并稳压 1h，用发泡剂检查管道所有接头无泄漏，且观察压力表无压力降为合格。

(2) 严密性试验：应在强度试验之后进行，试验范围应为引入管阀门至燃具前阀门之间的管道。

低压管道试验压力不应小于 5kPa，试验时间为居民用户试验 15min，商业和工业用户试验 30min，观察压力表无压力降为合格。中压管道的试验压力为设计压力，但不得低于

0.1MPa，以发泡剂检验，不漏气为合格。

试验时发现的缺陷应在试验压力降至大气压时进行修补，修补后应进行复试。

4.4.4 室内燃气管道防腐、涂装

室内明设燃气管道及其附件的涂装，应在试压合格后进行。采用钢管焊接时，应在除锈后先将全部焊缝处涂装两道防锈底漆，然后再全面涂装两道防锈底漆和两道面漆；采用镀锌钢管螺纹连接时，其管件连接处安装后应先涂装一道防锈底漆，然后再全面涂装两道面漆。面漆一般为黄色油漆或按当地规定执行。

暗埋的铜管或不锈钢波纹管的色标，宜采用在覆盖层的砂浆内掺入带色染料的形式或在覆盖层外涂色标。当设计无明确规定时，色标宜采用黄色。

4.4.5 燃气计量表安装

燃气计量表是计量燃气用量的仪表，根据其工作原理可分为容积式、速度式、差压式和涡轮式流量计四种。

1. 常用燃气计量表

民用建筑室内燃气供应系统一般采用容积式流量计。干式皮膜式燃气计量表是目前我国最常用的容积式燃气计量表，其外形如图4-13所示。该燃气计量表有一个方形的金属外壳，壳内有皮革制的小室，中间以皮膜隔开，分为容积恒定的左右计量室。外壳上部两侧有短管，左接进气管，右接出气管。燃气进入表内，小室左右交替充气和排气，借助杠杆、齿轮传动机构指示出燃气用量的累计值。这种表可分为四种类型：人工燃气表、天然气表、液化石油气表和适合于上述三种燃气的通用表。安装时应分清楚类型。

工业及公共建筑用气计量常采用罗茨流量表（图4-14），其优点是体积小、流量大，可用于较高的燃气压力下计量。

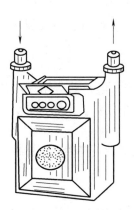

图4-13 干式皮膜式燃气计量表

图4-14 罗茨流量表

2. 燃气计量表安装

居住建筑应每户安装一块燃气表，公共建筑物至少每个独立核算的用气单位设一块燃气表。

燃气计量表的安装位置应满足抄表、检修和安全使用的要求。用户室外安装的燃气计量表应装在防护箱内。

(1) 家用燃气计量表安装：燃气计量表应使用专用的表连接件安装，安装后应横平竖直，不得倾斜。高位安装时，表底距地面不宜小于1.4m；低位安装时，表底距地面不宜小于0.1m。高位安装时，燃气计量表与燃气灶的水平净距不得小于300mm，表后与墙面净距不得小于10mm；多块表挂在同一墙面上时，表之间净距不宜小于150mm。安装在橱柜内时，橱柜的形式应便于燃气计量表抄表、检修及更换，并具有自然通风的功能。组合式燃气计量表箱可平稳地放置在地面上，与墙面紧贴。

(2) 商业及工业企业燃气计量表安装：额定流量小于50m^3/h的燃气计量表，高位安装时，表底距室内地面不宜小于1.4m，表后距墙不宜小于30mm，并应加表托固定；低位安装时，应平整地安装在高度不小于200mm的砖砌支墩或钢支架上，表后距墙不应小于50mm。额定流量大于或等于50m^3/h的燃气计量表，应平整地安装在高度不小于200mm的砖砌支墩或钢支架上，表后距墙不应小于150mm。

工业企业多台并联安装的燃气计量表，每块燃气表进出口管道上应安装阀门，表之间的净距应能满足安装管道、组对法兰、维修和换表的需要，并不宜小于200mm。燃气计量表与各种灶具和设备的水平距离应符合下列规定：

1) 与金属烟囱水平净距不应小于1.0m，与砖砌烟囱水平净距不应小于0.8m。
2) 与炒菜灶、大锅灶、蒸箱、烤炉等燃气灶具的灶边水平净距不应小于0.8m。
3) 与沸水器及热水锅炉的水平净距不应小于1.5m。
4) 当燃气计量表与各种灶具和设备的水平距离无法满足上述要求时，应加隔热板。

4.4.6 燃气用具安装

燃气用具按其用途不同，分为家用燃气灶、公用炊事灶具（包括炒菜灶、蒸饭灶、煎饼灶、大锅灶等）、烤箱灶具（包括食堂烤炉、红外线糕点烘烤炉、烤鸭炉等）、烧水灶具（包括燃气开水炉、热水器、自动沸水器等）、冷藏灶具（如燃气冷冻箱）、供暖空调灶具（包括冷风箱、供暖炉、红外线辐射供暖灶等）、其他灶具（包括干燥机、燃气熨斗、燃气灯等）。这里仅介绍几种常用的燃气用具。

1. 家用燃气灶具安装

家用燃气灶按眼数不同分为单眼灶和双眼灶。双眼燃气灶是我国目前应用最广的燃气灶，一般配有自动打火装置。燃气灶具按燃气的种类可分为人工燃气灶、天然气灶、液化石油气灶和适用于两种以上燃气的燃气灶。

家用燃气灶宜设在具有自然通风和自然采光的厨房内，一般靠近不易燃的墙壁放置。当房间为木质墙壁时，应做隔热处理。灶具安装应满足以下条件：

(1) 灶具应水平放置在耐火台上，灶台高度一般为650mm。
(2) 灶具和燃气计量表之间硬接时，其连接管道的管径不小于DN15，并应装有活接头一个。
(3) 灶具与管道为软管连接时，软管长度不得超过2.0m，排列整齐。
(4) 公用厨房内当几个灶具并列安装时，灶与灶之间的净距不应小于500mm。
(5) 灶具应安装在有足够光线的地方，但应避免穿堂风直吹灶具。

(6) 燃气的种类和压力，灶具上的燃气接口应符合灶具说明书的要求。

2. 公共建筑用户灶具安装

公共建筑用户灶具按灶具结构可分为钢结构组合、混合结构、砖结构灶具。

（1）钢结构组合灶具：大多由生产厂家将灶体及燃烧器组成整体，安装时应根据设计位置现场就位，配管即可。如三眼灶、六眼灶、爆炒灶、水管式蒸饭灶、火管式蒸饭灶、开水炉、煎饼炉等。

（2）混合结构灶具（如大型西餐灶）：灶的外壳为钢（或不锈钢）及铸铁成品结构，灶的内部按设计要求现场砌筑砖体，并采取隔热保温设施，安装燃烧器并配管。

（3）砖结构灶：这类炉灶的灶体需现场砌筑，然后根据需要配制不同规格的燃烧器。主要有大锅灶（蒸锅）、炒菜灶。

商业用气设备的安装应符合下列规定：

（1）用气设备之间的净距应满足操作和检修的要求，燃具灶台之间的净距不宜小于0.5m，大锅灶之间净距不宜小于0.8m，烤炉与其他燃具、灶台之间的净距不宜小于1.0m。

（2）用气设备前宜有宽度不小于1.5m的通道。

（3）用气设备与可燃的墙壁、地板和家具之间应按设计文件要求做耐火隔热层，其厚度不宜小于1.50mm。

3. 燃气热水器安装

燃气热水器是一种局部热水供应的加热设备，按其构造和使用原理可分为直流式和容积式两种。

直流式快速燃气热水器目前采用最多，如图4-15所示。其工作原理为冷水流经带有翼片的蛇形管时，被流过蛇形管外部的高温烟气加热，得到所需温度的热水。

容积式燃气热水器是一种能够储存一定容积热水的自动加热器，如图4-16所示。其工

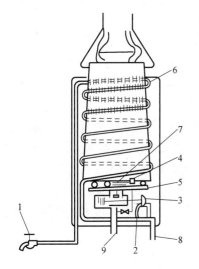

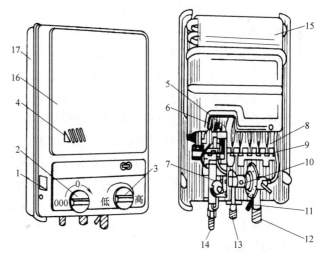

图4-15 直流式快速燃气热水器构造图
1—热水龙头 2—文氏管 3—弹簧膜片 4—点火苗 5—燃烧器 6—加热盘管 7—点火失败安全装置 8—冷水进口 9—燃气进口

图4-16 容积式燃气热水器构造图
1—气源铭牌 2—燃气开关 3—水温调节阀 4—观察窗 5—熄火保护装置 6—点火燃烧器（常明火） 7—压电元件点火器 8—主燃烧器 9—喷嘴 10—水-控制阀 11—过压保护装置（放水） 12—冷水进口 13—热水出口 14—燃气进口 15—热交换器 16—上盖 17—底壳

作原理是与调温器、电磁阀及热电偶联合工作,使燃气点燃和熄火。

燃气热水器不宜直接设在浴室内,可装在厨房或通风良好的过道内,但不宜装在室外。热水器应安装在耐火的墙壁上,外壳与墙壁的净距离应大于20mm;若安装在非耐火的墙壁上时,应垫以隔热板,隔热板每边应比热水器外壳尺寸大100mm。其安装高度以热水器的观火孔与人眼高度相齐为宜,一般距地面1.5m。

燃气热水器与燃气表、燃气灶、电气设备的水平净距应大于300mm。热水器上部不得有电力明线、电气设备和易燃物。

4.4.7 室内燃气管道附件及附属设备安装

为保证室内燃气供应系统安全运行,并考虑检修、接管的需要,应在燃气管道的适当地点设置管道附件及附属设备。通常有阀门、补偿器、放散管等。

1. 阀门安装

阀门是燃气管道上的重要控制设备,其作用为启闭燃气管道通路或调节燃气的压力和流量。阀门应选用适用于输送燃气介质,且密封性能好、强度可靠、耐腐蚀的阀门,应启闭迅速、动作灵活、维修方便。常用的阀门有闸阀、旋塞阀(又称转心门)、蝶阀、球阀、截止阀等。

室内燃气管道上的阀门,DN>50mm时,一般采用闸阀;DN≤50mm时,一般采用螺纹连接旋塞阀,如燃气表前进口的活接头旋塞开关、连接橡胶软管的直管旋塞开关、防止胶管脱落漏气的旋塞开关等。

室内燃气管道上应设置阀门的位置有燃气引入管处、立管的起点处、燃气计量表前、每个用气设备前、点火器和测压点前、放散管起点处。

闸阀、蝶阀、有驱动装置的截止阀或球阀只允许安装在水平管道上,其他阀门不受此限制。阀门安装前应做强度和严密性试验。阀门应在关闭状态下安装,以避免开启状态下安装时脏物进入阀门,从而导致阀门被破坏。

2. 补偿器安装

补偿器安装在管道上用来消除因管段膨胀对管道所产生的应力。燃气管道必须考虑在工作环境温度下的极限变形,当自然补偿不能满足要求时应设补偿器,补偿器宜采用方形或波纹管型,不宜采用填料型补偿器。

在埋地燃气管道上,多采用钢制波形补偿器,如图4-17所示,其补偿量约为10mm。为防止其中存水腐蚀管道,由套管的注入孔灌入石油沥青,安装时注入孔应在下方。另外,还有一种橡胶-卡普隆补偿器,如图4-18所示。它是带法兰的螺旋皱纹软管,软管是用卡普隆布作为夹层的胶管,外层则用粗卡普隆绳加强。其补偿能力在拉伸时为150mm,压缩时为100mm。这种补偿器的优点是纵横方向均可变形,多用于通过山区、坑道和多地震区的中、低压燃气管道上。

3. 放散管安装

放散管是专门用来排放燃气管道中的空气或燃气的装置。在燃气管道投入运行时,利用放散管排出管内的空气,防止管内形成爆炸性的混合气体;在燃气管道或设备检修时,利用放散管排放管内的燃气。

工业企业用气车间、锅炉房及大中型用气设备的燃气管道上应设放散管。放散管管口应高出屋脊1m以上,并应采取防止雨雪进入管道和防止放散物进入房间的措施。放散管设在

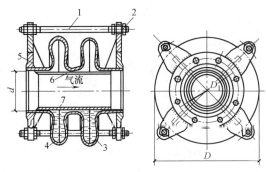
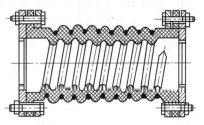

图 4-17 波形补偿器
1—螺杆 2—螺母 3—波节 4—石油沥青
5—法兰盘 6—套管 7—注入孔

图 4-18 橡胶-卡普隆补偿器

阀门井中时,在环状管网阀门的前后都应安装,而在单向供气的管道上则安装在阀门之前。

4.5 室内燃气工程施工图的识读

4.5.1 室内燃气工程施工图常用图例

室内燃气工程施工图常用图例见表 4-5。

业精于勤荒于嬉,
行成于思毁于随

表 4-5 室内燃气工程施工图常用图例

图 例	名 称	图 例	名 称
——	燃气管道	～	软管
—·—	液化石油气液相管		安全放散阀
	角阀		调压箱
	法兰连接球阀		调压器
	螺纹连接球阀		防爆轴流风机
	紧急切断阀		Y形过滤器
	双眼灶		穿楼板加套管
	热水器		穿非承重墙套管
	供暖炉		烟道
	膜式燃气表	·	立管、下垂管
	活接头		变径
	清扫口堵头		

4.5.2 室内燃气工程施工图识读

1. 室内燃气工程施工图识读方法

识读室内燃气工程施工图,应首先熟悉施工图,对照图样目录,核对整套施工图是否完整,确认无误后再正式识读。识读施工图的方法没有统一规定,识读时应注意以下几点:

(1) 认真阅读施工图设计与施工说明:读图之前应先仔细阅读设计与施工说明,通过文字说明能够了解燃气工程总体概况,了解施工图中用图形无法表达的设计意图和施工要求,如燃气介质种类、燃气气源、总用气量、燃气管压力级制、管道材质及其连接方法、防腐保温的做法、管道附件及附属设备类型、系统吹扫和试压要求、施工中应执行和采用的规范、标准图号等。

(2) 以系统为单位进行识读:识读时以系统为单位,可按燃气介质的输送流向识读,按用户引入管、水平干管、立管、用户支管、下垂管、燃气用具的顺序识读。

(3) 平面图与系统图对照识读:识读时应将平面图与系统图对照起来看,以便相互补充和说明,以全面、完整地掌握设计意图。平面图和系统图中进行编号的设备、材料图形符号应对照查看主要设备及材料明细表,以正确理解设计意图。

(4) 仔细阅读安装大样图:安装大样图多选用全国通用燃气标准安装图集,也可单独绘制,用来详细表示工程中某一关键部位的安装施工,或平面及系统图中无法清楚表达的部位,以便指导正确安装施工。

2. 室内燃气工程施工图识读实例

现以某十七层商业住宅楼燃气工程施工图为例进行识读,施工图如图4-1~图4-7所示。

(1) 施工图简介:该住宅楼燃气工程施工图内容包含设计及施工说明(图4-1)、主要设备及材料表(图4-7)、平面图三张(图4-2~图4-4)、系统图两张(图4-5、图4-6)。以上均为截取的该工程部分施工图。

(2) 工程概况:该工程为十七层商住楼,其中一、二层为商场、商铺,三~十七层为住宅。住宅每层层高3m,室外地坪标高为-0.15m。阅读设计及施工说明可知该工程采用天然气为燃料,气源为市政中压燃气干管,经室外燃气调压柜调至低压,由室外引入各户厨房内。住宅考虑每户安装一台双眼灶及一台燃气热水器。

(3) 施工图解读:识读施工图时可先粗看系统图,对燃气管道的走向及供气方向建立大致的空间概念,然后将平面图与系统图对照,按燃气介质的流向顺序识读,对照出各管段的管径、标高、坡度、位置等。

1) 燃气用户引入管:从一层燃气平面图(图4-2)可看出,该住宅楼燃气气源由建筑物南侧市政中压燃气干管供给,燃气引入管设置在②轴右侧,管径为DN50,由南向北埋地引入设置在Ⓔ轴外墙南外侧的中低压悬挂式调压柜(调压柜设备编号为8)。与燃气管道系统图(图4-5)对照,可看出引入管埋地深度要求不小于0.6m,调压柜柜底标高为1.05m,距地面1.2m。

2) 燃气水平干管:从图4-5可看出,调压柜右下侧引出立管下降至标高-0.800m,向东、西分出燃气水平干管,向西管径为DN40,向东管径为DN50。与图4-2对照,可看出向西的水平管行至②轴左侧,再由南向北行,其间管道有上升至标高0.200m的立管段,并在随后的水平段上设置燃气快速切断阀(切断阀材料编号为7),该管段行至Ⓔ轴外墙南外侧,向上引出立管接往三层。向东的水平管行至⑩轴左侧,再由北向南行,然后由西向东行,其后为截去部分图样的工程内容。在其中由北向南的水平段中部,向东引出管径为DN40、设置快速切断阀的管段至⑩轴右侧,也向上引出立管接往三层。

3) 燃气立管:看三层平面图(图4-3),图中接自一层的两处立管,其位置与图4-2中接往三层的两处立管位置对应相同。与图4-5对照,可看出位于Ⓔ轴外墙南外侧、②轴左侧的立管管径为DN40,由一层上升至三层标高10.300m处,沿水平方向先由南向北行至Ⓗ轴南侧,再由西向东行至③轴厨房西墙外侧,分别向南、向北引出立管L2、L1。L1、L2立管上、下部均设有丝堵,三~十五层各层立管管径均为DN32,十六层、十七层立管管径均为DN25。位于⑩轴左侧由一层引来的立管同样上升至标高10.300m,水平由西向东行一小段后由南向北行至Ⓗ轴南侧,再由东向西行至⑨轴厨房东墙外侧,分别向南、向北引出立管L3、L4。其中,L3与L2对称,L4与L1对称。看四~十七层平面图(图4-4),图中L1、L2、L3、L4立管的位置与图4-3对应相同。

4) 燃气用户支管:图4-3、图4-4中厨房燃气管道的平面布置相同,与厨房燃气管道系统图(图4-6)对照看出,由立管接出的各楼层厨房燃气支管管径均为DN20,均距本层地面2.2m。用户支管上先连接IC卡燃气计量表(设备编号为3),表前设有DN20的燃气球阀(材料编号为6),表底距地1.6m。出表后的用户水平支管距本层地面2.4m,再分为两路管径均为DN15的水平支管,分别给燃气双眼灶(设备编号为1)和燃气热水器(设备编号为2)供气。

5) 燃气下垂管:从图4-6可看出,由用户支管引向燃气用具的下垂管上,均在距本层地面1.2m处设置紧接式燃气旋塞(材料编号为4),燃气热水器供气管甩口距本层地面为1.4m。

6) 其他:住宅楼每户厨房内安装有可燃气体泄漏报警器。燃气热水器必须选用强排式热水器或强制平衡式热水器,排气管接至室外。

本项目小结

(1) 燃气按其来源可分为天然气、人工燃气、液化石油气和沼气四种。其中,天然气、液化石油气是我国城镇燃气的主要气源。人工燃气毒性大、杂质多,需要净化后方可使用。液化石油气可采用瓶装供应,也可采用管道输配供应。

(2) 城镇燃气供应系统由气源、城市燃气输配系统、燃气用户三个部分组成。

(3) 城市燃气管道根据输气压力可分为低压、中压、次高压、高压、超高压燃气管道。由此根据压力级制的不同,城市燃气管网可以分为一级管网、两级管网、三级管网、多级管网系统。

(4) 室内燃气供应系统由用户引入管、水平干管、立管、用户支管、燃气计量表、下垂管、用具连接管、燃气用具、燃气管道附件及附属设备组成。

(5) 燃气引入管可采用地下引入或室外地上引入两种方式。

(6) 室内燃气管道应明设,燃气管道穿过建筑物基础、外墙、承重墙、楼板时应加设钢套管或非金属套管。燃气管道安装完毕应进行吹扫、试压,试压合格后应除锈、涂装,面漆色标宜为黄色。

(7) 识读燃气施工图时，应首先熟悉施工图，核对整套施工图是否完整，再阅读施工图设计与施工说明，以系统为单位进行识读，并将平面图与系统图对照识读，可按燃气介质的输送方向识读。

思考题与习题

1. 燃气由哪些可燃成分和不可燃成分组成？
2. 燃气按其来源可分为哪几种？
3. 天然气有哪几种？人工燃气有哪几种？
4. 液化石油气随温度、压力变化其形态如何变化？可采取何种供应方式？
5. 城镇燃气供应系统由哪几部分组成？
6. 燃气管道根据输气压力如何分类？
7. 城市燃气管网系统根据压力级制的不同可分为哪几类？
8. 室内燃气供应系统由哪几部分组成？
9. 室内燃气管道的支承安装有哪些基本要求？
10. 室内燃气管道穿过建筑物基础、外墙、承重墙、楼板时应如何施工？
11. 室内燃气管道吹扫、试压应采用何种介质？
12. 燃气计量表根据其工作原理如何分类？常用的燃气计量表有哪些？
13. 家用燃气灶具安装应满足哪些基本要求？
14. 室内燃气管道上的阀门应如何选用？应设置阀门的位置有哪些？
15. 什么是燃气放散管？它起什么作用？
16. 试述室内燃气工程施工图的识读方法。

项目 5

通风空调工程

 学习目标：

(1) 了解通风系统及空调系统的作用。
(2) 熟悉通风系统及空调系统的组成与分类。
(3) 掌握通风空调系统安装的工艺要求。
(4) 能熟读建筑通风空调系统施工图，具有通风空调系统安装的初步能力。

 学习重点：

(1) 通风空调系统中各种设备、管道、阀门及附属设施的安装工艺。
(2) 通风空调系统施工图的识读。

 学习建议：

(1) 在课堂教学中应重点学习施工图的识读要领和方法，掌握施工程序、施工材料、施工工艺和施工技术要求。
(2) 学习中可以采取实物、参观、录像等手段，掌握施工图的识读方法和施工技术的基本理论。

 相关知识链接：

(1) 《工业建筑供暖通风与空气调节设计规范》（GB 50019—2015）。
(2) 《建筑设计防火规范》（GB 50016—2014）。
(3) 《建筑给水排水及采暖工程施工质量验收规范》（GB 50242—2002）。
(4) 图集《给水设备安装（冷水部分）》（S1 2014 版）。
(5) 图集《室内给水排水管道及附件安装》（S4 2011 版）。

 导引：

1. 工作任务分析

图 5-1~图 5-4 是某工程的空调施工系统图和平面图，图上的符号、线条和数据代表的是什么含义？它们是如何安装的？安装时有什么技术要求？这一系列的问题你将通过对本项目内容的学习逐一获得解答。

2. 实践操作（步骤/技能/方法/态度）

为了能完成前面提出的工作任务，我们需从解读建筑通风及空调系统的组成开始，然后到系统的构成方式、设备、材料认识，施工工艺与下料，进而学会用工程语言来表达施工的做法，学会施工图的读图方法，最重要的是能熟读施工图，熟悉施工过程，为建筑通风空调系统施工图的算量与计价打下基础。

5.1 通风系统

建筑通风就是把建筑物室内被污染的空气直接或经过净化处理后排至室外，再将新鲜的空气补充进来，使室内空气环境达到卫生标准要求的过程。可见，通风是改善空气条件的方法之一，它包括从室内排除污浊空气和向室内补充新鲜空气两个方面，前者称为排风，后者称为送风。实现排风和送风所采用的一系列设备、装置总称为通风系统。

5.1.1 通风系统分类

通风系统可分为自然通风和机械通风，机械通风又可分为全面通风、局部通风和混合通风三种。采用哪种通风方式主要取决于有害物质产生和扩散范围的大小，有害物质面积大则采用全面通风，相反可采用局部和混合通风。

1. 自然通风

自然通风是依靠室内外空气温差所造成的热压，或利用室外风力作用在建筑物上所形成的压差，使室内外的空气进行交换，从而改善室内的空气环境。自然通风不需动力，经济；但进风不能预处理，排风不能净化，污染周围环境，且通风效果不稳定。

2. 机械通风

依靠风机动力使空气流动的方法称为机械通风。机械通风的进风和排风可进行处理，通风参数可根据要求选择确定，可确保通风效果，但通风系统复杂，投资和运行管理费用大。

一、本工程空调建筑共三层，空调面积为：2050m^2，地下层至二层采用中央空调，夏季制冷，冬季采暖，总制冷量为：369kW，总制热量为：308kW。

二、空调系统设计

1. 水系统设计

地下层、一、二层中央空调冷源共采用两台 MHZ050.4 涡旋式风冷冷水机组，每台的制冷量为：194kW，每台的制热量为：214kW。冷冻水供回水温度为：7℃/12℃；每台机组均自配有一台冷冻水泵，设在空调主机内，冷冻水采用机械闭式循环系统。

地下层至二层中央空调设为一个系统，冷冻水为一个回路，系统立管异程布置，楼层冷冻水管采用同程布置回路。冷冻水流程：冷水机组—末端设备—冷水机组。

2. 风系统设计

地下层至二层的所有房间采用新风机加风机盘管的空调方式制冷、制热；除 VIP 休息室、地下层的球会仓库和手推球车库采用侧送后回风外，其余房间全部采用下送后回风的气流组织方式。室外新风经新风机处理后直接送到各空调房间内，风机盘管将室内空气处理后再次送入房间内。

地下层选用一台 1500m^3/h 的新风机，一层选用两台 2500m^3/h 的新风机，三层选用两台 1500m^3/h 的新风机。

三、施工说明

空调风管采用镀锌钢板咬口制作，法兰连接，镀锌钢板厚度按《通风与空调工程施工质量验收规范》（GB 50243—2016）选用。

图 5-1　某工程空调设计施工总说明

项目5 通风空调工程

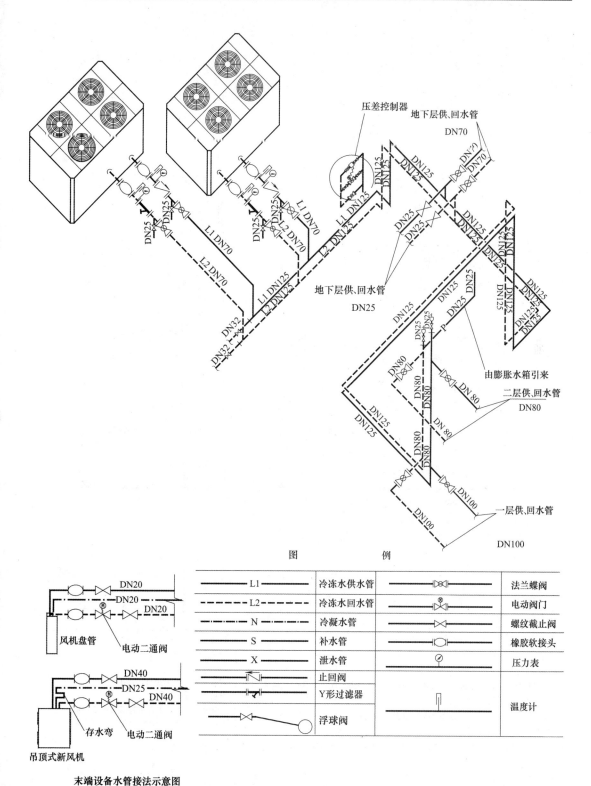

图 5-2 某工程空调水系统图

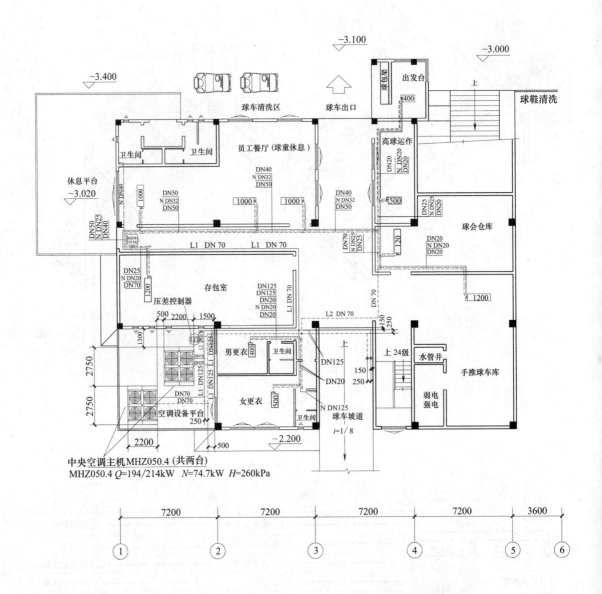

注:
(1) 接风机盘管的冷冻水供、回水管、冷凝水管管径均为DN20；接新风机的冷凝水管管径为DN25。
(2) 每台风机盘管的冷冻水供水管装DN20的波纹管接头和截止阀各一个；回水管装DN20的波纹管接头和电动二通阀、截止阀各一个。
(3) 每台新风机的冷冻水供、回水管各装DN40的橡胶接头和截止阀各一个。
(4) 冷凝水水平干管的坡度不小于0.008，支管坡度不小于0.02。
(5) 本图中供、回水管主管中标高为$B+2.550$m；支管中标高为$B+2.750$m；B为本层楼面标高。

图 5-3 某工程空调水系统平面图

项目5 通风空调工程

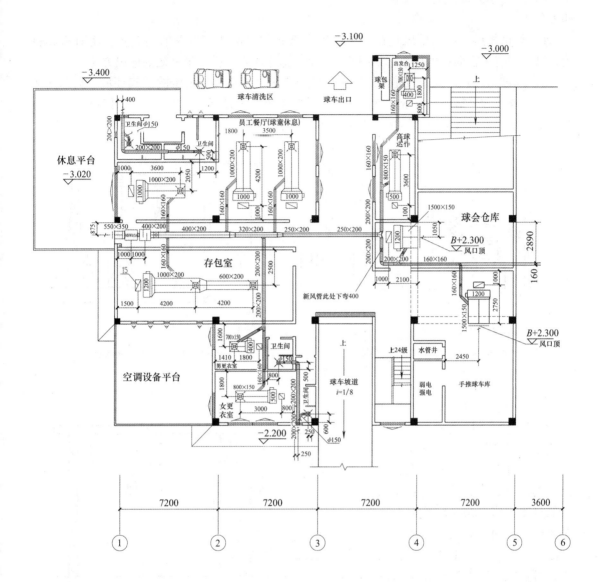

注：
(1) 本图中空调新风机和静压箱的底标高为：$B+2.850m$；新风风管均为顶平安装，管顶标高均为：$B+2.850m$。
(2) 本图中风机盘管风管顶标高为：$B+2.850m$；风机盘管风管均为顶平，管顶标高均为：$B+2.850m$。
(3) B为本层楼面标高。
(4) 每台M CW1200 M1回风增加一个1700mm×500mm×300mm(H)的回风箱。
(5) 每台M CW1000 M1回风增加一个1500mm×500mm×300mm(H)的回风箱。
(6) 每台M CW500 M1回风增加一个1000mm×500mm×300mm(H)的回风箱。
(7) 每台M CW100 M1回风增加一个900mm×500mm×300mm(H)的回风箱。

图5-4 某工程空调风系统平面图

（1）局部通风：局部通风是利用局部气流，使局部工作地点不受有害物的污染，造成良好的空气环境。这种通风方法所需的风量小、效果好，是防止工业有害物污染室内空气和改善作业环境最有效的通风方法，设计时应优先考虑。局部通风又分为局部排风和局部送风两大类。

1) 局部排风：局部排风是在集中产生有害物的局部地点设置捕集装置，将有害物排走，以控制有害物向室内扩散，如图 5-5 所示。这是防毒、排尘最有效的通风方法。

2) 局部送风：局部送风是向局部工作地点送风，形成局部地带的空气环境。局部送风又分为系统式和分散式。系统式就是通风系统将室外空气送至工作地点，如图 5-6 所示；分散式是借助轴流风扇或喷雾风扇，直接将室内空气吹向作业地带进行循环通风。

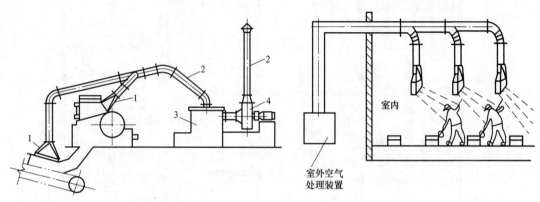

图 5-5　局部排风系统示意图　　　　　图 5-6　局部送风系统示意图
1—排风罩　2—风管　3—净化设备　4—风机局部

(2) 全面通风：全面通风就是对房间进行通风换气，以稀释室内有害气体，消除余热、余温，使之符合卫生标准要求，如图 5-7 和图 5-8 所示。全面通风按照具体实施方法又可分为全面排风法、全面送风法、全面排送风法和全面送、局部排风混合法等，可根据车间的实际情况采用不同的方法。

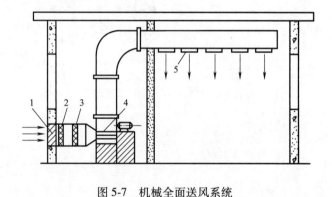

图 5-7　机械全面送风系统
1—百叶窗　2—空气过滤器　3—空气换热器　4—风机　5—送风口

(3) 事故通风：事故通风是在有可能突然从设备或管道中逸出大量有害气体或燃烧爆炸性气体的房间设事故排风系统。发生逸出事故时，由事故排风系统和经常使用的排风系统共同排风，尽快把有害气体排到室外。事故通风系统的风机开关应设在便于开启的地点，排除有爆炸危害气体时，应考虑风机防爆问题。

(4) 空气幕：空气幕是利用条状喷口送出一定速度、一定温度和一定厚度的幕状气流，用于隔断另一气流。主要用于公共建筑、工厂中经常开启的外门，以阻挡室外空气侵入；或用于防止建筑发生火灾时烟气向无烟区侵入；或用于阻挡不干净空气、昆虫等进入控制区域。在寒冷的北方地区，大门空气幕使用很普遍，在空调建筑中，大门空气幕可以减少冷量损失。空气幕也经常简称为风幕。

项目5　通风空调工程

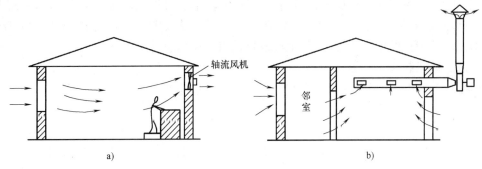

图 5-8　机械全面排风系统

a）直接排至室外　b）通过排风管道排至屋面

5.1.2　通风系统主要设备及构件

1. 通风机

通风机是用于为空气流动提供必需的动力以克服输送过程中阻力损失的设备。根据通风机的作用原理有离心式、轴流式和贯流式三种类型。通风工程中大量使用的是离心式和轴流式通风机，如图 5-9 和图 5-10 所示。此外，在特殊场所使用的还有高温通风机、防爆通风机、防腐通风机和耐磨通风机等。

图 5-9　离心式通风机

图 5-10　管道轴流式通风机

（1）离心式通风机：离心通风机工作时，动力机（主要是电动机）驱动叶轮在蜗形机壳内旋转，空气经吸气口从叶轮中心处吸入，由于叶片对气体的动力作用，气体压力和速度得以提高，并在离心力作用下沿着叶道甩向机壳，从排气口排出。

离心风机按风机产生的压力划分有以下几种类型：

1）高压通风机：压力 $p>3000Pa$，一般用于气体输送系统。

2）中压通风机：$3000Pa>p>1000Pa$，一般用于除尘排风系统。

3）低压通风机：$p<1000Pa$，多用于通风及空气调节系统。

（2）轴流式通风机：轴流风机叶轮安装在圆筒形外壳中，当叶轮由电动机带动旋转时，空气从吸风口进入，在风机中沿轴向流动经过叶轮的扩压器时压头增大，从出风口排出。通常电动机就安装在机壳内部。轴流风机产生的风压低于离心风机，以 500Pa 为界分为低压轴流风机和高压轴流风机。

轴流风机与离心风机相比较，具有产生风压较小，单级式轴流风机的风压一般低于300Pa；风机自身体积小、占地少；可以在低压下输送大流量空气；允许调节范围小等特点。轴流风机一般多用于无须设置管道以及风道阻力较小的通风系统。

2. 进、排风装置

送风口、排风口按其使用的场合和作用的不同有室外进、排风装置和室内进、排风装置之分。

（1）室外进风装置：室外进风口是通风和空调系统采集新鲜空气的入口。根据进风室的位置不同，室外进风口可采用竖直风道塔式进风口，也可采用设在建筑物外围结构上的墙壁式或屋顶式进风口，如图5-11所示。

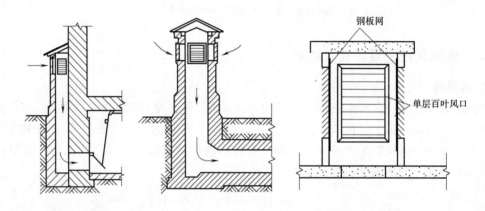

图 5-11　室外进风装置

（2）室外排风装置：室外排风装置的任务是将室内被污染的空气直接排到大气中去。室外排风通常是由屋面排出，一般的室外排风口应设在屋面以上1m的位置，出口处应设置风帽或百叶风口，如图5-12所示。

（3）室内送、排风口：室内送风口是送风系统中风管的末端装置，室内排风口是排风系统的始端吸入装置。室内送风口的形式有多种，最简单的形式是在风管上开设孔口送风，根据孔口开设的位置有侧向送风口、下部送风口之分。常用的室内送风口还有百叶式送风口，对于布置在墙内或者暗装的风管可采用这种送风口。百叶式送风口有单层、双层和活动式、固定式之分，双层风口不但可以调节方向也可以控制送风速度，如图5-13和图5-14所示。

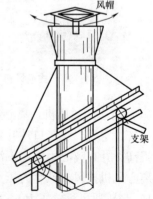

图 5-12　室外排风装置

3. 风管

制作风管的材料有薄钢板、硬聚氯乙烯塑料板、玻璃钢、胶合板、纤维板、铝板和不锈钢板。利用建筑空间兼作风道的，有混凝土、砖砌风道。需要经常移动的风管则大多用柔性材料制成各种软管，如塑料软管、橡胶管和金属软管。

最常用的风管材料是薄钢板，它有普通薄钢板和镀锌薄钢板两种。两者的优点是易于工业化制作、安装方便、能承受较高的温度。镀锌钢板还具有一定的防腐性能，适用于空气湿

图 5-13　单层百叶风口

图 5-14　双层百叶风口

度较高或室内比较潮湿的通风、空调系统。

玻璃钢、硬聚氯乙烯塑料风管适用于有酸性腐蚀作用的通风系统。它们表面光滑，制作也比较方便，因而得到了较广泛的应用。

砖、混凝土等材料制作的风管主要用于需要与建筑结构配合的场合。它节省钢材，经久耐用，但阻力较大。在体育馆、影剧院等公共建筑和纺织厂的空调工程中，常利用建筑空间组合成通风管道。这种管道的断面较大，可降低流速，减小阻力，还可以在风管内壁衬贴吸声材料，以降低噪声。

5.1.3　通风系统的安装

1. 通风机的安装

风机可以固定在墙上、柱上或混凝土楼板下的角钢支架上。此外，安装通风机时，应尽量使吸风口和出风口处的气流均匀一致，不要出现流速急剧变化的现象。对隔振有特殊要求的情况，应将风机安装在减振台座上。

（1）轴流式风机安装：轴流式风机通常是安装在风道中间或墙洞中，如图 5-15 所示。

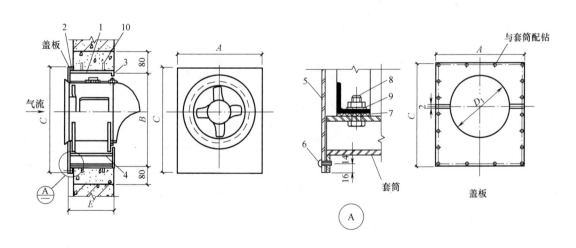

图 5-15　轴流式风机墙洞安装示意图
1—筒体　2—法兰　3—前板　4—基座板　5—盖板　6—自攻螺钉
7—橡胶垫　8—带帽螺栓　9—弹簧垫圈　10—预埋件

（2）管道风机在混凝土墙（柱）上安装，如图 5-16 所示。

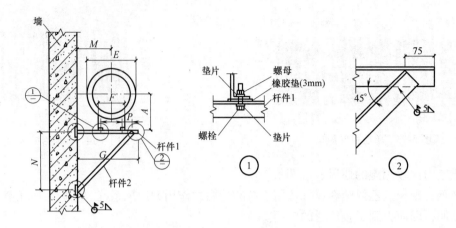

图 5-16 管道风机在混凝土墙（柱）上安装示意图

(3) 管道风机在屋顶上安装如图 5-17 所示。

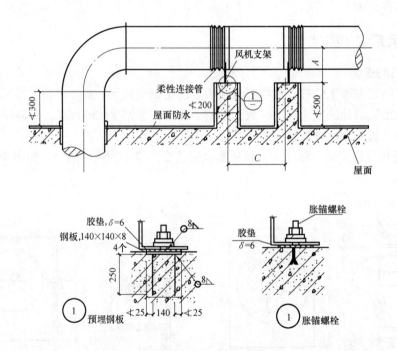

图 5-17 管道风机在屋顶上安装示意图

(4) 管道风机在梁板下吊装，如图 5-18 所示。
(5) 管道风机减振吊装示意图，如图 5-19 所示。

2. 风管制作安装

(1) 镀锌钢板风管加工。

1) 风管接缝的连接方法：风管接缝的连接方法有咬口连接和焊接连接。

① 咬口连接：主要用于厚度 $\delta \leqslant 1.2$ 的薄钢板和镀锌钢板。咬口连接的形式见表 5-1。

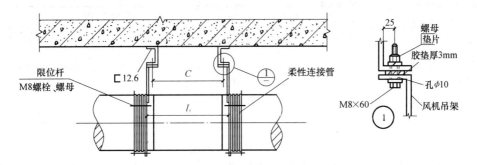

图 5-18　管道风机在梁板下吊装示意图

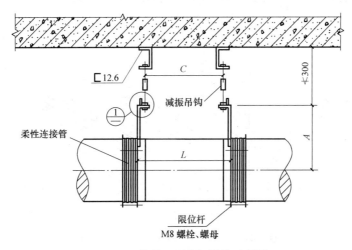

图 5-19　管道风机减振吊装示意图

表 5-1　风管咬口连接形式

形　式	名　称	适用范围
	单咬口	用于板材的拼接和圆形风管的闭合咬口
	立咬口	用于圆形管或直接的管节咬口
	联合角咬口	用于矩形风管、变管、三通管及四通管的咬接
	转角式咬口	较多地用于矩形直管的咬缝、有净化要求的空调系统，有时也用于弯管或三通管的转角咬口缝

(续)

形　式	名　称	适　用　范　围
	接扣式咬口	现在矩形风管大多采用此咬口,有时也用于弯管、三通管或四通管

② 焊接连接：主要用于厚度 $\delta > 1.2$ 的非镀锌薄钢板。

2）镀锌钢板风管的连接：镀锌钢板风管的连接方法有 C 形插条连接和法兰连接，具体方法如下：

① 当矩形风管边长小于或等于 800mm 时，风管之间的连接可用 C 形插条连接，如图 5-20 所示。

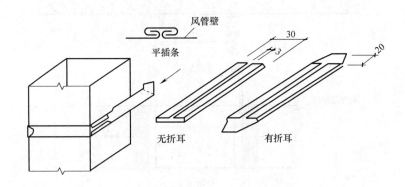

图 5-20　风管 "C" 形插条连接示意图

② 对矩形风管边长大于 800mm 以及风管与设备、风阀、消声器、防风阀等通风配件的连接可采用法兰连接。

3）法兰与风管的装配形式：

① 翻边形式：适用于扁钢法兰与板厚小于 1.0mm、直径 $D<200$mm 的圆形风管、矩形不锈钢风管或铝板风管、配件的连接。

② 翻边铆接形式：适用于角钢法兰与壁厚小于 1.5mm、直径较大的风管及配件的连接，铆接部位应在法兰外侧。

③ 焊接形式：适用于角钢法兰与风管壁厚大于 1.5mm 的风管与配件的连接，并依风管、配件断面的大小情况，采用翻边点焊或沿风管、配件周边进行满焊连接。

4）风管加固：矩形风管与圆形风管相比，自身强度低，当边长大于或等于 630mm，管段长度在 1.2m 以上时均应采取加固措施，如图 5-21 所示。加固措施如下：

① 采用楞筋、楞线的方法加固，适用于边长小的风管。

② 加固框的形式加固，适用于边长较大的风管和中、高压风管。

(2) 风管安装技术要求如下：

1）风管和空气处理机内，不得敷设电线、电缆以及输送有毒、易燃、易爆的气体和液体管道。

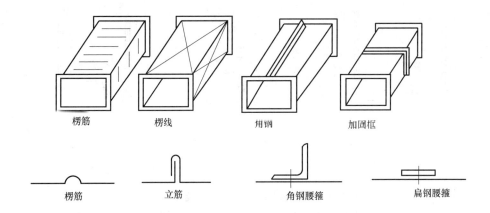

图 5-21　风管加固示意图

2）风管与配件可拆卸的接口，不得装设在墙和楼板内。

3）排气和除尘系统的风管，宜在该系统所服务的生产设备就位后安装。

4）风管水平安装，水平度的允许偏差每米不应大于 3mm，总偏差不应大于 20mm；风管垂直安装，垂直度的允许偏差每米不应大于 2mm，总偏差不应大于 20mm。

5）输送产生凝结水或含有蒸汽的潮湿空气的风管应按设计要求的坡度安装。风管底部不宜设置纵向接缝，如有接缝应做密封处理。

6）安装输送含有易燃、易爆介质气体的系统和安装在易燃、易爆介质环境内的通风系统都必须有良好的接地装置，并应尽量减少接口。输送易燃、易爆介质气体的风管，通过生活间或其他辅助生产房间必须严密，并不得设置接口。

（3）风管支、吊或托架的安装要求如下：

1）风管支、吊架的间距，如设计无要求，应符合下列规定：

① 水平安装的风管，长边尺寸小于 400mm，支、吊架间距不应大于 3m；长边尺寸大于或等于 400mm 时，支、吊架间距不应大于 2m。

② 垂直安装的风管，支架间距不应大于 3m，但每根立管的固定件不应少于 2 个。

③ 室外风管支吊架的间距应符合高度要求。

2）悬吊的风管与部件在适当的部位应设置防止摆动的固定点，安装在托架上的圆形风管宜设置托架座。矩形保温风管的支、吊或托架宜设置在保温层外部，不得损坏保温层。

3）风管吊杆不得直接固定在法兰上。吊架的吊杆应平直，螺纹应完整、光洁。吊杆拼接可采用螺纹连接或焊接。螺纹连接任一端的连接螺纹均应长于吊杆直径，并有防松动措施；焊接拼接宜采用搭接。

4）支、吊架上的螺孔应采用机械加工，不得用气割开孔。

5）矩形风管抱紧支架应紧贴风管，折角应平直，连接处应留有螺栓收紧的距离。

6）与复合玻纤风管相关的钢制构件如法兰、加固拉杆，支、吊托架等应作防腐处理。

7）风管的支管或支立管重量不得由干管承受，而应单独设置支、吊架。

（4）风管支架安装示意图，如图 5-22 和图 5-23 所示。

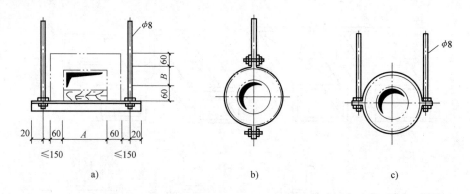

图 5-22 风管的支架及其安装方法
a) 矩形风管吊架 b) 圆形风管的单杆吊架 c) 圆形风管的双杆吊架

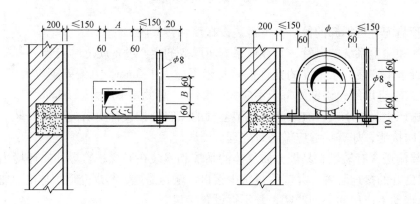

图 5-23 风管托、吊混合型支架安装示意图

5.2 空调工程

空调即空气调节（air conditioner），就是通过一定的技术手段，在某一特定空间内，对空气的温度、湿度、洁净度及空气流动速度等参数进行调节和控制，以满足人体舒适或工艺要求的过程。舒适空调一般指夏季室内温度为 24~28℃，相对湿度 40%~65%，空气平均流速小于 0.3m/s；冬季室内温度为 18~22℃，相对湿度 40%~60%，空气平均流速小于 0.2m/s。洁净度是指在保证房间空气的温湿度符合要求的同时，对房间空气的压力、噪声、尘粒大小、数量也有严格要求。

5.2.1 空调系统的分类

按空气处理设备的设置情况分类：

(1) 集中式空调：将空气处理设备及其冷热源集中在专用机房内，经处理后的空气用风道分别送往各个空调房间，如图 5-24 所示，这样的空调系统称为集中式空调系统。这是一种出现最早、迄今仍然广泛应用的最基本的系统形式。

(2) 分散式空调：将空气处理设备、冷热源设备和风机紧凑地组合成为一个整体空调

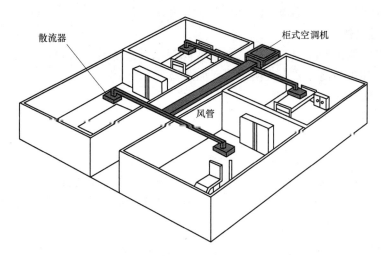

图 5-24　集中式空调系统

机组,可将它直接装设于空调房间,或者装设于邻室,借较短的风道将它与空调房间联系在一起,这种空调方式称为全分散式或局部式空调方式,例如窗式空调器、分体式空调器。

(3) 半集中式空调:既有对新风的集中处理与输配,又能借设在空调房间的末端装置(如风机盘管)对室内循环空气作局部处理,兼具前两种系统特点的系统称为半集中式系统,如图 5-25 所示。风机盘管加新风空调系统是目前应用最广、最具生命力的系统形式。

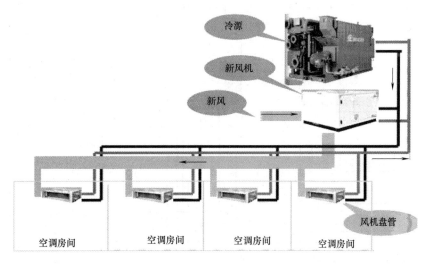

图 5-25　半集中式空气调节系统

对集中式、半集中式空气调节系统,一般统称为中央空调系统。

5.2.2　中央空调的组成

中央空调系统一般由以下几部分组成,如图 5-26 所示。

1. 被空调的对象

是指各类建筑物中不同功能和作用的房间和空间以及人(群),例如:商场、客房、娱乐场所、餐厅、候机楼、写字楼、医院和手术室等。

2. 空气处理设备

是指完成对空气进行降温、加温、加湿或除湿以及过滤等处理过程（系统）所采用相应设备的组合，如过滤器、表面式换热器、加湿器等。

3. 空气输送设备和分配设备

由通风管、各类送风口、风阀和通风机等组成。

4. 冷（热）源设备

提供需要的冷（热）水源，经过热交换器向空调房间提供冷（热）风。如冷源设备有螺杆式冷水机组、离心式冷水机组、活塞式冷水机组和直燃型溴化锂吸收式冷水机组。热源以城市热电厂和集中锅炉房产生的热水或蒸汽为主，燃料主要是煤、石油、天然气、城市煤气、电等。

5. 控制系统

根据应调节的参数，如室内温度和湿度的实值与室内空调基数的给定值相比较，控制各参数的偏差在空调精度范围之内的装置。调节方式分为人工和自动，控制手段包括敏感元件（如温度、湿度）、调节器、执行机构和调节机构等。

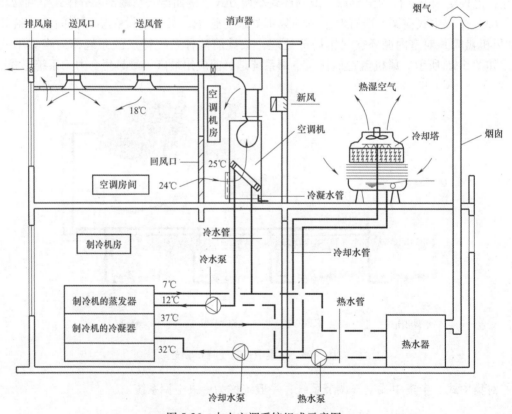

图 5-26 中央空调系统组成示意图

5.2.3 制冷主机

空气调节工程使用的冷源有天然冷源和人工冷源两种。

天然冷源是指深井水、山涧水、温度较低的河水和冬季储存的天然冰。这种方法一般不能获得0℃以下的温度，而且天然冷源受时间、地区、气候条件的限制，不能满足现代空调工程的要求。

人工冷源是指采用制冷设备制取冷量，人工制冷的设备叫制冷机。

1. 制冷机的分类

（1）压缩式制冷机：依靠压缩机的作用提高制冷剂的压力以实现制冷循环，按制冷剂种类又可分为：

1）蒸汽压缩式制冷机：以液压蒸发制冷为基础，制冷剂要发生周期性的气-液相变。

2）气体压缩式制冷机：以高压气体膨胀制冷为基础，制冷剂始终处于气体状态。

（2）吸收式制冷机：依靠吸收器-发生器组（热化学压缩器）的作用完成制冷循环，又可分为氨水吸收式、溴化锂吸收式和吸收扩散式3种。

（3）蒸汽喷射式制冷机：依靠蒸汽喷射器（喷射式压缩器）的作用完成制冷循环。

（4）半导体制冷器：利用半导体的热-电效应制取冷量。

现代制冷机以蒸汽压缩式制冷机和吸收式制冷机应用最广。

2. 制冷机工作过程

（1）蒸汽压缩式制冷机的工作过程：制冷剂在制冷系统中经历蒸发、压缩、冷凝和节流四个过程，如图5-27所示。

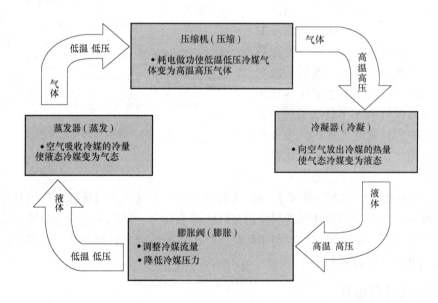

图5-27　压缩式制冷机工作过程

蒸发过程：节流降压后的制冷剂液体（混有饱和蒸汽）进入蒸发器，从周围介质吸热蒸发成气体，实现制冷。在蒸发过程中，制冷剂的温度和压力保持不变。从蒸发器出来的制冷剂已成为干饱和蒸汽或稍有过热度的过热蒸汽。物质由液态变成气态时要吸热，这就是制冷系统中使用蒸发器吸热制冷的原因。

压缩过程：压缩机是制冷系统的心脏，在压缩机完成对蒸汽的吸入和压缩过程，把从蒸发器出来的低温低压制冷剂蒸汽压缩成高温高压的过热蒸汽。压缩蒸汽时，压缩机要消耗一定的外能即压缩功（电能）。

冷凝过程：从压缩机排出来的高温高压蒸汽进入冷凝器后同冷却剂进行热交换，使过热蒸汽逐渐变成饱和蒸汽，进而变成饱和液体或过冷液体。冷凝过程中制冷剂的压力保持不变。物质由气态变为液态时要放出热量，这就是制冷系统要使冷凝器散热的道理。冷凝器的散热常采用风冷或水冷的形式。

节流过程：从冷凝器出来的高压制冷剂液体通过减压元件（膨胀阀或毛细管）被节流降压，变为低压液体，然后再进入蒸发器重复上述的蒸发过程。

上述四个过程依次不断循环，从而达到制冷的目的。

（2）吸收式制冷机工作过程：溴化锂吸收式制冷机是利用溴化锂水溶液在常温下（特别是在温度较低时）吸收水蒸气的能力很强，而在高温下又能将所吸收的水分释放出来的特性，以及利用制冷剂水在低压下汽化时要吸收周围介质的热量的特性来实现制冷的目的。溴化锂吸收式制冷机是由发生器、冷凝器、蒸发器、吸收器等主要设备组成的管壳式换热器的组合体，其工作原理如图5-28所示。

从发生器出来的高温高压的气态水在冷凝器中放热后凝结为高温高压的液态水，经节流阀降温降压后进入蒸发器。在蒸发器中，低温低压的液态水吸收冷冻水的热量后气化成蒸汽，蒸汽返回吸收器中。在吸收器，从蒸发器来的低温低压的蒸汽被发生器来的浓度较高的液态溴化锂水溶液吸收，通过溶液泵加压后送入发生器。在发生器中溴化锂水溶液用外界提供的工作蒸汽加热，升温升压，其中沸点低的水吸热后变成高温高压的水蒸气，与沸点高的溴化锂溶液分离，重新进入冷凝器，完成了一次循环过程。

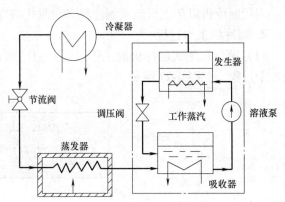

图 5-28 吸收式制冷机原理图

目前，溴化锂吸收式制冷机有直燃式和蒸汽式两种，直燃式溴化锂制冷机又分为燃油型和燃气型两种。由于溴化锂吸收式制冷机是以热源为动力，辅以少量电能驱动溶液泵，这种制冷设备具有节能省电的优点，可利用低品位热源作原始动力提供制冷，特别适用于有余热或废热时或电力缺乏的场所。

5.2.4 空气处理设备

空气处理设备是调节室内空气温度、湿度和洁净度的设备，俗称末端设备。

空气处理设备的种类有满足热湿处理要求用的空气加热器、空气冷却器、空气加湿器，净化空气用的空气过滤器，调节新风、回风用的混风箱以及降低通风机噪声用的消声器。常见设备有风机盘管；组合式空调机组和新风机组；通风空调风口；消声器；风系统阀门；空气过滤器；加湿器、空气幕；变风量末端装置等。

1. 风机盘管

风机盘管是中央空调理想的末端产品，风机盘管广泛应用于宾馆、办公楼、医院、商住、科研机构。

(1) 风机盘管机组的构成:风机盘管主要由低噪声风机、盘管等组成,如图 5-29 所示。风机将室内空气或室外混合空气通过表冷器进行冷却或加热后送入室内,使室内气温降低或升高,以满足人们的舒适性要求。盘管内的冷(热)媒水由机房集中供给。

风机盘管的风量在 250~2500m³/h 范围内。

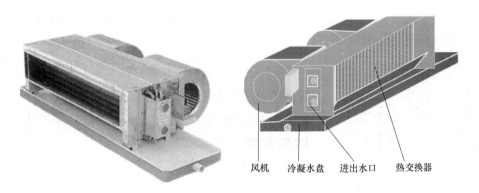

图 5-29 风机盘管

(2) 风机盘管的工作原理:风机盘管的工作原理是机组内不断再循环所在房间的空气,使空气通过冷水(热水)盘管后被冷却(加热),以保持房间温度的恒定。

2. 组合式空调器

由各种空气处理功能段组装而成的不带冷、热源的一种空气处理设备,这种机组应能用于风管阻力大于或等于 100Pa 的空调系统,如图 5-30 所示。风量范围为 2000~160000m³/h。机组功能段可包括空气混合、均流、粗效过滤、中效过滤、高中效或亚高效过滤、冷却、加热、加湿、送风机、回风机、中间、喷水、消声等。

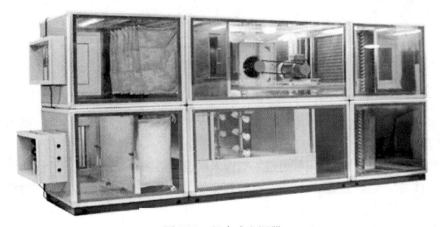

图 5-30 组合式空调器

组合式空调器的表冷段和风机段必不可少,除此以外还需考虑配置下列功能段:
若有新风的要求:配置空气混合段、均流段。
若有过滤的要求:配置粗效过滤段、中效过滤段、高效过滤段。

若冬季供暖：配置加热段（蒸汽加热或热水加热）。
若有加湿要求：配置加湿段（蒸汽加湿、喷雾加湿）。
若有降噪声要求：配置消声段。
考虑到运行和检修方便、气流均匀等因素，应适当设置中间段。

3. 风口

风口有单层百叶、双层百叶、散流器、自垂百叶、防雨百叶、条形风口、球形风口、旋流风口等，百叶风口又分活动百叶和固定百叶；还有带过滤风口、带调节阀风口、带风机风口。常用风口如图 5-31 所示。

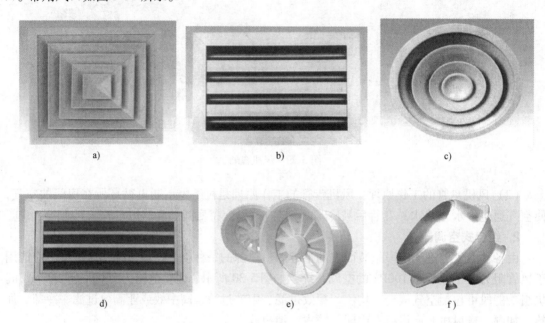

图 5-31 常用风口
a) 四面出风散流器 b) 条形散流器 c) 圆形散流器
d) 侧壁格栅式风口 e) 旋流风口 f) 球形风口

5.2.5 空调水系统

空调水系统按其功能分为冷冻水系统、冷却水系统和冷凝水排放系统，如图 5-32 所示。

1. 空调冷冻水系统

空调冷冻机制取的冷冻水用管道送入空调末端设备的表冷器或风机盘管或诱导器等设备内，与被处理的空气进行热湿交换后，再回到冷源，输送冷冻水的管路系统称为空调冷冻水系统。

（1）空调冷冻水系统的形式。

1）按水压特性可分为以下形式：

① 开式循环系统：它的末端管路是与大气相通的，冷媒回水集中进入建筑物的回水箱或蓄冷水池内，再由循环泵将回水送入冷水机组的蒸发器内，经重新冷却后再输送至整个系统，如图 5-33 所示。

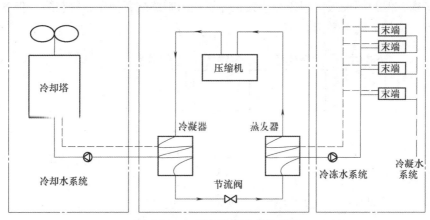

图 5-32　空调水系统组成示意图

② 闭式循环系统：是指管路不与大气接触，在系统最高点设膨胀水箱，并设有排气和泄水装置的系统。当空调系统采用风机盘管、新风机或空调柜机冷却时，冷水系统宜采用闭式系统，如图 5-34 所示。

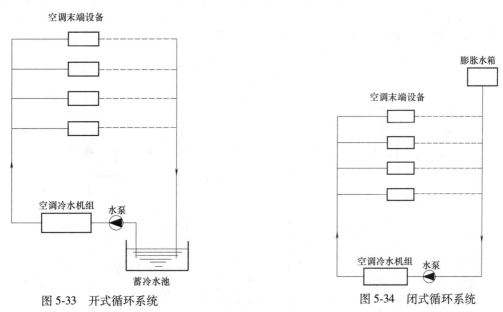

图 5-33　开式循环系统　　　　　　　　图 5-34　闭式循环系统

与闭式循环系统相比，开式系统所用的循环泵的扬程高，除了克服环路阻力外，还要提供几何提升高度和末端的资用压头，循环水易受污染，管路和设备易受腐蚀且容易产生水击等，一般用得不多。

2）按空调水系统管路流程可分为：

① 同程式系统：供、回水干管中的水流方向相同（顺流），经过每一环路的管路总长度相等。

② 异程式系统：供、回水干管中的水流方向相反（逆流），经过每一环路的管路总长度不相等。

图 5-35 是同程式与异程式示意图。同程式的各并联环路管长相等，阻力大致相同，流

量分配较平衡,但初期投入费用相对较大;异程式的管路配置简单,管材省,但各并联环路管长不相等,流量分配不平衡。

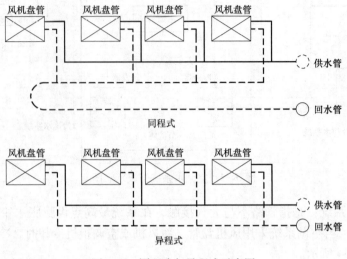

图 5-35 同程式与异程式示意图

(2) 空调冷冻水系统组成如图 5-36 所示。

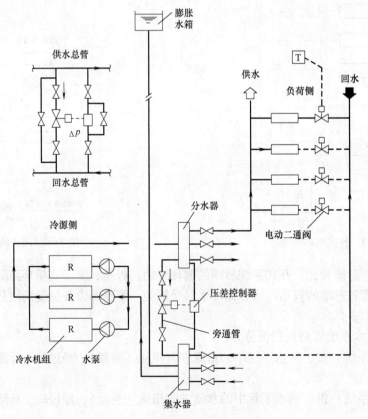

图 5-36 空调冷冻水系统组成示意图

1) 冷冻水循环水泵：通常空调水系统所用的循环泵均为离心式水泵。按水泵的安装形式来分，有卧式泵和立式泵；按水泵的构造来分，有单吸泵和双吸泵。

2) 集水器和分水器：在空调水系统中，为有利于各空调分区流量分配和调节灵活方便，常常在供、回水干管上设置分水器和集水器，再从分水器和集水器分别连接各空调分区的供水管和回水管，这样在一定程度上也起到均压的作用，如图 5-37 所示。

3) 膨胀水箱：膨胀水箱在空调冷冻水系统中起着容纳膨胀水量、排除系统中的空气、为系统补充水量及定压的作用。膨胀水箱的安装高度应至少高出系统最高点 0.5m，安装水箱时，下部应做支座，支座长度应超出底 100~200mm，其高度应大于 300mm。膨胀水箱的组成如图 5-38 所示。

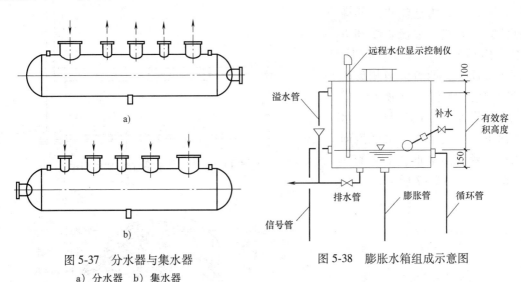

图 5-37　分水器与集水器
a) 分水器　b) 集水器

图 5-38　膨胀水箱组成示意图

4) 除污器：在空调水系统中，结垢、腐蚀和微生物繁殖一直是危害系统的三大主要因素。水垢的产生会使设备的换热效率下降、能源消耗增大，氧化和腐蚀会严重影响管道和设备的使用寿命。除污器包括过滤器和电子水处理仪，如图 5-39 所示。

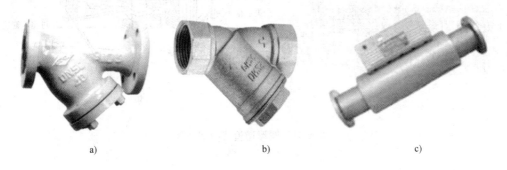

图 5-39　除污器
a) Y 形过滤器（法兰连接）　b) Y 形过滤器（螺纹连接）　c) 电子水处理仪

2. 空调冷却水系统

当冷水机组或独立式空调机采用水冷式冷凝器时，应设置冷却水系统，它是用水管将制冷机冷凝器和冷却塔、冷却水泵等串联组成的循环水系统。冷却水系统由冷却水管、冷却塔、冷却水循环水泵和除污器等组成，如图5-40所示。

冷却塔的作用是将挟带废热的冷却水在塔内与空气进行热交换，将废热传输给空气并散入大气。根据水与空气相对流动状况不同，冷却塔分为逆流式冷却塔和横流式冷却塔。逆流式冷却塔是在塔内填料中，水自上而下，空气自下而上，两者流向相反的一种冷却塔，如图5-41所示。横流式冷却塔是在塔内填料中，水自上而下，空气自塔外水平流向塔内，两者流向呈垂直正交的一种冷却塔，如图5-42所示。

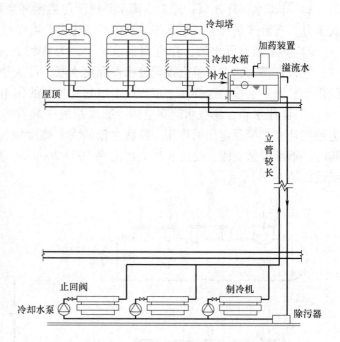

图5-40 空调冷却水系统组成示意图

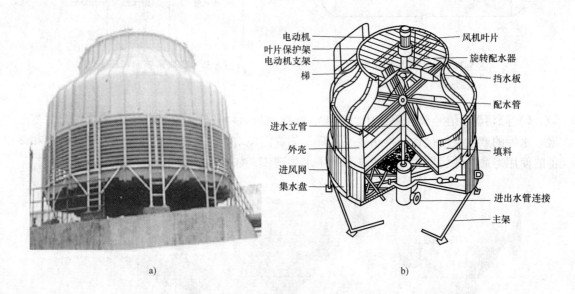

图5-41 圆形逆流式冷却塔
a) 外形　b) 构造

3. 空调冷凝水系统

空调器表冷器表面温度通常低于空气的露点温度，因而表面会结露，需要用水管将空调器底部的接水盘与下水管或地沟连接，以及时排放冷凝水。这些排放空调器冷凝水的管路称为冷凝水排放系统。

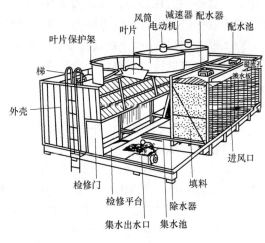

图 5-42 方形横流式冷却塔
a）外形 b）构造

4．空调水控制阀

（1）关断阀：闸阀、球阀、截止阀、蝶阀。

（2）自动排气阀：作用是将水循环中的空气自动排出。它是空调系统中不可缺少的阀类。一般安装在闭式水路系统的最高点和局部最高点。

（3）浮球阀：起到自动补水和恒定水压的作用。一般用于膨胀水箱和冷却塔处。

（4）止回阀（单向阀或逆止阀）：主要用于阻止介质倒流，安装在水泵的出水管上。

（5）压差控制器：压差旁通的作用主要在于维持冷冻水/热水系统能够在末端负荷较低的情况下，保证冷冻机/热交换器等设备的正常运转。

（6）稳压阀：起到有效地降低阀后管路和设备的承压，从而替代水系统的竖向分区。

5．空调水系统安装

（1）工艺流程：安装准备→预留、预埋→套管安装→支吊架制作安装→管道安装→设备安装→水压试验→防腐保温→调试。

（2）管道安装技术要求

1）镀锌钢管应采用螺纹连接。当管径大于 DN100 时，可采卡箍式、法兰或焊接连接，但应对焊缝及热影响区的表面进行防腐处理。

2）金属管道的焊接应符合下列规定：

① 管道焊接材料的品种、规格、性能应符合设计要求。

② 管道的固定焊口应远离设备，且不宜与设备接口中心线相重合。管道对接焊缝与支、吊架的距离应大于 50mm。

3）螺纹连接的管道，螺纹应清洁、规整，断扣螺纹或缺扣螺纹不大于螺纹全扣数的10%；连接牢固；接口处根部外露螺纹为 2~3 扣，无外露填料；镀锌管道的镀锌层应注意保护，对局部的破损处，应做防腐处理。

4）法兰连接的管道，法兰面应与管道中心线垂直，并同心。法兰对接应平行，其偏差不应大于其外径的 0.15%，且不得大于 2mm；连接螺栓长度应一致、螺母在同侧，均匀拧紧。螺栓紧固后不应低于螺母平面。法兰的衬垫规格、品种与厚度应符合设计的要求。

5）固定在建筑结构上的管道支、吊架不得影响结构的安全。管道穿越墙体或楼板处应设钢制套管，管道接口不得置于套管内，钢制套管应与墙壁体饰面或楼板底部平齐，上部应高出楼层地面 20~50mm，并不得将管套作为管道支撑。保温管道与管四周间隙应使用不燃绝热材料填紧密。

6）管道系统安装完毕，外观检查合格后，应按设计要求进行水压试验。当设计无规定时，应符合下列规定：

① 冷热水、冷却水系统的试验压力，当工作压力小于或等于 1.0MPa 时，为 1.5 倍工作压力，但最低不小于 0.6MPa；当工作压力大于 1.0MPa 时，为工作压力加 0.5MPa。

② 对于大型或高层建筑垂直位差较大的冷（热）媒水、冷却水管道系统宜采用分区、分层试压和系统试压相结合的方法。

7）凝结水系统采用充水试验，应以不渗漏为合格。

8）冷热水及冷却水系统应在系统冲洗、排污合格（目测：以排出口的水色和透明度与入水口对比相近，无可见杂物）后，再循环试运行 2h 以上，且水质正常后才能与制冷机组、空调设备相贯通。

9）金属管道的支、吊架的形式、位置、间距、标高应符合设计或有关技术标准的要求。设计无规定时，应符合下列规定：

① 支、吊架的安装应平整牢固，与管道接触紧密。管道与设备连接处，应设独立支、吊架。

② 冷（热）媒水、冷却水系统管道机房内总、干管的支、吊架应采用承重防晃管架；与设备连接的管道管架宜有减振措施。当水平支管的管架采用单杆吊架时，应在管道起始点、阀门、三通、弯头及长度每隔 15m 设置承重防晃支、吊架。

③ 无热位移的管道吊架，其吊杆应垂直安装；有热位移的，其吊杆应向热膨胀（或冷收缩）的反方向偏移安装，偏移量按计算确定。

④ 滑动支架的滑动面应清洁、平整，其安装位置应从支承面中心向位移反方向偏移 1/2 位移值或符合设计文件规定。

⑤ 竖井内的立管，每隔 2~3 层应设导向支架。在建筑结构负重允许的情况下，水平安装管道支、吊架的间距应符合表 5-2 的规定。

表 5-2 钢管道支、吊架的最大间距

公称直径/mm		15	20	25	32	40	50	70	80	100	125	150	200	250	300
支架的最大间距/m	L_1	1.5	2.0	2.5	2.5	3.0	3.5	4.0	5.0	5.0	5.5	6.5	7.5	8.5	9.5
	L_2	2.5	3.0	3.5	4.0	4.5	5.0	6.0	6.5	6.5	7.5	7.5	9.0	9.5	10.5
		对大于 300mm 的管道可参考 300mm 的管道													

注：1. 适用于工作压力不大于 2.0MPa，不保温或保温材料堆密度不大于 200kg/m³ 的管道系统。
2. L_1 用于保温管道，L_2 用于不保温管道。

5.2.6 空调房间的气流组织

空调房间的气流组织（又称为空气分布），是指合理地布置送风口和回风口，使得工作区（也称为空调区）内形成比较均匀而稳定的温湿度、气流速度和洁净度，以满足生产工艺和人体舒适的要求。

目前空调房间的气流分布有两大类：顶（上）部送风系统、下部送风系统。

1. 顶部送风系统

顶（上）部送风系统，又称传统的顶部混合系统。它是将调节好的空气通常以高于室内人员舒适所能接受的速度从房间上部（顶棚或侧墙高处）送出。顶部送风系统中，按照所采用送风口的类型和布置方式的不同，空调房间的送风方式主要有以下几种：

（1）侧向送风：侧向送风是空调房间中最常用的一种气流组织方式，它具有结构简单、布置方便和节省投资等优点，适用室温允许波动范围大于或等于±0.5℃的空调房间。一般以贴附射流形式出现，工作区通常是回流区。

（2）散流器送风：散流器是设置在顶棚上的一种送风口，它具有诱导室内空气，并使之与送风射流迅速混合的特性。散流器送风可以分为平送和下送两种。

（3）孔板送风：孔板送风是利用顶棚上面的空间作为稳压层，空气由送风管进入稳压层后，在静压作用下，通过顶棚上的大量小孔均匀地进入房间。

（4）喷口送风：喷口送风是依靠喷口吹出的高速射流实现送风的方式。常用于大型体育馆、礼堂、通用大厅以及高大厂房中。

（5）条缝型送风：条缝送风属于扁平射流，与喷口送风相比，射程较短，温差和速度衰减较快。它适用于工作区允许风速 0.25~1.5m/s，温度波动范围为±(1~2)℃的场所。

2. 下部送风系统

（1）置换通风：置换通风属于下送风的一种，气流从位于侧墙下部的置换风口水平低速送入室内，在浮升力的作用下至工作区，吸收人员和设备负荷形成热羽流。

（2）工位送风：工位送风是一种集区域通风、设备通风和人员自调节为一体的个性化送风方式。由于现代办公建筑多采用统间式设计，个人对周围空气的冷热需求差异较大，更适宜安装工位送风。

（3）地板送风：地板送风是将处理后的空气经过地板下的静压箱，由送风散流器送入室内，与室内空气混合。其特点是洁净空气由下向上经过人员活动区，消除余热余湿，从房间顶部的排风口排出。

3. 回风

回风口处的气流速度衰减很快，对气流流型影响很小，对区域温差影响亦小。因此，除了高大空间或面积大而又有较高区域温差要求的空调房间外，一般可在房间一侧集中布置回风口。对于侧送方式，回风口一般设在送风口同侧下方；采用孔板和散流器送风形式，回风口也应设在下侧。高大厂房上部有一定余热量时，宜在上部增设排风口或回风口将余热量排除，以减少空调区的热量。

5.3 通风空调工程施工图的识读

5.3.1 通风空调工程施工图的组成

举一反三，
触类旁通

通风空调工程施工图由图文与图样两部分组成。图文部分包括图样目录、设计施工说明、设备材料明细表。图样部分包括通风空调系统平面图、剖面图、系统图(轴测图)、原理图、详图等。

1. 设计施工说明

设计施工说明主要包括通风空调系统的建筑概况;系统采用的设计气象参数;房间的设计条件(冬季、夏季空调房间的空气温度、相对湿度、平均风速、新风量、噪声等级、含尘量等);系统的划分与组成(系统编号、服务区域、空调方式等);要求自控时的设计运行工况;风管系统和水管系统的一般规定,风管材料及加工方法,管材、支吊架及阀门安装要求,保温、减振做法,水管系统的试压和清洗等;设备的安装要求、防腐要求;系统调试和试运行方法、步骤;应遵守的施工规范等。

2. 通风空调系统平面图

通风空调系统平面图包括建筑物各层面通风空调系统的平面图、空调机房平面图、制冷机房平面图等。

(1) 系统平面图:主要说明通风空调系统的设备、风管系统、冷热媒管道、凝结水管道的平面布置。

1) 风管系统包括风管系统的构成、布置及风管上各部件、设备的位置,并注明系统编号、送回风口的空气流向,一般用双线绘制。

2) 水管系统包括冷、热水管道、凝结水管道的构成、布置及水管上各部件、仪表、设备位置等,并注明各管道的介质流向、坡度,一般用单线绘制。

3) 空气处理设备包括各处理设备的轮廓和位置。

4) 尺寸标注包括各管道、设备、部件的尺寸大小,定位尺寸以及设备基础的主要尺寸,还有各设备、部件的名称、型号、规格等。

除上述之外,还应标明图样中应用到的通用图、标准图索引号。

(2) 通风空调机房平面图一般应包括空气处理设备、风管系统、水管系统、尺寸标注等内容。

1) 空气处理设备应注明按产品样本要求或标准图集所采用的空调器组合段代号,空调箱内风机、表面式换热器、加湿器等设备的型号、数量以及该设备的定位尺寸。

2) 风管系统包括与空调箱连接的送、回风管、新风管的位置及尺寸,用双线绘制。

3) 水管系统包括与空调箱连接的冷、热媒管道,凝结水管道的情况,用单线绘制。

3. 通风空调系统剖面图

剖面图与平面图对应,因此,剖面图主要有系统剖面图、机房剖面图、冷冻机房剖面图等,剖面图上的内容应与在平面图剖切位置上的内容对应一致,并标注设备、管道及配件的标高。

4. 通风空调系统图

通风空调系统图应包括系统中设备、配件的型号、尺寸、定位尺寸、数量以及连接于各设备之间的管道在空间的曲折、交叉、走向和尺寸、定位尺寸等,并应注明系统编号。

5. 空调系统的原理图

空调系统的原理图主要包括系统的原理和流程;空调房间的设计参数、冷热源、空气处理及输送方式;控制系统之间的相互连接;系统中的管道、设备、仪表、部件;整个系统控制点与测点之间的联系;控制方案及控制点参数,用图例表示的仪表、控制元件型号等。

5.3.2 通风空调系统施工图

1. 通风空调系统施工图的一般规定

通风空调系统施工图的一般规定应符合《建筑给水排水制图标准》(GB/T 50106—2010)、《暖通空调制图标准》(GB/T 50114—2010)、《供热工程制图标准》(CJJ/T 78—2010)的规定。

2. 比例

通风空调工程施工图的比例，宜选用表 5-3 中所列比例。

表 5-3 通风空调工程施工图常用比例

名 称	比 例
总平面图	1∶500、1∶1000、1∶2000
平面图、大样图等基本图	1∶50、1∶100、1∶150、1∶200
工艺流程图、系统图	无比例

3. 风管规格标注

风管规格对圆形风管用管径"Φ"表示（如 Φ200，表示管径为 200mm）；对矩形风管用断面尺寸"宽×高"表示（如 400×120，表示宽为 400mm，高为 120mm）。

4. 风管标高标注

对于矩形风管，为风管底标高，对于圆形风管，为风管中心标高。

5.3.3 通风空调系统施工图常用图例

通风空调系统施工图常用图例见表 5-4。

表 5-4 通风空调系统施工图常用图例

序号	名 称	图 例	附 注
		风管	
1	通风管	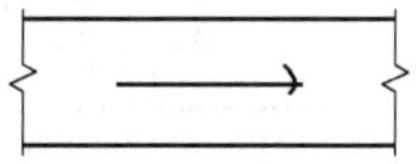	
2	送风管（及弯头）	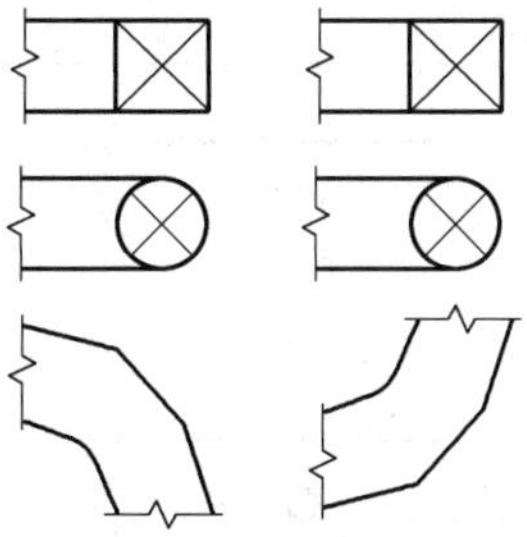	上面为矩形风管 中间为圆形风管 下面为弯头

（续)

序号	名　称	图　例	附　注
3	排风管（及弯头）	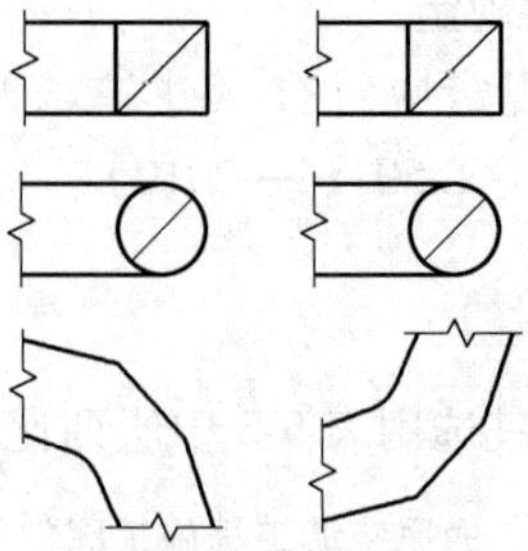	上面为矩形风管 中间为圆形风管 下面为弯头
4	混凝土风道	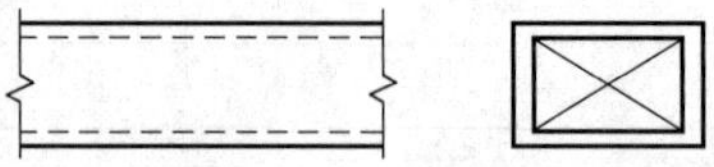	

管料

序号	名　称	图　例	附　注
1	异径管	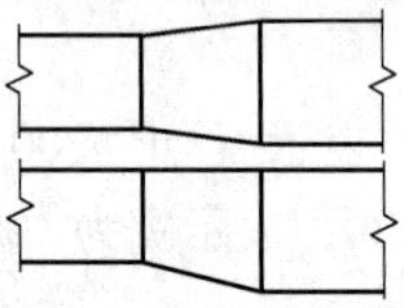	
2	异形管（方圆管）	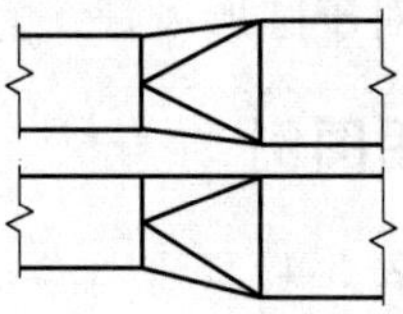	也称天圆地方管，用以连接圆形风机与矩形风管
3	带导流片弯头	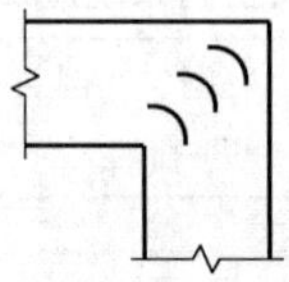	
4	消声弯头	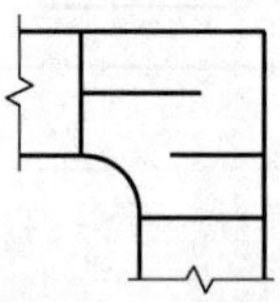	
5	风管检查孔	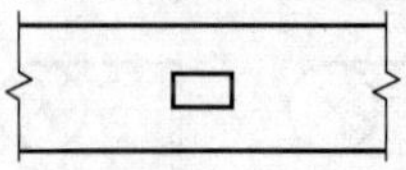	
6	风管测定孔	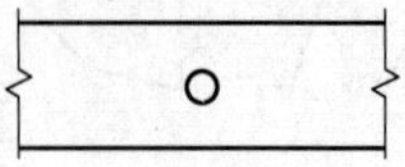	

项目5　通风空调工程

（续）

序号	名　称	图　例	附　注
7	柔性接头	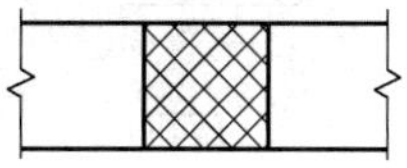	
8	圆形三通(45°)	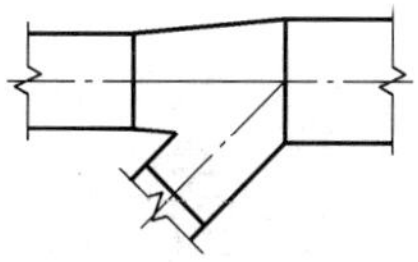	
9	矩形三通	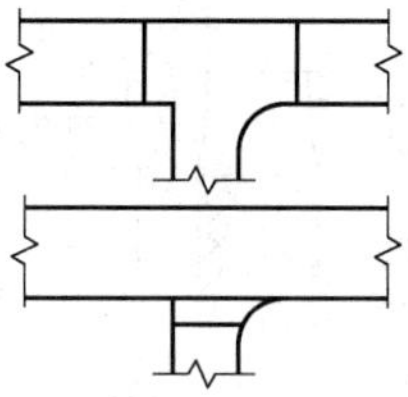	
10	伞形风帽	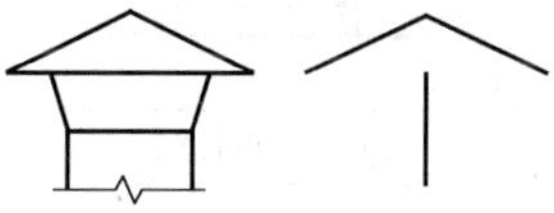	左为平面图,右为系统图
11	筒形风帽	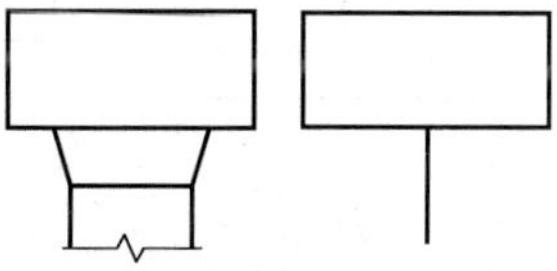	左为平面图,右为系统图
12	锥形风帽	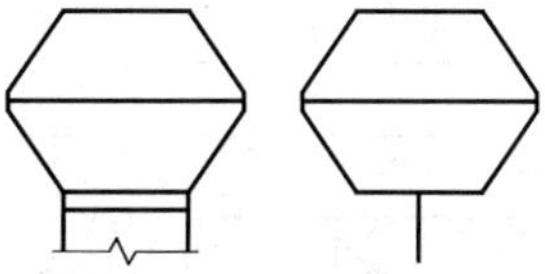	左为平面图,右为系统图
风口			
1	送风口	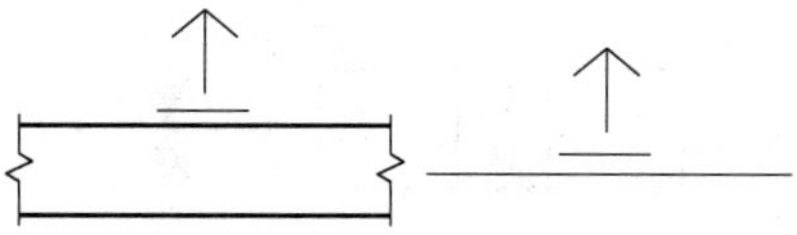	左为平面图,右为系统图
2	排风口	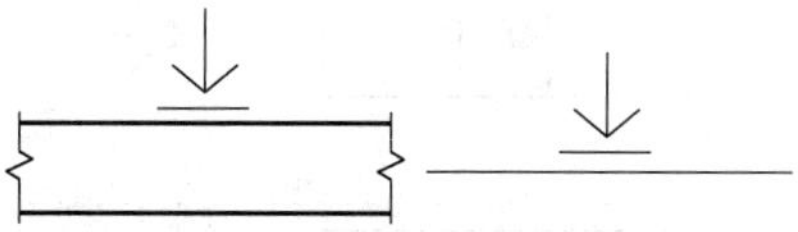	左为平面图,右为系统图

153

（续）

序号	名　称	图　例	附　注
3	方形散流器	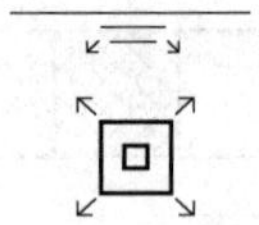	下为平面图，上为系统图
4	圆形散流器	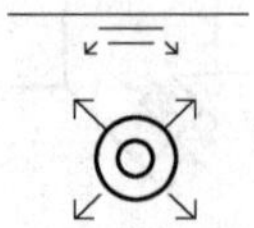	下为平面图，上为系统图
5	单面吸送风口	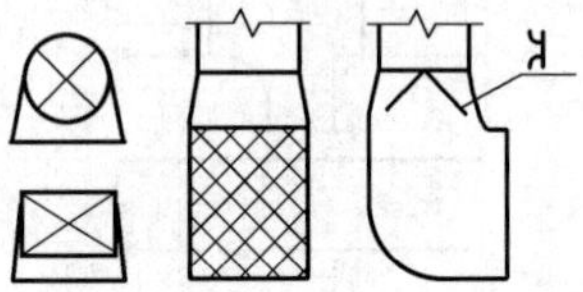	
6	百叶窗	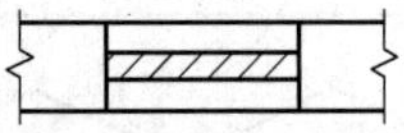	
通风空调阀门			
1	风管插板阀	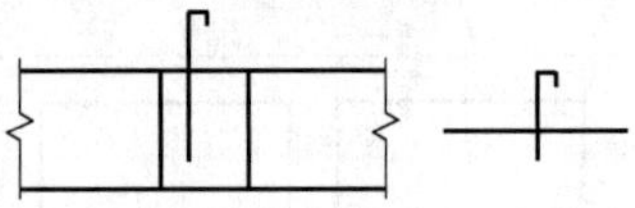	左为平面图，右为系统图
2	风管斜插板阀	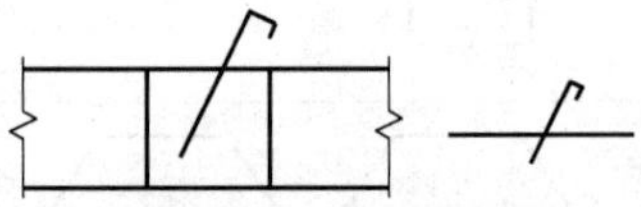	左为平面图，右为系统图
3	风管螺阀	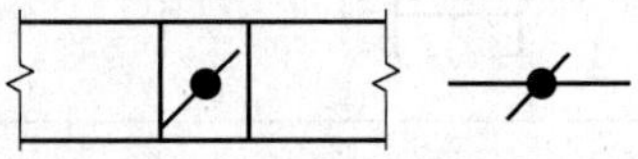	左为平面图，右为系统图
4	对开式多叶调节阀	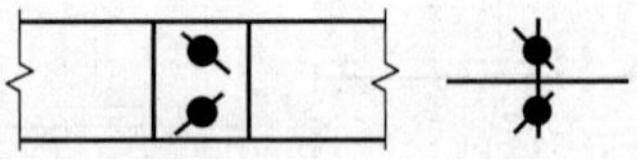	左为平面图，右为系统图
5	风管止回阀	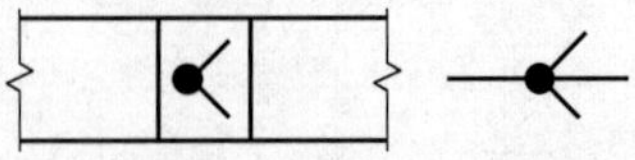	左为平面图，右为系统图
6	风管防火阀	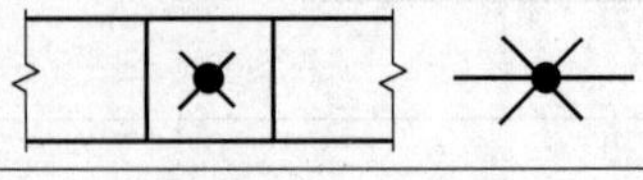	左为平面图，右为系统图

项目5　通风空调工程

（续）

序号	名　称	图　例	附　注
7	风管三通调节阀	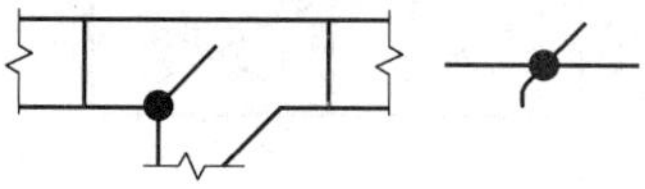	左为平面图，右为系统图
通风空调设备			
1	空气过滤器	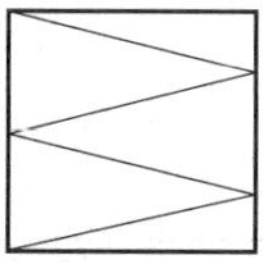	
2	加湿器	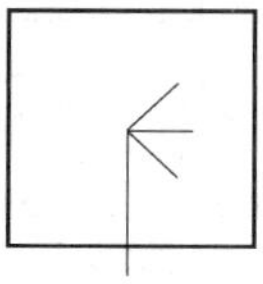	
3	电加热器	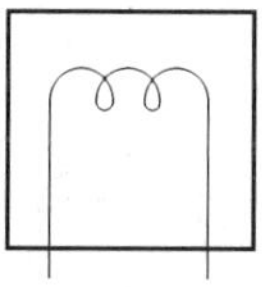	
4	消声器	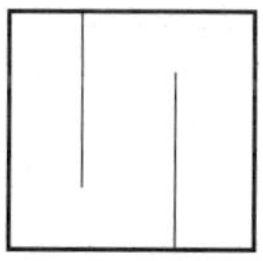	
5	空气加热器	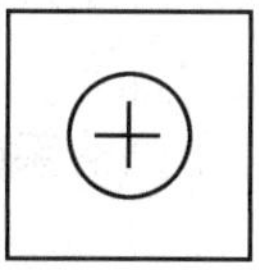	
6	空气冷却器	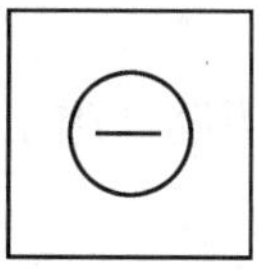	
7	风机盘管	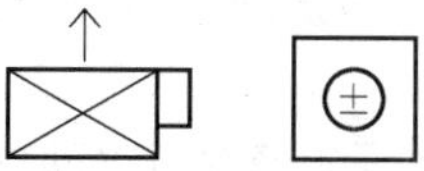	左为平面图，右为系统图
8	管式空调器		

(续)

序号	名称	图例	附注
9	空气幕	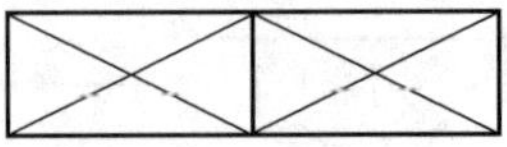	
10	离心风机	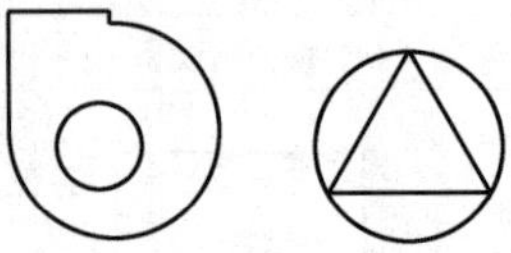	左为平面图,右为系统图
11	轴流风机	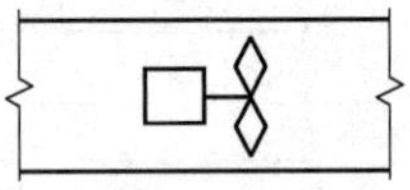	
12	屋顶通风机		
13	压缩机		

5.3.4 通风空调系统施工图的识读

1. 通风空调系统施工图识读方法与步骤

通风空调系统施工图有其自身的特点,其复杂性要比暖卫施工图大,识读时要切实掌握各图例的含义,把握风系统与水系统的独立性和完整性。识读时要搞清系统,摸清环路,系统阅读,其方法与步骤如下:

(1) 认真阅读图样目录:根据图样目录了解该工程图样张数、图样名称、图样编号等概况。

(2) 认真阅读领会设计施工说明:从设计施工说明中了解系统的形式、系统的划分及设备布置等工程概况。

(3) 仔细阅读有代表性的图样:在了解工程概况的基础上,根据图样目录找出反映通风空调系统布置、空调机房布置、冷冻机房布置的平面图,从总平面图开始阅读,然后阅读其他平面图。

(4) 辅助性图样的阅读:平面图不能清楚全面地反映整个系统情况,因此,应根据平面图上提示的辅助图样(如剖面图、详图)进行阅读。

对整个系统情况,可配合系统图阅读。

(5) 其他内容的阅读:在读懂整个系统的前提下,再回头阅读施工说明及设备材料明

地下室通风系统通风机布局三维模型展示

屋面空调布置三维模型展示

项目5　通风空调工程

细表，了解系统的设备安装情况、零部件加工安装详图，从而把握图样的全部内容。

2. 通风空调工程施工图识读实例

现以某办公楼的空调工程施工图为例进行识读，施工图如图5-1~图5-4所示。

（1）工程概况：阅读设计及施工说明可知该工程空调建筑为三层，包括地下室、一层和二层。空调系统采用半集中式，夏季制冷，冬季采暖。空调主机采用风冷式冷水机组，制冷量为369kW，制热量为308kW。冷冻水为闭式循环，立管采用异程式，楼层管道采用同程式。空调风系统采用的是风机盘管加新风机，贵宾室、球会仓库及手推球车库采用侧送后回风，其余房间采用下送后回风的气流组织方式。

（2）施工图解读：识读图样时可先粗看系统图，对给水排水管道的走向建立大致的空间概念，然后将平面图与系统图对照来识读。

1）冷冻水系统：从图5-2和图5-3可知，该空调工程采用两台风冷式冷水机组并联运行，安装在室外的一个平台上，冷水管L1为供水管，L2为回水管。进入每台冷水机组的供回水管道为DN70，系统供回水主管为DN125，在供回水管之间装有一个压差控制器，以便调节供回水的压力差。供回水主管进入地下室后沿梁底敷设，敷设至男更衣卫生间处分出一条支管供应地下室空调末端设备，主管继续向前走至球车坡道处向上引向一层。

继续看图5-3。从主管引出的供应地下室末端设备的支管管径为DN70，管道沿梁底敷设，安装高度为2.75m。由于冷冻水在楼层中采用同程式，供、回水干管中的水流方向相同（顺流），经过每一环路的管路总长度相等，供水管道管径沿水流方向逐渐变小，而回水管沿水流方向逐渐变大。新风机的供回水管管径均为DN40，凝结水管为DN25，风机盘管的供回水管及凝结水管管径为DN20。每台新风机冷冻水供、回水管道上各装DN40的橡胶接头、截止阀一个。每台风机盘管的冷冻水供水管上各装DN20的波纹管接头和截止阀一个，回水管上装有波纹管接头、电动二通阀和截止阀各一个。房间内设温控器和三速开关，以便调节室温。

2）空调风系统：看图5-4。该图为空调风系统平面图，采用的是新风机加风机盘管的空气处理方式。新风通过新风口从室外引入，在新风机内降温处理后通过新风管送入空调房间，进入每个房间的新风支管上安装有一钢制蝶阀，以便调整新风的分配。风机盘管将室内空气处理后通过送风管以及风管上的方形散流器送入房间内，回风从风机盘管的回风箱进入。卫生间内的废气通过排风扇直接排至室外。另外，在风管上还装有消声静压箱和防火阀等。消声静压箱用于消除噪声，防火阀用于发生火灾时切断新风，起隔烟阻火作用。

本项目小结

（1）建筑通风就是把建筑物室内被污染的空气直接或经过净化处理后排至室外，再将新鲜的空气补充进来，使室内空气环境达到卫生标准要求的过程。通风系统可分为自然通风和机械通风，机械通风又可分为全面通风、局部通风和混合通风三种。

（2）通风系统由通风机、通风管道、进排出风口及风阀组成。

（3）空调即空气调节（air conditioner），就是通过一定的技术手段，在某一特定空间内，对空气的温度、湿度、洁净度及空气流动速度等参数进行调节和控制，以满足人体舒适或工艺要求的过程。

(4) 空调系统按空气处理设备的设置情况分类可分为分散式空调、半集中式空调及集中式空调。对集中式、半集中式空气调节系统，一般统称为中央空调系统。

(5) 中央空调系统一般由被空调的对象、空气处理设备、空气输送设备和分配设备、冷（热）源设备及空调控制系统等组成。

(6) 制冷主机主要分为压缩式制冷机、吸收式制冷机、蒸汽喷射式制冷机和半导体制冷器。现代制冷机以蒸汽压缩式制冷机和吸收式制冷机应用最广。

(7) 空气处理设备是调节室内空气温度、湿度和洁净度的设备，俗称末端设备。常用的末端设备有风机盘管、新风机、柜式空调器及组合式空调器等。

(8) 常用的空调风口有单层百叶、双层百叶、散流器、自垂百叶、防雨百叶、条形风口、球形风口、旋流风口等。

(9) 空调水系统按其功能分为冷冻水系统、冷却水系统和冷凝水排放系统。

(10) 空调冷冻水由冷冻水泵、冷冻水管、集水器和分水器、膨胀水箱及除污器等组成。

(11) 空调冷却水系统由冷却水泵、冷却水管、冷却塔和除污器等组成。

(12) 空调水系统安装的工艺流程是：安装准备→预留、预埋→套管安装→支吊架制作安装→管道安装→设备安装→水压试验→防腐保温→调试。

(13) 空调水管安装时管材一般采用镀锌钢管，采用螺纹连接；当管径大于 DN100 时，可采用卡箍式、法兰或焊接连接，但应对焊缝及热影响区的表面进行防腐处理。

(14) 目前空调房间的气流分布有两大类：顶（上）部送风系统、下部送风系统（包括置换通风系统、工位与环境相结合的调节系统和地板下送风系统）。

思考题与习题

1. 什么是空气调节？通常由哪几部分组成？
2. 空气调节系统按处理设备的设置情况可分为哪几种？
3. 空气处理的基本手段有哪些？
4. 什么是空调冷冻水？什么是空调冷却水？各有什么作用？
5. 空调冷冻水系统由哪几部分组成？
6. 空调冷却水系统由哪几部分组成？
7. 简述空调水管道的安装技术要求。
8. 空调房间的气流分布有哪几种类型？

项目 6

建筑变配电工程

 学习目标：

(1) 了解建筑变配电系统的基本组成，电网电压等级和电力负荷等级。
(2) 了解低压配电系统的配电方式、接地形式。
(3) 理解配电线路、电气设备的型号规格与用途。
(4) 掌握建筑变配电设备的安装要求与材料下料。
(5) 能熟读建筑变配电系统施工图。

 学习重点：

(1) 变配电设备、线路的型号规格、安装内容。
(2) 变配电系统施工图。

 学习建议：

(1) 了解建筑变配电系统原理的内容，学习重点放在施工与识图内容。
(2) 如果在学习过程中有疑难问题，可以多查资料，多到施工现场了解材料与设备实物及安装过程，也可以通过施工视频、动画来加深对课程内容的理解。
(3) 多做施工图识读练习，并将图与工程实际联系起来。
(4) 项目后的思考题与习题，应在学习中对应进度逐步练习，通过做练习巩固基本知识。

 相关知识链接：

相关规范、定额、手册、精品课网址、网络资源网址：
(1)《供配电系统设计规范》(GB 50052—2009)。
(2)《20kV 及以下变电所设计规范》(GB 50053—2013)。
(3)《低压配电设计规范》(GB 50054—2011)。
(4)《民用建筑电气设计规范》(JGJ 16—2008)。
(5)《建筑电气工程施工质量验收规范》(GB 50303—2015)。
(6) 图集《干式变压器安装》(99D201—2)。
(7) 图集《应急柴油发电机组安装》(00D272)。
(8) 图集《常用低压配电设备安装》(04D702—1)。
(9) 图集《电缆桥架安装》(04D701—3)。
(10) 图集《电气竖井设备安装》(04D701—1)。
(11) 图集《双电源切换及母线分段控制接线图》(01D302—3)。

(12) 图集《110kV 及以下电缆敷设》（12D101—5）。

1. 工作任务分析

图 6-1~图 6-8 是广西某高层住宅楼建筑变配电系统部分施工图，图中出现大量的图块、符号、数据和线条，它们代表什么含义？它们之间有什么联系？图上的电器是如何安装的？这一系列的问题均要通过本项目内容的学习才能逐一得到解答。

高压开关柜型号	XGN15—12—03	XGN15—12—12	XGN15—12—08
高压开关柜编号	1AH	2AH	3AH
外形尺寸(宽/mm×深/mm×高/mm)	500×960×1600	375×960×1600	500×960×1600
标准二次接线编号			
一次接线图			

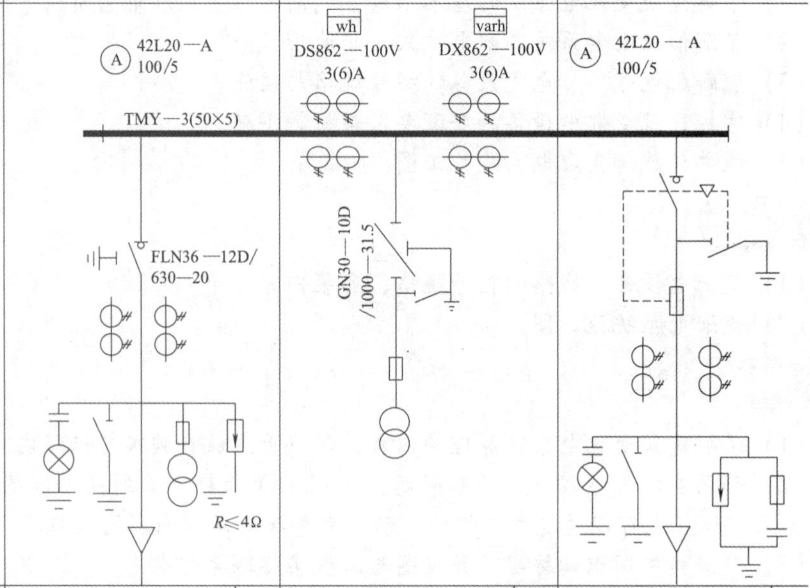

	名称	型号规格	数量	型号规格	数量	型号规格	数量
主要电气元件	负荷开关	FLN36—12D/630—20	1			FLN36—12D/630—20	1
	操作机构	CT19A AC 220V	1			CT19A AC 220V	1
	电流互感器	LZZB19—10 50/5A	2	LZZB19—10 50/5A	4	LZZB19—10 50/5A	2
	电压互感器	JDZ—10 10000/100V 500VA	1	JDZ—10 10000/100V 500VA	1		
	高压主熔断器					SKL.DJ—12 50A	3
	高压熔断器	RN2—10/0.5A	3	RN2—10 10kV/0.5A	3	RN2—10 10kV/0.5A	3
	高压避雷器	HY5WZ—12.7/50	3			HY5WS—12.7/50	3
	过电压吸收器					LG12—0.1/100—3(TH)	1
	电压监视器	GSN—10	1	GSN—10	1	GSN—10	1
	接地开关	JN—10	1	JN—10	1	JN—10	2
开关柜用途		电源进线		计量		馈电	
馈电回路编号						G01	
负荷名称		10kV高压电源引入				干式变压器	
负荷容量(kVA)		400				400	
电缆型号规格		YJV22—10kV—3×95				YJV22—10kV—3×95	
备注		市电10kV引入					

图 6-1 10kV 高压配电系统图

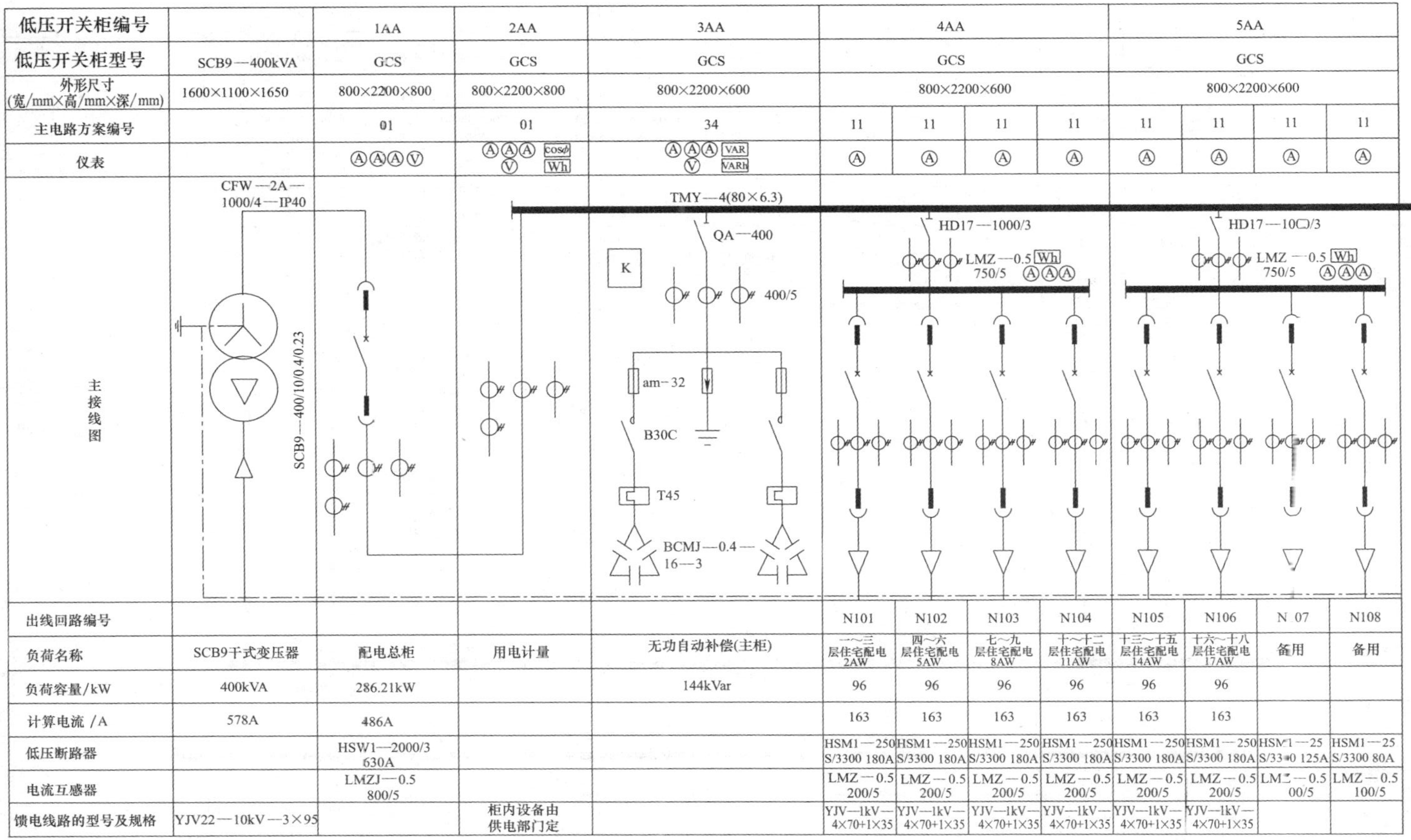

图 6-2 低压配电系统图一

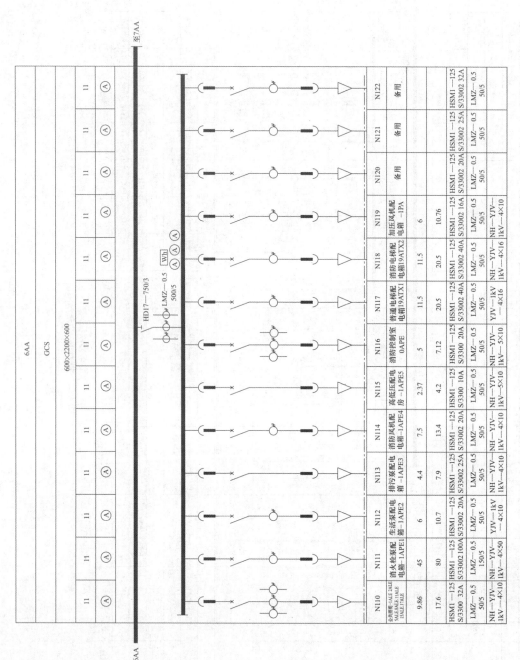

图6-3 低压配电系统图二

项目6 建筑变配电工程

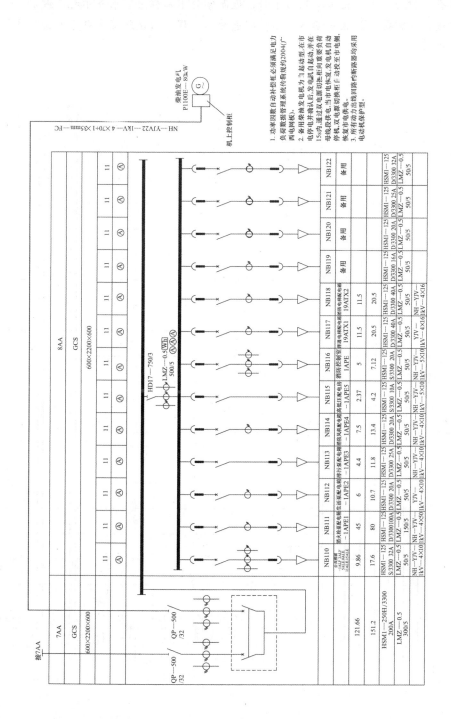

图 6-4 低压配电系统图三

2. 实践操作（步骤/技能/方法/态度）

为了能完成前面提出的工作任务，我们需从解读变配电系统的组成开始，然后到系统的构成方式、设备、材料认识，施工工艺与下料，进而学会用工程语言来表示施工做法，学会施工图读图方法，最重要的是能熟读施工图，熟悉施工过程，为建筑变配电系统施工图的算量与计价打下基础。

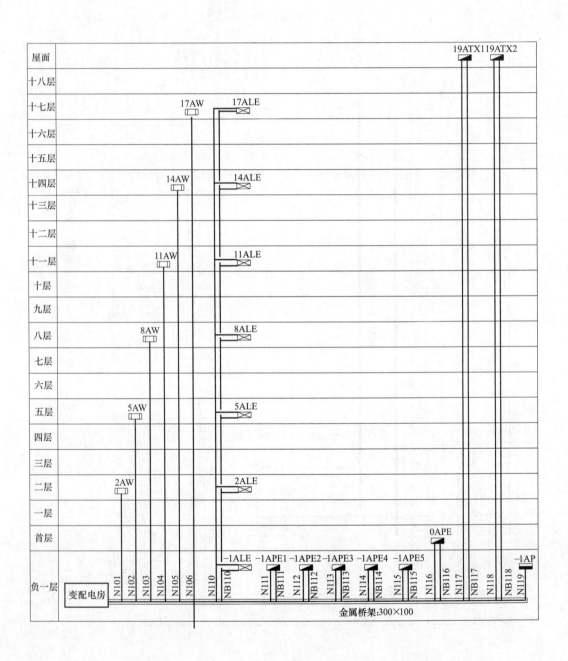

图 6-5　竖向配电干线图

项目6 建筑变配电工程

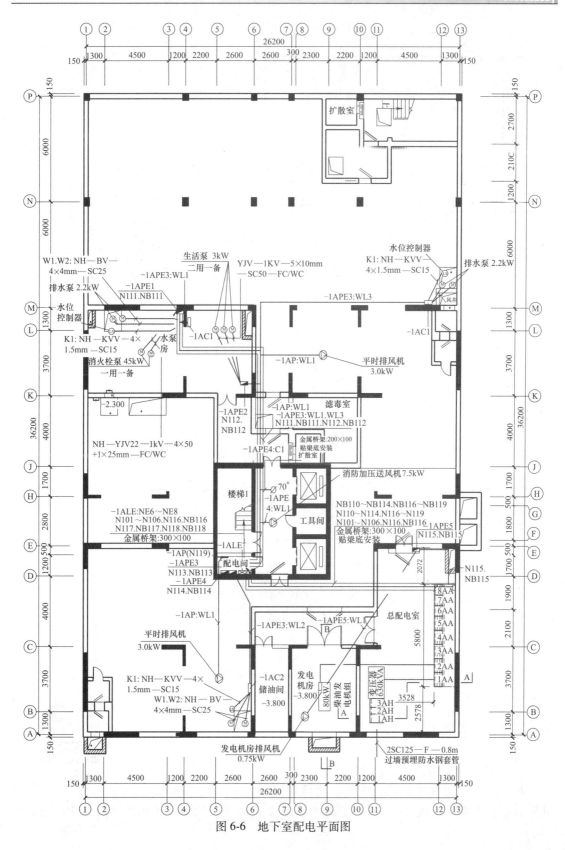

图6-6 地下室配电平面图

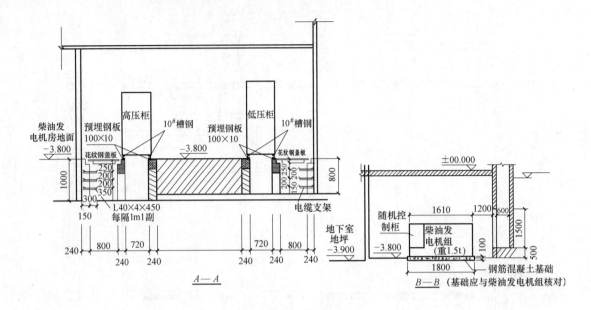

图 6-7 变配电房剖面图

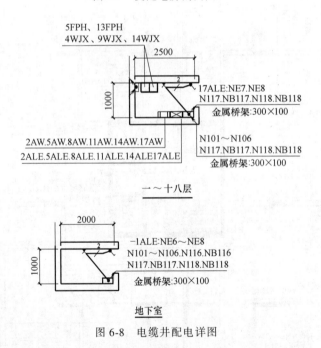

图 6-8 电缆井配电详图

6.1 建筑变配电系统

☞ **构皮滩水电站**

2021年建成的位于贵州省内乌江上的构皮滩水电站,是国家"十五"计划重点工程,这个电站的主要任务是发电,兼顾航运、防洪以及其他综合利用,正

节约用电

常蓄水位达到 630m，地下电站装机容量 5×600MW，保证出力 746.4MW，年平均发电量 96.82 亿 kW·h。2022 年投运的构皮滩水电站通航工程，创造了 6 项世界之最，被业界专家称为"升船机博物馆"。

☞ 昌吉——古泉±1100 千伏特高压直流输电工程

目前世界上电压等级最高、输送容量最大、输送距离最远、技术水平最先进的特高压输电工程。线路起自新疆昌吉，终至安徽古泉，途径新疆、甘肃、宁夏、陕西、河南、安徽 6 省，全长 3324km，送电量将达 600 亿 kW·h。

6.1.1 电力系统及电力负荷

为了提高供电的安全性、可靠性、连续性、运行的经济性，并提高设备的利用率，减少整个地区的总备用电容量，常将发电厂、电力网和电力用户连成一个整体，这样组成的统一整体称为电力系统。典型的电力系统示意图如图 6-9 所示。

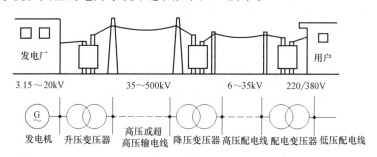

图 6-9　电力系统示意图

1. 发电送变电过程

从图 6-9 可以了解到，输送用户的电能经过了以下几个环节：发电→升压→高压送电→降压→10kV 高压配电→降压→0.4kV 低压配电→用户。

（1）发电厂：发电厂是将一次能源（如水力、火力、风力、原子能等）转换成二次能源（电能）的场所。我国目前主要以火力和水力发电为主，近年来在风能、原子能发电能力上也有很大提高。

（2）电力网：电力网是电力系统的有机组成部分，它包括变电所、配电所及各种电压等级的电力线路。

变电所与配电所是为了实现电能的经济输送和满足用电设备对供电质量的要求而设置的。变电所是接收电能、变换电压和分配电能的场所，可分为升压变电所和降压变电所两大类，配电所没有电压变换能力。

电力线路是输送电能的通道。在相距较远的发电厂与电能用户之间，要用各种不同电压等级的电力线路将发电厂、变电所与电能用户联系起来，使电能输送到用户。一般将发电厂生产的电能直接分配给用户或由降压变电所分配给用户的 10kV 及以下的电力线路称为配电线路，而把电压在 35kV 及以上的电力线路称为送电线路（输电线路）。

（3）电力用户：电力用户也称电力负荷。在电力系统中，所有消耗电能的用电设备均称为电力用户。电力用户按其用途可分为：动力用电设备、工艺用电设备、电热用电设备、照明用电设备等，它们分别将电能转换为机械能、热能和光能等形式，以适应生产和生活的需要。

2. 我国电网电压等级

电力网的电压等级比较多,从输电的角度来讲,电压越高则输送的距离越远,传输的容量越大。但电压越高,要求绝缘水平也相应提高,造价也越高。目前,国家根据国民经济发展的需要,技术经济上的合理性及电动机、电器制造工业的水平等因素,制定了我国电力网的电压等级,主要有 0.22kV、0.38kV、3kV、6kV、10kV、35kV、110kV、220kV、330kV、550kV 等 10 级。其中电网电压在 1kV 及以上的称为高压,1kV 以下的电压称为低压。

3. 电力负荷分级及对电源要求

在电力系统上的用电设备所消耗的功率称为用电负荷或电力负荷。根据电力负荷对供电可靠性的要求及中断供电在政治、经济上所造成的损失或影响的程度,分为三级。

（1）一级负荷：是指那些中断供电后将造成人身伤亡,或造成重大设备损坏,或破坏复杂的工艺过程,使生产长期不能恢复,破坏重要交通枢纽、重要通信设施、重要宾馆以及用于国际活动的公共场所的正常工作秩序,造成政治上和经济上重大损失的电能用户。

对于一级负荷,要求采用两个独立的电源供电。一级负荷中的特别重要负荷,除上述两个电源外,还必须增设应急电源。为保证对特别重要负荷的供电,禁止将其他负荷接入应急供电系统。

（2）二级负荷：是指那些中断供电后将造成国民经济较大损失,损坏生产设备,产品大量减产,生产较长时间才能恢复,以及影响交通枢纽、通信设施等正常工作,造成大中城市、重要公共场所（如大型体育馆、大型影剧院等）的秩序混乱的电能用户。

对于二级负荷,要求采用两个电源供电,一用一备,两个电源应做到当发生电力变压器故障或线路常见故障时,不至于中断供电（或中断供电后能迅速恢复）。在负荷较小或地区供电条件困难时,二级负荷可由一路 6kV 及以上的专用架空线供电。

（3）三级负荷：凡不属于一级和二级负荷的一般电力负荷均为三级负荷。

三级负荷对供电无特殊要求,一般都为单回线路供电,但在可能情况下也应尽量提高供电的可靠性。

6.1.2 低压配电系统

低压配电系统,是指从终端降压变电所的低压侧到民用建筑内部低压设备的电力线路,其电压一般为 380/220V,配电方式有放射式、树干式、混合式,如图 6-10 所示。

低压配电系统工作原理

放射式由总配电箱直接供电给分配电箱,可靠性高,控制灵活,但投资大,一般用于大型用电设备、重要用电设备的供电。

树干式由总配电箱采用一回干线连接至各分配电箱,节省设备和材料,但可靠性较低,在机加工车间中使用较多,可采用封闭式母线配电,灵活方便且比较安全。

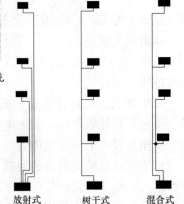

图 6-10 低压配电方式分类示意图

混合式也称为大树干式,是放射式与树干式相结合的配电方式,其综合了两者的优点,一般用于高层建筑的照明配电系统。

在三相电力系统中,发电机和变压器的中性点有三种运行方式：中性点不接地系统、中性点经阻抗接地系统、中性点直接接地系统。在低压配电系统中，我国广泛采用中性点直接接地系统，从系统中引出中性线（N）、保护线（PE）或保护中性线（PEN）。

低压配电系统的接地形式有三种：TT 系统、TN 系统、IT 系统，其中 TN 系统又分为 TN-C 系统、TN-C-S 系统、TN-S 系统，其示意图如图 6-11 所示。

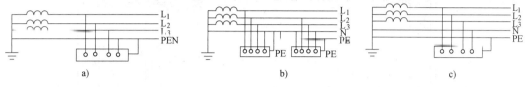

图 6-11　TN 系统接地形式示意图
a）TN-C 系统　b）TN-C-S 系统　c）TN-S 系统

6.1.3　建筑变配电系统构成

当建筑内电气设备的计算总负荷达到一定数值或对供电有特殊要求时，一般需高压供电，并设立变电所，将高压变为 380/220V 低压，向用户或用电设备供电。变电所的类型很多，工业与民用建筑设施的变电所大都采用 10kV 的变电所。

建筑变配电系统组成

目前我国的建筑变配电系统一般由以下环节构成：高压进线→10kV 高压配电→变压器降压→0.38kV 低压配电、低压无功补偿。建筑中存在有一、二类负荷者，还应按规定配置备用电源。

按照电能量的传送方向，10kV 建筑变配电系统的构成图如图 6-12 所示。

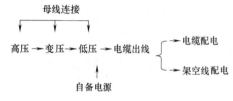

图 6-12　10kV 建筑变配电系统构成图

6.2　10kV 变（配）电所及变配电设备

在竞争越来越激烈的现代职场，敬业精神是成就大事不可或缺的重要条件！

10kV 变电所按其变压器及高低压开关设备放置位置不同可分为：室内型、半室内型、室外型，另外还有组合式变电所（俗称组合式变电所或箱式变电所）。

远距离输电

6~10kV 室内变电所主要由 3 部分组成：高压配电室、变压器室、低压配电室。高压配电室是安装高压配电设备的房间，其布置取决于高压开关柜的数量与形式，房间高度一般为 4m 或 4.5m。变压器室是安装变压器的房间，其结构形式取决于变压器的形式、容量、安装方向、进出线方位及电气主接线方案等。低压配电室是安装低压开关柜的房间，低压开关柜有单列布置和双列布置，房间高度一般为 4m 左右。室内型变电所平面布置图如图 6-13 所示。

6.2.1　高压配电设备

1. 高压断路器（QF）

高压断路器是一种开关电器，在电力系统中起着控制作用与保护作用。

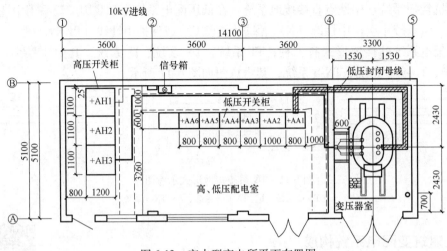

图 6-13 室内型变电所平面布置图

高压断路器按其采用的灭弧介质可分为：油断路器、空气断路器、六氟化硫断路器、真空断路器，在建筑变配电系统中常用真空断路器，ZN28—12 手车式户内高压真空断路器如图 6-14 所示。

图 6-14 ZN28—12 手车式户内高压真空断路器

图 6-15 户内式 GN19 系列隔离开关

2. 高压隔离开关（QS）

高压隔离开关主要是用来隔离高压电源以保证安全检修，它没有专门的灭弧装置，不能带负荷操作。高压隔离开关有户内式、户外式之分，户内式 GN19 系列隔离开关如图 6-15 所示，户内高压隔离开关安装示意如图 6-16 所示。

3. 高压负荷开关（QL）

高压负荷开关具有简单的灭弧装置，主要用在高压侧接通或断开正常工作的负荷电流，但不能切断短路电流，它必须和高压熔断器配合使用。

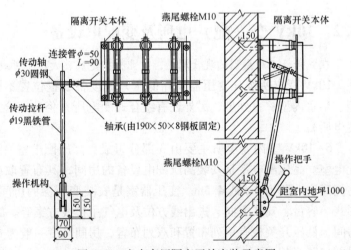

图 6-16 户内高压隔离开关安装示意图

注：1. 轴延长时需加装轴承支撑，两个轴承间距应小于 1m。
2. 隔离开关刀片打开的角度不应小于 65°。

FZN21—12RD 真空负荷开关如图 6-17 所示，户内高压负荷开关安装示意如图 6-18 所示。

项目6　建筑变配电工程

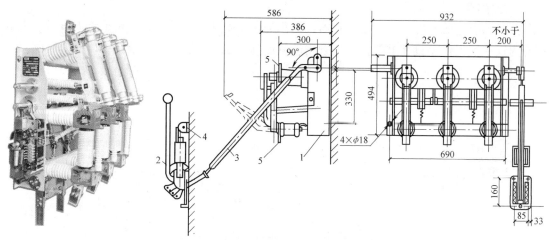

图6-17　FZN21—12RD
真空负荷开关

图6-18　户内高压负荷开关安装示意图

高压断路器、隔离开关、负荷开关安装程序：
运输→安装（含开关安装、操动机构安装）→调整→接线→交接试验。

4. 高压熔断器（FU）

高压熔断器主要元件是一种易于熔断的熔断体，简称熔体，熔体或熔丝由熔点较低的金属制成，具有较小截面或其他结构的形式，当通过的电流达到或超过一定值时，由于熔体本身产生的热量，使其温度升高，达到金属的熔点时，熔断切断电源，因而起到过载电流或短路电流的保护作用。高压熔断器如图6-19所示。

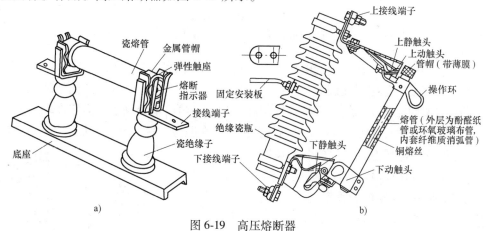

图6-19　高压熔断器
a）户内式　b）户外式（跌落保险）

5. 避雷器

在打雷时，雷电的高电压可能会沿着电力线路进到室内，对电气设备造成破坏，避雷器就是用来对变配电设备实行防雷保护的。阀型避雷器如图6-20所示。

图6-20　阀型避雷器

171

6. 互感器

互感器有电流互感器、电压互感器，也称为仪用变压器，其主要作用是将大电流、大电压降为仪表能提供测量和继电保护装置用的电流与电压，如图6-21和图6-22所示。

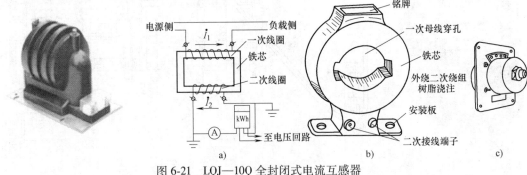

图6-21　LQJ—10Q 全封闭式电流互感器
a) 原理电路　b) 0.5kV　c) 10kV

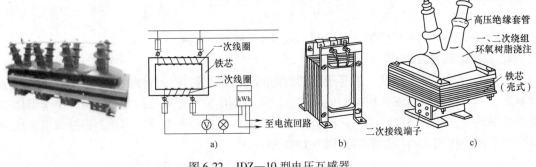

图6-22　JDZ—10 型电压互感器
a) 原理电路　b) 0.5kV　c) 10kV

电流互感器一般安装在成套配电柜、金属构架上，也可安装在母线穿过墙壁或楼板处。电流互感器可直接用基础螺栓固定在墙壁或楼板上，或者用角钢做成矩形框架埋入墙壁或楼板中，将与框架同样大小的钢板用螺栓固定在框架上，再将电流互感器固定在钢板上。

电压互感器一般安装在成套配电柜内或直接安装在混凝土台上。混凝土台应干固并达到一定强度后才能安装电压互感器。安装前应对电压互感器本身做仔细检查，合格方能安装。

7. 支持绝缘子和穿墙套管安装

（1）户内支持绝缘子的安装：支持绝缘子用于变配电装置中，作为导电部分的绝缘和支持的作用。根据安装地点的不同，绝缘子分户内和户外两种，按其结构形式分为户内支持绝缘子，有内胶装式和外胶装式两类，高压户内支持绝缘子外形如图6-23所示。

绝缘子安装前应进行外观检查，应测量绝缘子绝缘电阻或做交流耐压试验。

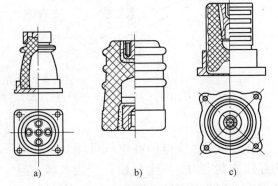

图6-23　高压户内支持绝缘子外形
a) 外胶装　b) 内胶装　c) 联合胶装

支持绝缘子大多数固定在墙上、金属支架或混凝土平台上。应根据绝缘子的安装孔尺寸做好基础螺栓预埋或金属支架加工。安装完毕后对绝缘子底座、顶盖以及金属支架均要涂装一层绝缘漆，颜色一般为灰色。

（2）高压穿墙套管：高压套管和穿墙板是高低压引入（出）室内或导电部分穿越建筑物或其他物体时的引导元件。

穿墙套管分户内、户外两类，按结构分为软导线穿墙套管和硬母线穿墙套管。根据额定电压、额定电流和机械强度不同，穿墙套管规格形式有多种，其基本结构都是由瓷套、安装法兰及导电部分装配而成，如图6-24所示。

穿墙套管的安装方法通常有两种：方法一是在土建施工时，把套管螺栓直接预埋在墙上，并预留三个套管圆孔，将套管直接固定在墙上。方法二是土建施工时在墙上留一长方孔，将角钢框装在长方孔上，用以固定钢板，套管固定在钢板上。

图6-24 高压穿墙套管

8. 高压开关柜（AH）

高压开关柜是按照一定的接线方案将有关的一、二次设备（如开关设备、监察测量仪表、保护电器及操作辅助设备等）组装而成的一种高压成套配电装置，作为电能接受、分配的通断和监视保护之用。

高压开关柜有固定式和手车式之分，如图6-25所示，柜结构示意如图6-26所示。

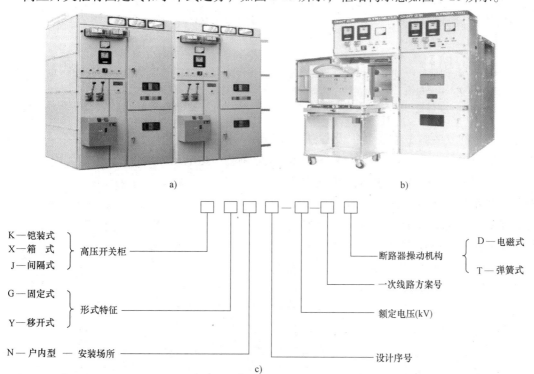

图6-25 高压开关柜
a）固定式 b）手车式 c）型号含义

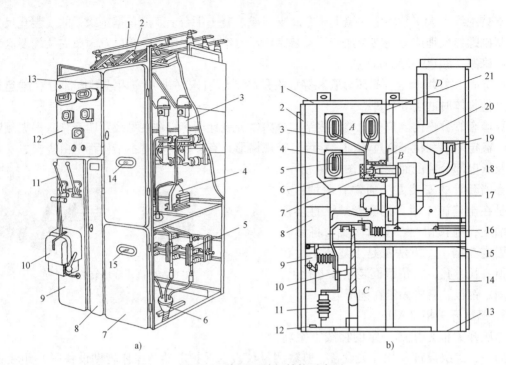

图 6-26 高压开关柜结构示意图

a) GG-1A（F）—07S 型

1—母线　2—母线隔离开关　3—少油断路器　4—电流互感器　5—线路隔离开关　6—电缆头　7—下检修门　8—端子箱门　9—操作板　10—断路器的手动操作机构　11—隔离开关操动机构手柄　12—仪表继电器屏　13—上检修门　14,15—观察窗口

b) KYN28C—12（MDS）型

A—母线室　B—断路器手车室　C—电缆室　D—继电仪表室

1—泄压装置　2—外壳　3—分支小母线　4—母线套管　5—主母线　6—静触头装置　7—静触点盒　8—电流互感器　9—接地开关　10—电缆　11—避雷器　12—接地主母线　13—底板　14—控制线槽　15—接地开关操作机构　16—可抽出式水平隔板　17—加热装置　18—断路器手车　19—二次插头　20—隔板（活门）　21—装卸式隔板

　　开关柜的安装施工程序为：设备开箱检查→二次搬运→基础型钢制作安装→柜（盘）母线配制→柜（盘）二次回路接线→接地→试验调整→送电运行验收。

　　开关柜一般都安装在槽钢或角钢制成的基础型钢底座上，采用螺栓固定，紧固件应是镀锌制品，如采用焊接，焊点要进行防锈处理。型钢的规格大小是根据开关柜的尺寸和质量而定的，一般型钢可以选择 8 号~10 号槽钢或 50×5 角钢制作，制作时先将有弯的型钢矫正平直，再按图样要求预制加工基础型钢，并按柜地脚固定孔的位置尺寸，在型钢上钻好安装孔或预埋地脚螺栓固定孔。在定孔位时，应注意两槽钢是相对开口的，要进行防锈处理。基础型钢安装方式如图 6-27 所示。

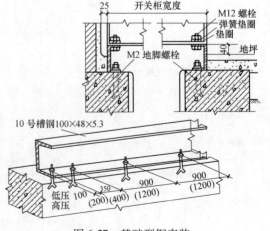

图 6-27 基础型钢安装

基础型钢制作好后,再配合土建工程进行预埋,埋设方法一般有下列两种:

(1)随土建施工时在基础上根据型钢固定尺寸,先预埋好地脚螺栓,待基础强度符合要求后再安放型钢。也可在基础施工时留置方洞,基础型钢与地脚螺栓同时配合土建施工进行安装。

(2)在土建施工时预先埋设固定基础型钢的底板,待安装基础型钢时与底板进行焊接。基础型钢要找正、找平,应完全符合规范要求,其顶部宜高出室内抹平地面10mm。

6.2.2 变压器与箱式变电所安装

1. 变压器(TM)

(1)概述:变压器是变配电系统最重要的设备,它利用电磁原理将电力系统中的电压升高或降低,以利于电能的输送、分配和使用。在建筑变配电系统中主要是将电网送来的高压电降为用户能使用的低压电,常用的变压等级为10/0.4kV。

变压器按照结构形式不同可分为油浸式和干式,如图6-28所示。油浸式与干式相比,具有较好的绝缘和散热性能,价廉,但不宜用于易燃、易爆场所。

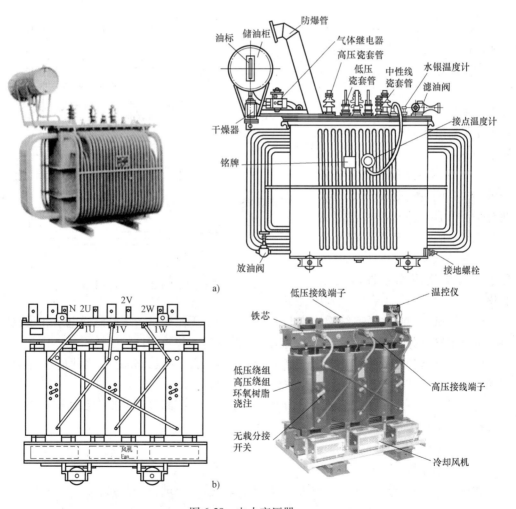

图6-28 电力变压器
a)油浸式电力变压器(10kV级S9型) b)干式电力变压器(10kV级SCB10型(IP00))

10kV三相油浸式电力变压器常用系列有 S9、S10、S11，容量有 250kVA、400kVA、630kVA、800kVA、1000kVA、2500kVA、4000kVA、8000kVA、10000kVA。干式变压器常用系列有 SC、SCB、SCL、SG，自带风机冷却，容量有 100kVA、250kVA、400kVA、630kVA、800kVA、1250kVA、2000kVA、2500kVA。干式变压器型号含义如图 6-29 所示。

在选用变压器时应选用节能型的油浸及干式变压器。独立式变电所可选用油浸式变压器，安装在一层。在一二类高低层主体建筑内变压器应选用干式变压器，若与低压配电盘并列安装时，应选用箱型干式变压器，容量不宜超过 2000kVA。

图 6-29 变压器型号含义

（2）变压器安装。变压器安装工艺流程：

器身检查
↓
基础验收→设备开箱→设备二次搬运→变压器就位→附件安装及接线→交接试验→试运行前检查→试运行→交工验收。

变压器箱体、干式变压器的支架或外壳应进行接地（PE），且有标识。TN-S 系统、TN-C-S 系统变压器接地如图 6-30 和图 6-31 所示。

（3）变压器试验：新装电力变压器试验的目的是验证变压器性能是否符合有关标准和技术文件的规定，制造上是否存在影响运行的各种缺陷，在交换运输过程中是否遭受损伤或性能发生变化。

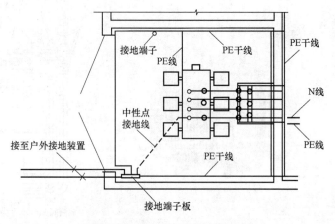

图 6-30 TN-S 系统变压器接地

变压器试验项目主要有线圈直流电阻的测量、变压比测量、线圈绝缘电阻和吸收比的测量、接线组别试验、交流耐压试验、变压器油的耐压试验等。

（4）变压器试运行：变压器安装工作全部结束后，在投入试运行之前应进行全面的检查和试验，确认其符合运行条件时，方可投入试运行。

变压器试运行，是指变压器开始通电，并带一定负荷即可能的最大负荷运行 24h 所经历的过程。试运行是对变压器质量的直接考验。

2. 箱式变电所安装

施工工艺流程：

测量定位→基础型钢安装→设备就位→安装→接线→试验→验收。
                                    ↑
                          紧固件连接→接地线安装

项目6　建筑变配电工程

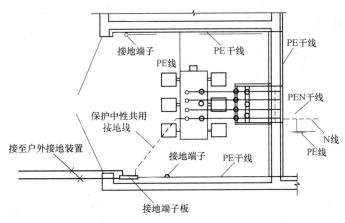

图 6-31　TN-C-S 系统变压器接地

（1）测量定位：按施工图设计的位置、标高、方位进行测量放线，确定箱式变电所安装的底盘线和中心轴线，并确定地脚螺栓的位置。

（2）基础型钢安装：按放线确定的位置、标高，中心轴线尺寸，控制准确的位置稳好型钢架，用水平尺或水准仪找平、找正，与地脚螺栓连接牢固。基础型钢与地线连接，将引进箱内的地线扁钢与型钢结构基架的两端焊牢，然后涂装两遍防锈漆。箱式变电所安装如图6-32 所示。

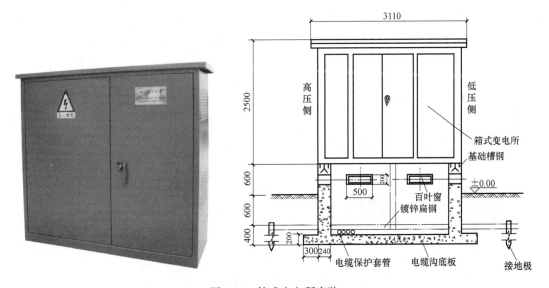

图 6-32　箱式变电所安装

（3）箱式变电所就位与安装：确保作业场地清洁、通道畅通后，将箱式变电所运至安装位置吊装，将箱与箱用镀锌螺栓连接牢固。每箱均需独立与基础型钢连接，严禁进行串联，接地干线与箱式变电所的 N 母线或 PE 母线直接连接，变电箱体、支架或外壳的接地应用带有防松装置的螺栓连接。

（4）接线：成套变电所各部分一般在现场进行组装和接线，接线要尽量简单。

（5）试验及验收：包括高低压电气交接试验。

177

6.2.3 低压配电设备安装

1. 低压开关和负荷开关（S）

（1）刀开关。作隔离电源之用，不带灭弧罩的刀开关，如图6-33所示。刀开关型号一般以H字母开头，HD是单投，HS是双投。

（2）低压刀熔开关和负荷开关。由刀开关与熔断器组合而成，HH是封闭式负荷开关，HK是开启式负荷开关。

HR3刀熔开关如图6-34所示。

图6-33 HD、HS刀开关

图6-34 HR3刀熔开关

低压刀开关应垂直安装在开关板上，并使静触头在上方。

2. 低压断路器（QF）

低压断路器又称自动空气开关、低压空气开关，能带负荷通断电路，又能在短路、过负荷和失压时自动跳闸，如图6-35所示。

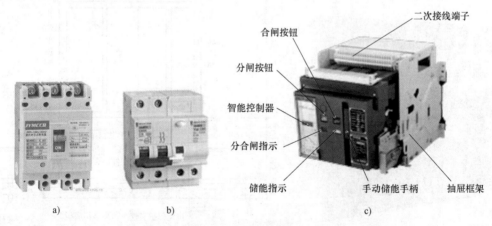

图6-35 低压断路器
a）塑壳式断路器 b）微型断路器 c）万能式断路器

低压断路器按照用途可分为配电用断路器、电动机保护用断路器、照明用断路器、漏电保护用断路器等。其代号含义如图6-36所示。

塑料外壳式断路器又称装置式自动空气开关，它的全部元件都封装在一个塑料外壳内，在壳盖中央露出操作手柄，用于手动操作，在民用低压配电中用量很大。常见的型号有DZ13、DZ15、DZ20等系列，其种类繁多。

万能式空气断路器又称框架式自动空气开关，目前常用的型号有DW12、DW15等系列。

漏电断路器是在断路器上加装漏电保护器件，当低压线路或电气设备上发生人身触电、漏电和单相接地故障时，漏电断路器便快速自动切断电源，保护人身和电气设备的安全，避免事故扩大。按照动作原理，漏电断路器可分为电压型、电流型和脉冲型。按照结构，可分为电磁式和电子式。

漏电保护型的空气断路器在原有代号上加上字母L，表示是漏电保护型。如DZ15L—60系列漏电断路器。漏电断路器外形如图6-37所示。

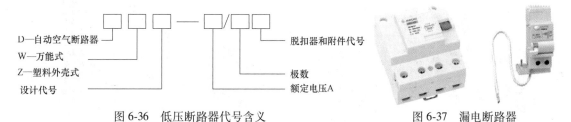

图6-36　低压断路器代号含义　　　　　图6-37　漏电断路器

3. 低压熔断器（FU）

低压熔断器在低压配电系统中起短路保护和过负荷保护作用。常用的低压熔断器有瓷插式、无填料密闭管式、有填料封闭管式，如图6-38所示。

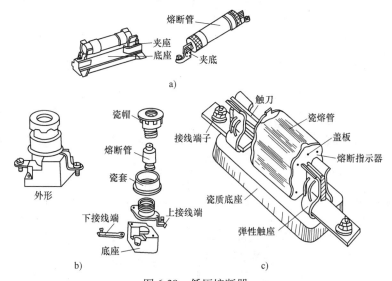

图6-38　低压熔断器
a）无填料封闭管式熔断器　b）螺旋式熔断器　c）有填料封闭管式熔断器

4. 交流接触器（CJ）

交流接触器作为线路或电动机的远距离频繁通断之用。CJ20系列接触器是全国统一设计的新产品，适用于50/60Hz、600V及以下的交流电路。额定电流为6.3~630A，灭弧性能好，触头具有较高的抗熔焊和耐电磨损性能，如图6-39所示。

5. 低压开关柜（AA）

低压开关柜是按一定线路方案将有关一、二次设备

图6-39　CJ20系列交流接触器

组装而成的一种低压成套配电装置。按断路器是否可以抽出分成固定式（GGL、GGD）、抽出式（BFC、GCL、GCK、GCS）两种类型，如图6-40所示。低压开关柜的安装同高压开关柜，安装示意图如图6-41所示。

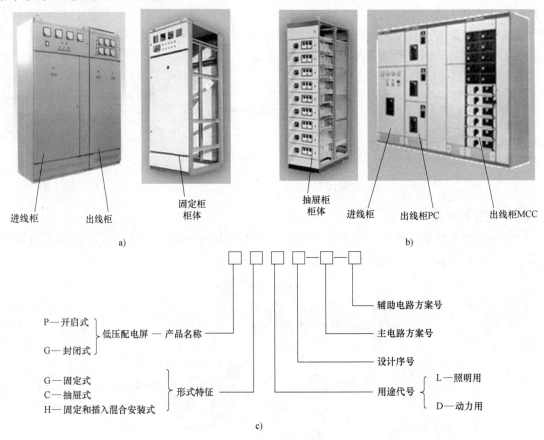

图6-40 低压开关柜
a) GGD型低压固定式开关柜 b) GCS型低压抽出式开关柜 c) 低压开关柜型号含义

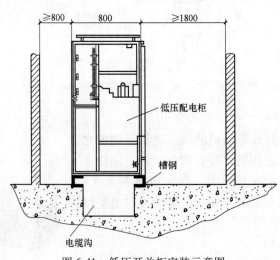

图6-41 低压开关柜安装示意图

6.3 备用电源设备

一、二级电力负荷对供电可靠性要求较高，而市政电可能无法满足其电源的要求，因此需要做自备电源。自备电源常用形式有：柴油发电机组、应急电源EPS系统。

6.3.1 柴油发电机组（G）

1. 概述

柴油发电机组主要由柴油机、发电机和控制屏三大部分组成，以柴油机为动力，拖动工频交流同步发电机组成发电设备。主要供电给一级负荷和部分二级负荷，要求在市电停电时，10~15s 内自动启动，作为应急备用电源。对于大型高层建筑，宜选用 2 台，一台作为消防用电设备的备用电源，另一台为一、二级负荷的备用电源。

2. 柴油发电机组安装

安装工艺流程：

机组基础→机组就位→调校机组水平位置→安装接地线路→安装机组附属设备→机组接线→机组检测→机组试运行。

柴油发电机组安装示意如图 6-42 所示，减振防松的地脚螺栓安装示意如图 6-43 所示。

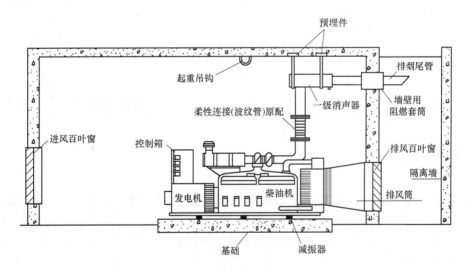

图 6-42 柴油发电机组安装示意图

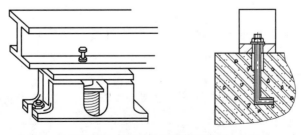

图 6-43 地脚螺栓安装示意图

6.3.2 应急电源系统（EPS）

1. 概述

应急电源系统由整流器柜、逆变器柜、静态开关柜、蓄电池等构成。是用电负荷不允许中断供电或用电负荷允许中断供电时间在 1.5s 以内重要场所的应急备用电源。

2. 应急电源设备安装

安装工艺流程：设备清点、检查→机组基础槽钢与接地干线安装→主回路线缆及控制电缆敷设→机柜就位及固定→柜内设备安装接线→机组接线→系统通电前测试检验→系统整体调试及验收。

应急电源设备基础安装及柜体安装示意如图 6-44 和图 6-45 所示。

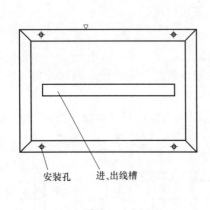

图 6-44 基础安装示意图

图 6-45 EPS 柜体安装示意图

6.4 配电线路

在变配电系统中，高压开关柜与变压器的电气连接可以用硬母线或电缆；变压器到低压配电柜、高压开关柜之间，或低压配电柜之间的电气连接一般采用硬母线；而从低压配电柜出线到变电所外后，可以用电缆、母线槽进行低压配电，对于经济条件不允许的小区也可以转成低压架空线配电。

6.4.1 母线安装

1. 裸母线安装

裸母线是变配电装置的连接导体，一般为硬母线，材质有硬铝母线 LMY、硬铜母线 TMY。如：TMY—4（100×10），表示三相四线硬铜母线，每相一片，每片宽 100mm，高 10mm。

裸母线安装工艺流程：放线检查测量→支架制作安装→主绝缘子安装→母线加工→母线连接→母线安装→涂装→检查、送电。

母线安装应先安装支持绝缘子，在支持绝缘子上安装固定母线的专用金具，然后将母线固定在金具上。水平安装的母线可在金具内自由伸缩，以便当母线温度变化时使母线有伸缩余地，不致拉坏绝缘子。垂直安装母线的要用金具夹紧。当母线较长时应装设母线补偿器，以适应母线温度变化的伸缩需要，如图6-46所示。

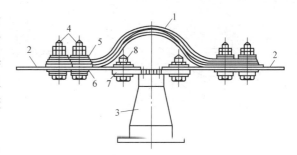

图6-46　母线伸缩补偿器
1—补偿器　2—母线　3—支持绝缘子　4—螺栓
5—垫圈　6—衬垫　7—盖板　8—螺栓

（1）放线检查测量：检查预留孔洞、预埋件的位置、标高和尺寸是否符合设计要求，对于配电柜内安装的母线，还要测量其与设备上其他部件的安全距离是否符合要求。墙上安装的母线，要放线测量出各节母线加工尺寸、支架尺寸，并画出支架的安装距离及固定件安装位置。

（2）支架制作安装：墙上安装的母线，按施工图设计要求的尺寸加工各种支架。支架采用L50×50×5角钢制作，采用M10膨胀螺栓或150mm长的燕尾角钢固定在墙上。裸母线水平方向安装、垂直方向安装如图6-47所示。

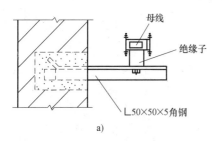
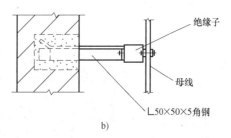

图6-47　裸母线水平、垂直方向安装图示
a）水平安装母线　b）垂直安装母线

（3）绝缘子安装：母线绝缘子安装前应进行检查，测量绝缘电阻，大于1MΩ为合格。安装前还应做交流耐压试验。

（4）母线加工：母线应矫正平直。下料时根据母线材料长度合理切割，并留有适当裕量，母线弯曲示意如图6-48所示。

（5）母线的连接：母线的连接可采用焊接或搭接两种方式。

（6）母线的安装：低压母线垂直安装且支持点间距无法满足要求时，应加装母线绝缘

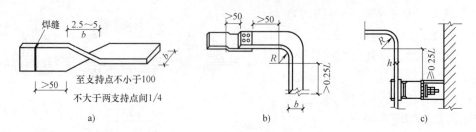

图 6-48 母线弯曲示意

a）母线扭弯示意 b）母线立弯示意 c）母线平弯示意

夹板。母线穿墙时，需进行穿墙套管和穿墙隔板的安装，如图 6-49 所示。穿墙隔板由石棉水泥板或电工胶木板制成，在预留洞埋设角钢框架，将穿墙隔板用螺栓固定在角钢框架上，角钢框架应做接地处理。母线与电缆、变压器连接如图 6-50 所示。

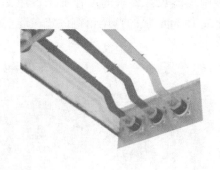
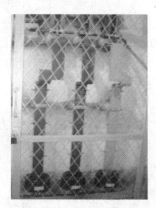

图 6-49 穿墙隔板安装做法

图 6-50 母线与电缆、变压器连接图

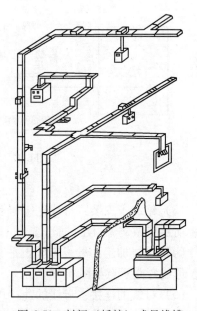

图 6-51 封闭（插接）式母线槽

(7) 检查送电：母线安装完后，应按规定进行检查，送电前应进行耐压试验，送电程序应为先高压、后低压；先干线，后支线；先隔离开关后负荷开关，停电时与上述顺序相反。

2. 封闭（插接）式母线槽安装

封闭（插接）式母线槽是把铜（铝）排用绝缘板夹在一起，并用空气绝缘或缠包绝缘带绝缘，再置于优质钢板的外壳内，母线的连接是采用高强度的绝缘板隔开各导电排，以完成母线的插接，然后用覆盖环氧树脂的绝缘螺栓紧固，以确保母线连接处的绝缘可靠，如图6-51所示。

封闭（插接）式母线槽由封闭外壳、母线本体、进线盒、出线盒、插座盒、安装附件等组成，有单相两线、单相三线、三相三线、三相四线及三相五线式等，可根据需要选用。

安装工艺流程：设备开箱清点检查→支架制作→支架安装→母线槽安装→系统测试→送电运行。

（1）设备开箱清点检查。

（2）支架制作：根据施工现场的结构类型，支吊架可采用角钢、槽钢或圆钢制作，有"—""L""T""⌒"等主要形式，支架及吊架制作完毕，应除去焊渣，并涂装两遍防锈漆和一遍面漆。

（3）支架安装。母线槽垂直敷设支架：在每层楼板上，每条母线槽应安装2个槽钢支架，一端埋入墙内，另一端用膨胀螺栓固定于楼板上。当上、下两层槽钢支架超过2m时，在墙上安装"—"字形角钢支架，角钢支架用膨胀螺栓固定于墙壁上。母线槽水平敷设支架：可采用"⌒"形吊架或"L"形支架，用膨胀螺栓固定在顶板上或墙壁上。支架及支架预埋件焊接处涂装防腐漆应均匀、无漏刷，不得污染地面。

（4）母线槽安装：安装前应逐节摇测母线的绝缘电阻，电阻值不得小于10MΩ。按母线排列图，从起始端（或电气竖井入口处）开始向上，向前安装。母线槽外形及始端头如图6-52所示，母线槽在支、吊架上水平安装示意如图6-53所示，在竖井内垂直安装如图6-54所示。

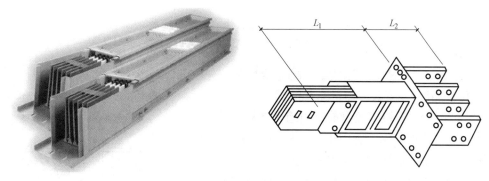

图6-52 母线槽外形及始端头

当母线槽直线敷设长度超过40m时，应设置伸缩器（即膨胀节母线槽）。水平跨越建筑物的伸缩缝或沉降缝处，应采取适当措施。母线槽穿越防火墙、防火楼板时，应采取防火隔离措施。外壳需做接地连接，但不得作为保护干线用，其外壳接地线应与专用保护线（PE）连接。

（5）分段测试：母线在连接过程中可按楼层数或母线节数，每连接到一定长度便测试

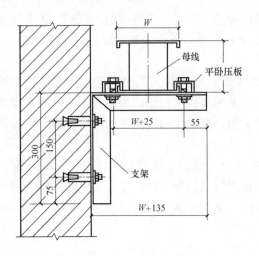 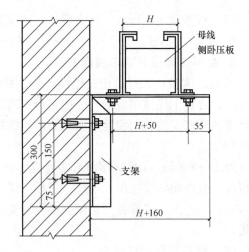

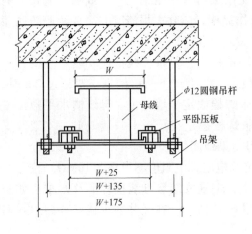 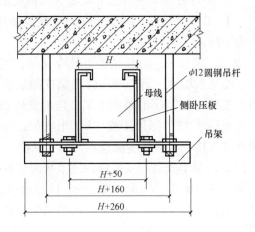

图 6-53 母线槽在支、吊架上水平安装

a) 在墙体角钢支架上平、侧卧安装 b) 在楼板吊架上平、侧卧安装

一次,并做好记录,随时控制接头处的绝缘情况,分段测试一直持续到母线安装完后的系统测试。

(6) 试运行:母线槽送电前,用绝缘电阻表摇测相间、相对零、相对地的绝缘电阻,并做好记录;检查测试符合要求后送电空载运行 24h 无异常现象,办理验收手续,交建设单位使用,同时提交竣工验收技术资料。

6.4.2 电缆敷设

1. 电缆基本结构

电缆是一种特殊的导线,它是将一根或数根绝缘导线组合成线芯,外面再加上密闭的包扎层加以保护。其基本结构一般是由导电线芯、绝缘层和保护层三个部分组成,如图 6-55 所示。

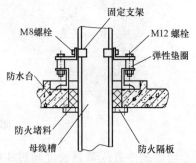

图 6-54 母线槽在竖井内垂直安装

项目6 建筑变配电工程

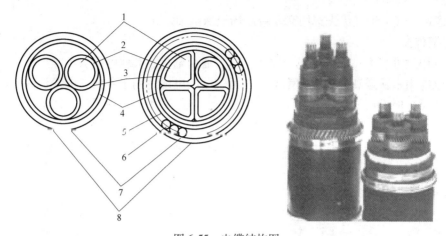

图 6-55 电缆结构图
1—导体 2—绝缘（PVC） 3—填充 4—包带 5—内护套 6—钢丝铠装 7—外护套 8—标志

（1）导电线芯：导电线芯是用来输送电流的，通常由铜或铝的多股绞线做成，比较柔软易弯曲。我国制造的电缆线芯的标称截面面积有：$1mm^2$、$1.5mm^2$、$2.5mm^2$、$4mm^2$、$6mm^2$、$10mm^2$、$16mm^2$、$25mm^2$、$35mm^2$、$70mm^2$、$95mm^2$、$120mm^2$、$150mm^2$、$185mm^2$、$240mm^2$、$300mm^2$、$400mm^2$、$500mm^2$、$625mm^2$、$800mm^2$。按其芯数有：单芯、双芯、三芯、四芯、五芯，线芯形状有：圆形、半圆形、扇形和椭圆形。

（2）绝缘层：绝缘层的作用是将导电线芯与相邻导体以及保护层隔离，用以抵抗电力电流、电压、电场对外界的作用，保证电流沿线芯方向传输。

电缆的绝缘层材料有均匀质和纤维质两类。均匀质有橡胶、沥青、聚乙烯、聚氯乙烯、交联聚乙烯、聚丁烯等，纤维质有棉、麻、丝、绸等。低压电力电缆的绝缘层一般有橡胶绝缘、聚氯乙烯绝缘、纸绝缘等。

（3）保护层：保护层简称护层，分内护层和外护层两部分。内护层用来保护电缆的绝缘不受潮湿和防止电缆浸渍剂的外流及轻度机械损伤，外护层是用来保护内护层的，包括铠装层和外被层。

2. 电缆型号与名称

我国电缆产品的型号系采用汉语拼音字母组成，有外护层时则在字母后加上两个阿拉伯数字，常用电缆型号中字母的含义及排列顺序见表 6-1。

表 6-1 电缆型号组成与含义

性能	类别	绝缘种类	线芯材料	内护层	其他特征	外护层	
						第一个数字	第二个数字
ZR—阻燃 NH—耐火	电力电缆不表示 K—控制电缆 Y—移动式软电缆 P—信号电缆 H—市内电话电缆	Z—纸绝缘 X—橡胶 V—聚氯乙烯 Y—聚乙烯 YJ—交联聚乙烯	T—铜 （省略） L—铝	Q—铅护套 L—铝护套 H—橡套 (H)F—非燃性橡套 V—聚氯乙烯护套 Y—聚乙烯护套	D—不滴油 F—分相铅包 P—屏蔽 C—重型	2—双钢带 3—细圆钢丝 4—粗圆钢丝	1—纤维护套 2—聚氯乙烯护套 3—聚乙烯护套

例如：YJV22-4×95，表示一根电力电缆，交联聚乙烯绝缘，导电芯为铜芯，内护层聚氯乙烯护套，双钢带铠装，外被层聚氯乙烯护套，四根导电芯，每根导电芯截面面积

$95mm^2$。建筑电气工程宜优先选用交联聚乙烯绝缘电缆。

3. 电缆种类

电缆按用途可分为：电力电缆、控制电缆、通信电缆、其他电缆。

电力电缆用来输送和分配大功率电能。无铠装的电缆适用于室内、电缆沟内、电缆桥架内和穿管敷设，但不可承受压力和拉力。钢带铠装电缆适用于直埋敷设，能承受一定的正压力，但不能承受拉力。对于预制分支电力电缆，是由电缆生产厂家根据设计要求在制造电缆时直接从主干电缆上加工制作出分支电缆，如图6-56所示，其安装示意图如图6-57所示。

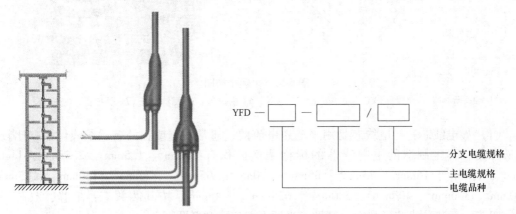

图6-56 预制分支电缆

近年来，采用绝缘穿刺线的电缆分支，不需截断主电缆，不需剖开电缆内部的绝缘层，不破坏电缆的机械性能和电气性能即可在电缆的任意位置做分支，操作简易，得到广泛应用。绝缘穿刺线夹如图6-58所示。

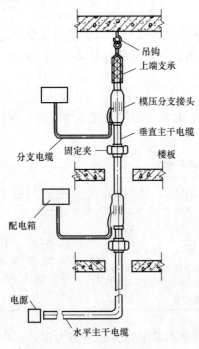

图6-57 预制分支电缆安装示意图

图6-58 绝缘穿刺线夹

控制电缆用于配电装置、继电保护和自动控制回路中传送控制电流、连接电气仪表及电气元件等,其构造与电力电缆相似,芯数为几芯到几十芯不等,单芯截面为 $1.5 \sim 10 mm^2$。

通信电缆按结构类型可分为对称式通信电缆、同轴通信电缆和光缆,按使用范围可分为室内通信电缆、长途通信电缆和特种通信电缆。

4. 电缆敷设

电缆的敷设方式有直接埋地敷设、穿管敷设、电缆沟敷设、电缆桥架敷设,以及用支架、托架悬挂方法敷设等。不论哪种敷设方式,都应遵守以下规定:

1)在电缆敷设施工前应进行电缆检验,高压电缆应做交流耐压和直流泄漏试验,6kV及以下的电缆应测试其绝缘电阻。

2)电缆进入电缆沟、建筑物、配电柜及穿管的出入口时均应进行封闭。敷设电缆时应留有一定余量的备用长度,用作温度变化引起变形时的补偿和安装检修。

3)电缆敷设时,不应破坏电缆沟、隧道、电缆井和人井的防水层。并联使用的电力电缆,应采用型号、规格及长度都相同的电缆。

4)电缆敷设时,应将电缆排列整齐,不宜交叉,并应按规定在一定间距上加以固定,及时装设标志牌。

5)电缆在电缆沟内敷设或采用明敷设,电缆支架间或固定点间的距离不应大于表6-2中数值。

表6-2　电缆支架间或固定点间的最大间距　　　　　　（单位:m）

敷设方式 \ 电缆种类	塑料护套、铅包、铝包、钢带铠装		钢丝铠装
	电力电缆	控制电缆	
水平敷设	1.00	0.80	3.00
垂直敷设	1.50	1.00	6.00

(1)电缆直埋敷设。埋地敷设的电缆宜采用有外护层的铠装电缆。在无机械损伤的场所,可采用塑料护套电缆或带外护层的(铅、铝包)电缆。

电缆直埋敷设的施工程序如下:电缆检查→挖电缆沟→电缆敷设→铺砂盖砖→盖盖板→埋标桩。

电缆直埋敷设要求:

1)直埋敷设时,电缆埋设深度不应小于0.7m,穿越农田时不应小于1m。在寒冷地区,电缆应埋设于冻土层以下。电缆沟的宽度,根据电缆的根数与散热所需的间距而定。电缆沟的形状一般为梯形,如图6-59所示。两根电缆直埋示意图如图6-60所示。电缆通过有振动和承受压力的地段应穿保护管。

2)直埋电缆与铁路、公路、街道、厂区道路交叉时,穿入保护管应超出保护区段路基或街道路面两边各1m,管的两端宜伸出道路路基两边各2m,且应超出排水沟边0.5m;在城市街道应伸出车道路面。保护管的内径应不小于电缆外径的1.5倍,使用水泥管、陶土管、石棉水泥管时,内径不应小于100mm。电缆与铁路、公路交叉敷设的做法如图6-61所示。

3)对重要回路的电缆接头,宜在其两侧约1m开始的局部段,按留有备用余量方式敷设电缆。电缆直埋敷设时,电缆长度应比沟槽长出1.5%~2%,采用波状敷设。

4)电缆与建筑物平行敷设时,电缆应埋设在建筑物的散水坡外。电缆进入建筑物时,

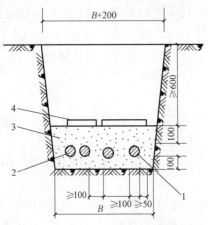
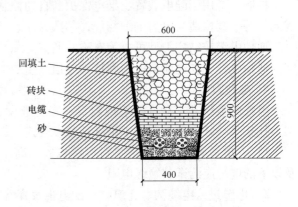

图 6-59 10kV 及以下电缆直埋示意图　　　图 6-60 两根电缆直埋示意图
1—10kV 及以下电力电缆　2—控制电缆
3—砂或软土　4—保护板

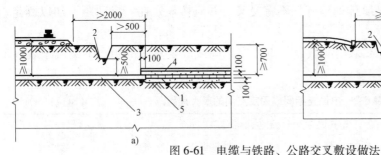
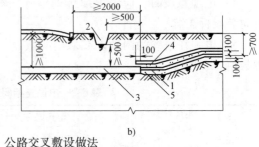

a)　　　　　　　　　　　　　　　　b)

图 6-61　电缆与铁路、公路交叉敷设做法
a) 电缆与铁路交叉　b) 电缆与公路交叉
1—电缆　2—排水沟　3—保护管　4—保护板　5—砂或软土

所穿保护管应超出建筑物散水坡 100mm。

5) 电缆在拐弯、接头、终端和进出建筑物等地段，应装设明显的方位标志。直线段上应适当增设标桩，标桩露出地面一般为 0.15m。直埋电缆进入建筑物的做法如图 6-62 所示。

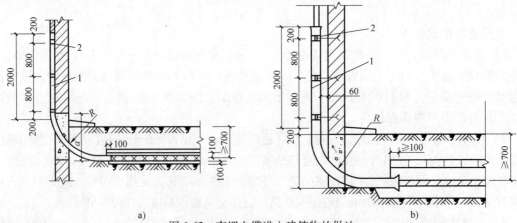

a)　　　　　　　　　　　　　　　　b)

图 6-62　直埋电缆进入建筑物的做法
a) 室内保护管靠墙安装　b) 室内保护管离墙安装
1—保护管　2—U 形管卡

电缆直埋的方式比其他地下电缆敷设方式施工简便、建设费用较低,但故障后检修更换较困难,故对于重要负荷不宜采用。在大面积混凝土地面或道路密布场所敷设电缆,也不宜采用电缆直埋方式,而应采用电缆穿管敷设,虽然建设费用增加,但为日后检修更换电缆带来方便。

(2) 电缆穿管埋地敷设:施工程序如下:电缆检查→挖电缆沟→埋管→砌电缆井→覆土→管内穿电缆→清理现场→电缆头制安→电缆绝缘测试→埋标志桩。

电缆管有单管埋地的敷设方式,其材质有钢管、PVC-C 塑料管;也有多根管埋地敷设的排管方式(一般不超过 12 根)。

单管埋地时,应符合下列规定:每根管路不宜超过 4 个弯头,直角弯不宜多于 3 个;地中埋管,距地面深度不宜小于 0.5m,与铁路交叉处距路基不宜小于 1m;距排水沟底不宜小于 0.5m;并列管之间宜有不小于 20mm 的空隙。

使用排管时,应符合下列规定:管孔数宜按发展预留适当备用;排管顶部距地面不得小于 0.7m,在人行道下时可减少为 0.5m;在转角、分支或变更敷设方式处应设电缆手孔井或人孔井;排管安装时,应有不小于 0.5% 的排水坡度,并在人孔井内设集水坑,集中排水;管孔端口应有防止损伤电缆的处理。

(3) 电缆沟内敷设:电缆在专用电缆沟或隧道内敷设,是室内外常见的电缆敷设方法。电缆沟一般设在地面下,由砖砌成或由混凝土浇筑而成,沟顶部用混凝土盖板封住,室内电缆沟如图 6-63 所示。

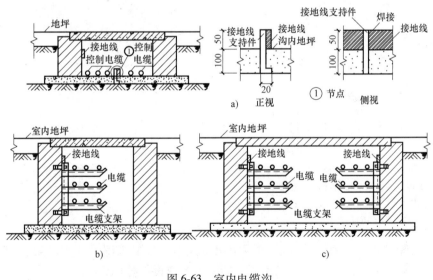

图 6-63 室内电缆沟
a) 无支架 b) 单侧支架 c) 双侧支架

室内电缆沟敷设施工程序如下:

电缆检查→挖电缆沟→砌沟、抹灰→支架上搁置电缆→支架接地线→盖电缆沟盖板
　　　　　　　　　　　　　　↑
　　　　　　　　　　　埋电缆支架

室内电缆沟敷设要求:

1) 电缆沟底应平整,并有 1% 的坡度,排水方式应按分段(每段为 50m)设置积水井。

地下水位高的情况下，积水井应设置排水泵排水，保持沟底无积水。

2）电缆支架层间的最小垂直净距，10kV 及以下电力电缆为 150mm，控制电缆为 100mm。支架必须做防腐处理，支架或支持点的间距应符合设计要求。

3）电缆敷设在电缆沟或隧道的支架上时，电缆应按下列顺序排列：高压电力电缆应放在低压电力电缆的上层；电力电缆应放在控制电缆的上层；强电控制电缆应放在弱电控制电缆的上层。若电缆沟或隧道两侧均有支架时，1kV 以下的电力电缆与控制电缆应与 1kV 以上的电力电缆分别敷设在不同侧的支架上。

4）敷设在电缆沟的电缆与热力管道、热力设备之间的净距，平行时不应小于 1m，交叉时不应小于 0.5m。如果受条件限制，无法满足净距要求，则应采取隔热保护措施。电缆也不宜平行敷设于热力设备和热力管道上部。

电缆与支架之间应用衬垫橡胶垫隔开，以保护电缆。电缆在沟内需要穿越墙体或顶板时，应穿保护钢管。

（4）电缆沿桥架敷设：架设电缆的构架称为电缆桥架。电缆桥架按结构形式分为托盘式、梯架式、组合式、全封闭式；按材质分为钢电缆桥架和铝合金电缆桥架。电缆桥架是指金属电缆有孔托盘、无孔托盘、梯架及组装式托盘的统称。无孔托盘结构如图 6-64 所示，桥架布置如图 6-65 所示。

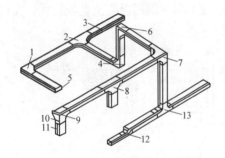
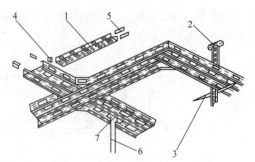

图 6-64　无孔托盘结构示意图
1—水平弯通　2—水平三通　3—直线段桥架　4—垂直下弯通　5—终端板　6—垂直上弯通　7—上角垂直三通　8—上边垂直三通　9—垂直右上弯通　10—连接螺栓　11—扣锁　12—异径接头　13—下边垂直三通

图 6-65　组合式桥架布置示意图
1—组装式托盘　2—工字钢立柱　3—托臂　4、5—直角板　6—引线管　7—管接头

电缆沿桥架敷设施工程序如下：弹线定位→预埋铁或膨胀螺栓→支吊架安装→桥架安装→保护地线安装→电缆绝缘测试和耐压试验→电缆敷设→挂标识牌。

电缆桥架的固定较常见的方法是用膨胀螺栓固定。电缆桥架水平吊装如图 6-66 所示。图中使用 ϕ12mm 吊杆吊挂 U 形槽钢做桥架的吊架，梯架用 M8×30T 形螺栓和压板固定在 U 形槽钢上。吊杆用 M10×40 连接螺母与膨胀螺栓连接，吊杆间距为 1.5~2m。

电缆桥架的梯架在竖井内垂直安装时，梯架在竖井墙体上用L50×5 角钢制成的三角形支架和同规格的角钢固定，在竖井楼板上用两根 10# 槽钢和L50×5 角钢支架固定，桥架支架在竖井内垂直安装做法如图6-67所示。

电缆桥架敷设要求：

1）电缆桥架（托盘、梯架）水平敷设时的距地高度一般不宜低于 2.5m；无孔托盘（槽

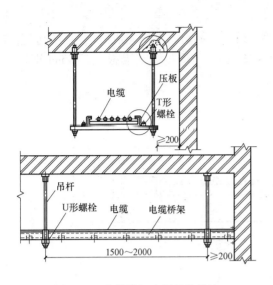

图 6-66 电缆桥架水平吊装做法　　　　图 6-67 桥架支架在竖井内垂直安装做法

式）桥架距地高度可降低到 2.2m。垂直敷设时应不低于 1.8m。低于上述高度时应加金属盖板保护，但敷设在电气专用房间（如配电室、电气竖井、电缆隧道、技术层）内的除外。

2）电缆托盘、梯架经过伸缩沉降缝时，电缆桥架、梯架应断开，断开距离以 20~30mm 左右为宜，如图 6-68 所示。当直线段钢制桥架超过 30m，铝合金或玻璃钢电缆桥架超过 15m，应设有伸缩缝，宜采用伸缩板连接。

3）为保证线路运行安全，下列情况的电缆不宜敷设在同一层桥架上。

① 1kV 以上和 1kV 以下的电缆。

② 同一路径向一级负荷供电的双路电源电缆。

③ 应急照明和其他照明的电缆。

④ 强电和弱电电缆。

4）电缆桥架内的电缆应在首端、尾端、转弯及每隔 50m 处设置编号、型号、规格及起止点等标记。

5）电缆桥架在穿过防火墙及防火楼板时，应采取防火隔离措施，防止火灾沿洞口向上燃烧。电缆桥架穿墙做法如图 6-69 所示，防火隔离段施工中，配合土建施工预留洞口，在洞口处预埋护边角钢。施工时根据电缆敷设的根数和层数用 L50×50×5 角钢制作固定框，同

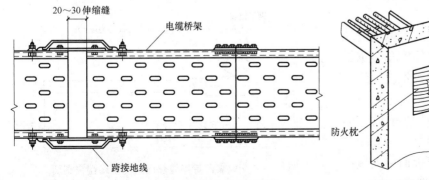

图 6-68 电缆托盘、梯架经过伸缩沉降缝做法　　　　图 6-69 电缆桥架穿墙做法

时将固定框焊在护边角钢上。

电缆桥架在穿过竖井时，应在竖井墙壁或楼板处预留洞口，配线完成后，洞口处应用防火隔板及防火堵料隔离，防火隔板可采用矿棉半硬板 EF—85 型耐火隔板或厚 4mm 钢板煨制，如图 6-70 所示。

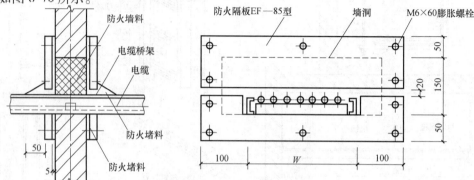

图 6-70 电缆桥架穿竖井做法

当地下情况复杂，用户密度高，用户的位置和数量变动较大，今后需要扩充和调整以及总图无隐蔽要求时，也可采用架空电缆，但在覆冰严重地区不宜采用架空电缆。

5. 电力电缆接头

电缆敷设完毕后各线段必须连接为一个整体。电缆线路的首末端称为终端，中间的接头则称为中间接头，其主要作用是确保电缆密封、线路畅通。电缆头按制作安装材料可分为热缩式、冷缩式、干包式和环氧树脂浇注式。

干包式电力电缆头制作安装不采用填充剂，也不用任何壳体，因而具有体积小、质量轻、成本低和施工方便等优点，但只适用于户内低压（≤1kV）全塑或橡胶绝缘电力电缆。热收缩电缆附件适用于 0.5~10kV 交联聚乙烯电缆及各种类型的电缆头制作安装。冷收缩电缆终端头适用于 6~15kV 的单芯、三芯聚乙烯和交联聚乙烯电力电缆，具有良好的电气性能和机械性能，能在各种恶劣环境条件下长期使用。浇注式主要用于油浸纸绝缘电缆。

（1）户内干包式电力电缆头施工程序如下：剥保护层及绝缘层→清洗→包缠绝缘→压连接管及接线端子→安装→接线→线路绝缘测试。

（2）户内热缩式电力电缆终端头施工程序如下：锯断→剥切清洗→内屏蔽层处理→焊接地线→压扎锁管和接线端子→装热缩管→加热成形→安装→接线→线路绝缘测试。交联聚乙烯绝缘热缩式电缆终端头的剥切如图 6-71 所示。

（3）户内冷缩式电力电缆终端头施工程序如下：剥外护套→锯钢铠→剥内护套→安装钢铠接地线→缠填充胶→固定铜屏蔽接地线→安装冷缩分支→套装冷缩护套管→剥铜屏蔽层→剥外半导电层→安装接线端子→清洁绝缘层表面→安装冷缩电缆终端管→密封端口。

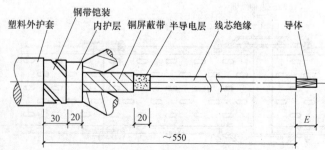

图 6-71 交联聚乙烯绝缘热缩式电缆终端头剥切

注：E = 接线端子孔深 +5

(4) 户内浇注式电力电缆终端头施工程序如下：锯断→剥切清洗→内屏蔽层处理→包缠绝缘→压扎锁管和接线端子→装终端盒→配料浇注→安装→接线→线路绝缘测试。

(5) 交联聚乙烯绝缘热缩式中间头施工程序如下：剥切电缆→剥切屏蔽层绝缘层→套上各种热缩管→压接连接管→包绕屏蔽层绝缘层→装热缩管和铜丝网管→热缩内护层→装铠装铁盒焊接地线→装热缩外护套。

6. 电缆的试验

电缆线路施工完毕，经试验合格后办理交接验收手续方可投入运行。电力电缆的试验项目有：测量绝缘电阻；直流耐压试验并测量泄漏电流；检查电缆线路的相位，要求两端相位一致，并与电网相位相吻合。

6.4.3 架空线路及杆上电气设备安装

1. 线路结构

架空线路主要由电杆、横担、导线、绝缘子（瓷瓶）、避雷线（架空地线）、拉线、金具、基础、接地装置等组成，如图 6-72 所示。

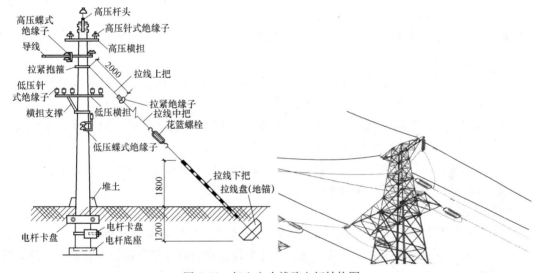

图 6-72 架空电力线路电杆结构图

(1) 电杆：电杆是支撑导线的支柱。电杆有木杆（已很少使用）、钢筋混凝土杆（也称水泥杆）和铁塔三种。环状截面的水泥杆又有等径杆和拔梢杆之分。在低压架空线路中一般采用预应力钢筋混凝土拔梢杆。

(2) 横担：横担是电杆上部用来安装绝缘子以固定导线的部件。从材料来分，有木横担（已很少用）、铁横担和瓷横担。低压架空线路常用镀锌角钢横担。横担固定在电杆的顶部，距顶部一般为 300mm。

(3) 绝缘子：绝缘子又称瓷瓶，它被固定在横担上，用来使导线之间、导线与横担之间保持绝缘，同时也承受导线的垂直荷重和水平拉力。低压架空线路的绝缘子主要有针式和蝶式两种。

(4) 导线：架空导线的结构一般可分为三大类，即单股导线、多股导线和复合材料多股绞线，按导电体的材料又可分为铜芯导线和铝芯导线。

当单股导线截面增加时，因制造工艺等原因，使得它的机械强度下降，所以单股导线的截面一般不大于 $10mm^2$，并且在架空线路上不允许采用单股铝芯导线。

多股导线是由多股细导线绞合而成的。优点是机械强度比较高，柔韧易弯曲，且电阻比单股导线在同截面状态下略小。

复合材料多股绞线是一种采用两种材料制成的多股导线，目前常用的是钢芯铝绞线。它的中心部位是由钢线绞合而成，在它外面再绞上铝线。这种导线的机械强度更高，抗腐蚀能力更强，如图 6-73 所示。

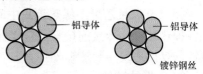

图 6-73　架空铝导线结构

架空配电导线按导体外绝缘材料又可分为橡胶绝缘、塑料绝缘和裸导线三种。架空配电干线、支线一般采用裸导线，而在人口密集区一般采用绝缘导线。

架空导线的型号由两部分组成，型号的前面为汉语拼音字母，后面为数字部分。

用汉字拼音的第一字母表示导线的材料结构：

L 表示铝导线，T 表示铜导线，G 表示钢导线，LG 表示钢芯铝绞线，若后面再加上 J，则表示多股绞线，没有 J 表示单股导线。

字母后面的数字表示导线的标称截面，单位是 mm^2，钢芯铝绞线有两个数字，斜线前面的是铝线部分的标称截面，斜线后面的是钢芯的标称截面。

（5）拉线：拉线在架空线路中的作用是平衡电杆各方向上的拉力，以防电杆弯曲或倾倒，所以在承力杆（例如转角杆、终端杆、耐张杆）上均装有拉线。

（6）金具：在架空线路敷设中，横担的组装、绝缘子的安装、导线的架设、电杆拉线的制作等都需要一些金属构件，这些金属构件统称为线路金具。

常用的线路金具有：横担固定金具，如穿心螺栓、U 形抱箍等；线路金具，如挂板、线夹等；拉线金具，如心形环、花篮螺栓等。

2. 线路施工

架空配电线路施工的主要内容包括：线路路径选择、测量定位、基础施工、杆顶组装、电杆组立、拉线组装、导线架设及弛度观测、杆上设备安装以及架空接户线安装、线路调试运行及验收等。

低压架空线路的敷设有电杆架空线路和沿墙架空线路。沿墙架空线路适用于建筑物间距较小不宜埋设电杆的场所。架设线路的部位如置于建筑物无门窗的外墙，则其架设高度需满足对地最小距离，见表 6-3。如置于带有门窗的外墙，线路则需与窗、门保持一定的垂直距离。否则，线路将穿管沿墙架设。

表 6-3　架空导线与地面的最小距离　　　　　　　　　　　　　　（单位：m）

线路通过地区	线路电压		线路通过地区	线路电压	
	高压	低压		高压	低压
居民区	6.5	6.0	交通困难地区	4.5	4.0
非居民区	5.5	5.0			

电杆架空线路除需满足表 6-3 对地最小距离外，还需满足表 6-4~表 6-6 与建筑物最小距离、导线间最小距离及档距的规定。

项目6 建筑变配电工程

表6-4 架空线路导线与建筑物的最小距离 （单位：m）

建筑物的部位	线路电压		建筑物的部位	线路电压	
	高压	低压		高压	低压
建筑物的外墙	1.5	1.0	建筑物的阳台	4.5	4
建筑物的外窗	3	2.5	建筑物的屋顶	3	2.5

表6-5 架空线路导线间的最小距离 （单位：m）

电压	档距/m						
	40及以下	50	60	70	80	90	100
高压	0.6	0.65	0.7	0.75	0.85	0.9	1.0
低压	0.3	0.4	0.45	—	—	—	—

表6-6 架空线路的档距 （单位：m）

地区	高压	低压
城区	40~50	30~45
郊区	50~100	40~60
住宅区或院墙内	35~50	30~40

接户线是从架空线路电杆上引入电源的装置，进户线是户外架空线路与户内线路的衔接装置。低压架空线路电源引入线如图6-74所示，架空进户线的安装如图6-75所示，TN系

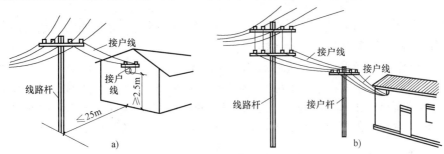

图6-74 低压架空线路电源引入线
a) 直接接户型 b) 加杆接户型

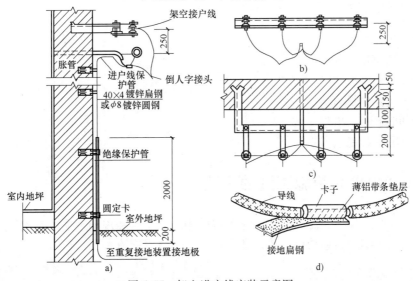

图6-75 架空进户线安装示意图
a) 安装示意图 b) 正视图 c) 顶视图 d) 节点

统架空引入线接地安装如图 6-76 所示。

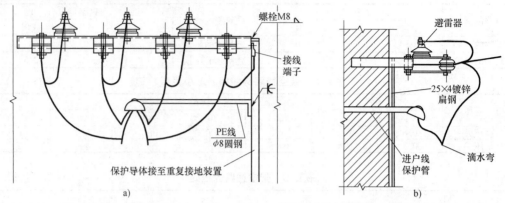

图 6-76 TN 系统架空引入线接地安装
a) 架空引入线接地安装正视图　b) 架空引入线接地安装侧视图

6.5 建筑变配电系统调试

建筑变配电系统设备安装完毕，为保证供用电的顺利进行，必须调试，调试的内容有：
(1) 高压侧 10kV 配电装置系统调试。
(2) 电力变压器系统调试。系统调试的工作内容包括：变压器、断路器、互感器、隔离开关、风冷及油循环冷却系统电气装置、常规保护装置等一、二次回路的调试及空投试验。

三相变压器调试的工作内容包括：绝缘电阻和吸收比的测量、直流电阻的测量、绕组连接组别的测试、变压器的变比测量、变压器空载试验、工频交流耐压试验、额定电压冲击合闸试验等。

(3) 低压侧 0.4kV 配电装置系统调试。
(4) 母线系统调试。
(5) 绝缘子试验。
(6) 避雷器调试。
(7) 电容器调试。
(8) 电缆试验。
(9) 发电机系统调试。
(10) 不间断电源调试。
(11) 备用自投装置调试。

6.6 建筑变配电系统施工图的识读

施工图是建筑工程界交流的语言，它是按照相约的符号和规则来描述系统构成、设备安装工艺与要求，来实现信息结构的传送和表达，实现技术交流。

6.6.1 常用图例

图例在电气施工图或其他文件中表示一个设备或概念的图形、记号或符号。因为构成建筑电气工程的设备、元件、线路很多，结构类型不一，安装方法各异，必须首先明确和熟悉这些图形符号所代表的内容和含义以及它们之间的相互关系。

目前我国的图形符号标准是GB/T，常用的电气图例符号见表6-7和表6-8。

表6-7 常用的电气图图线形式及应用

图线名称	图线形式	图线应用	图线名称	图线形式	图线应用
粗实线	———	电气线路，一次线路	点画线	—·—·—	控制线
细实线	———	二次线路，一般线路	双点画线	—··—··—	辅助围框线
虚线	- - - - - -	屏蔽线路，机械线路			

表6-8 常用的电气图图例符号

图例	名称	备注	图例	名称	备注
	双绕组变压器	形式1		电源自动切换箱（屏）	
	变压器	形式2		隔离开关	
	三绕组	形式1		接触器（在非动作位置触点断开）	
	变压器	形式2		断路器	
	电流互感器 脉冲变压器	形式1 形式2		熔断器一般符号	
				熔断器式开关	
				熔断器式隔离开关	
	电压互感器	形式1 形式2		避雷器	
			A	指示式电流表	
	屏、台、箱、柜一般符号			接地装置	(1)有接地极 (2)无接地极
	电线、电缆、母线、传输通路、一般符号		V	指示式电压表	
	三根导线		cosφ	功率因数表	
	三根导线		Wh	有功电能表（瓦时计）	
	n根导线				

线路敷设方式文字符号见表6-9。

表6-9 线路敷设方式文字符号

敷设方式	符号	敷设方式	符号
穿焊接钢管敷设	SC	电缆桥架敷设	CT
穿电线管敷设	TC	金属线槽敷设	MR
穿硬塑料管敷设	PC	塑料线槽敷设	PR
穿聚氯乙烯半硬管敷设	FPC	直埋敷设	DB
穿聚氯乙烯塑料波纹管敷设	KPC	电缆沟敷设	TC
穿金属软管敷设	CP	混凝土排管敷设	CE
穿扣压式薄壁钢管敷设	KBG	钢索敷设	M

线路敷设部位文字符号见表6-10。

表6-10 线路敷设部位文字符号

敷设方式	符号	敷设方式	符号
沿或跨梁(屋架)敷设	BC	暗敷设在墙内	WC
暗敷设在梁内	BC	沿顶棚或顶板面敷设	CE
沿或跨柱敷设	CLE	暗敷设在屋面或顶板内	CC
暗敷设在柱内	CLC	吊顶内敷设	SCE
沿墙面敷设	WE	地板或地面暗敷设	F

线路的文字标注基本格式为：ab-c(d×e+f×g)i-jh

其中：

a 表示线缆编号；

b 表示型号；

c 表示线缆根数；

d 表示线缆线芯数；

e 表示线芯截面（mm^2）；

f 表示PE、N线芯数；

g 表示线芯截面（mm^2）；

h 表示线路敷设安装高度（m）；

i 表示线路敷设方式；

j 表示线路敷设部位。

上述字母无内容时则省略该部分。

6.6.2 建筑电气施工图的组成与内容

电气施工图的组成主要包括：说明性文件、系统图、原理图、平面图、安装详图等。

1. 说明性文件

(1) 图样目录。内容包括序号、图样名称、图样编号、图样张数等。

(2) 设计说明（施工说明）。主要阐述电气工程的设计依据、工程的要求和施工原则、建筑特点、电气安装标准、安装方法、工程等级、工艺要求及有关设计的补充说明等。

(3) 图例设备材料表。该项目电气工程所涉及的设备和材料的图形符号和文字代号、名称、型号、规格和数量，供设计概算、施工预算及设备订货时参考。

2. 系统图

系统图是用符号或带注释的框概略表示系统或分系统的基本组成、相互关系及其主要特征的一种简图。系统图是表现电气工程的供电方式、电力输送、分配、控制和设备运行情况的图样。

3. 原理图

原理图是用图形符号并按工作排列顺序，详细表示电路、设备或成套装置的全部基本组成和连接关系，而不考虑其实际位置的一种简图。目的是便于详细理解作用原理，分析和计算电路特性。

4. 电气平面图

电气平面图是表示电气设备、装置与线路平面布置的图样，是进行电气安装的主要依据。电气平面图是以建筑平面图为依据，在图上给出电气设备、装置的安装位置及标注线路敷设方法等。

5. 安装详图

安装详图在现场常被称为安装配线图，主要用来表示电气设备、电器元件和线路的安装位置、配线方式、接线方式、配线场所等特征的图，一般与系统图、原理图和平面图等配套使用，详图多采用全国通用标准图集。

6.6.3 建筑变配电系统施工图识读

1. 建筑电气工程施工图的特点

建筑电气工程施工图是建筑电气工程造价和安装施工的主要依据之一，其特点可概括为以下几点：

变配电房三维
模型展示

（1）建筑电气工程图大多是采用统一的图形符号并加注文字符号绘制出来的，属于简图之列。

（2）任何电路都必须构成闭合回路。电路的组成包括4个基本要素，即：电源、用电设备、导线和开关控制设备。电气设备、元件彼此之间都是通过导线连接起开关来构成一个整体，导线可长可短，有时电气设备安装位置在A处，控制设备的信号装置、操作开关则可能在较远的B处，而两者又不在同一张图样上。了解这一特点，就可将各有关的图样联系起来，才能很快读图。

一般而言，应通过系统图、电路图找联系；通过平面布置图、接线图找位置；交错阅读，这样读图的效率可以提高。

（3）建筑电气工程施工是与主体工程（土建工程）及其他安装工程（给水排水管道、供热管道、采暖通风的空调管道、通信线路、消防系统及机械设备等安装工程）施工相互配合进行的，所以建筑电气工程图与建筑结构图及其他安装工程图不能发生冲突。

例如，线路的走向与建筑结构的梁、柱、门、窗、楼板的位置及走向有关，还与管道的规格、用途及走向等有关，安装方法与墙体结构、楼板材料有关。特别是对于一些暗敷的线路、各种电气预埋件及电气设备基础更与土建工程密切相关。因此，阅读建筑电气工程图时，需要对应阅读有关的土建工程图、管道工程图，以了解相互之间的配合关系。

（4）建筑电气工程图对于设备的安装方法、质量要求以及使用、维修方面的技术要求等往往不能完全反映出来，此时会在设计说明中写明"参照××规范或图集"，因此在阅读图样时，有关安装方法、技术要求等问题，要注意参照有关标准图集和有关规范执行以满足进行工程造价和安装施工的要求。

(5) 建筑电气工程的平面布置图是用投影和图形符号来代表电气设备或装置绘制的，阅读图样时，比其他工程的透视图难度大。投影在平面的图无法反映空间高度，只能通过文字标注或说明来解释。因此，读图时首先要建立空间立体概念。图形符号也无法反映设备的尺寸，只能通过阅读设备手册或设备说明书获得。图形符号所绘制的位置也不一定按比例给定，它仅代表设备出线端口的位置，在安装设备时，要根据实际情况来准确定位。

2. 阅读建筑电气工程施工图的一般程序

阅读建筑电气工程图必须熟悉电气图基本知识（表达形式、通用画法、图形符号、文字符号）和建筑电气工程图的特点，同时掌握一定的阅读方法，才能比较迅速全面地读懂图样。

阅图的方法没有统一规定，通常可按下列方法去做，即：了解情况先浏览，重点内容反复看，安装方法找大样，技术要求查规范。具体的可按以下顺序读图：

(1) 看标题栏及图样目录：了解工程名称、项目内容、设计日期及图样数量和内容等。

(2) 看总说明：了解工程总体概况及设计依据，了解图样中未能表达清楚的各有关事项，如供电电源的来源、电压等级、线路敷设方法、设备安装高度及安装方式、补充使用的非国标图形符号、施工时应注意的事项等。有些分项的局部问题是在分项工程图样上说明的，看分项工程图样时，也要先看设计说明。

(3) 看系统图：各分项工程的图样中都包含有系统图，如变配电工程的供电系统图、电力工程的电力系统图、照明工程的照明系统图以及电视系统图、电话系统图等。看系统图的目的是了解系统的基本组成，主要电气设备、元件等连接关系及它们的规格、型号、参数等，掌握该系统的组成概况。阅读系统图时，一般可按电能量或信号的输送方向，从始端看到末端，对于变配电系统图就按进线→高压配电→变压器→低压配电→低压出线→各低压用电点的顺序看图。

(4) 看平面布置图：平面布置图是建筑电气工程图样中的重要图样之一，如变配电所的电气设备安装平面图（还应有剖面图）、电力平面图、照明平面图、防雷和接地平面图等，都是用来表示设备安装位置、线路敷设部位、敷设方法及所用导线型号、规格、数量、电线管的管径大小等。在阅读系统图，了解系统组成概况之后，就可依据平面图编制工程预算和施工方案，具体组织施工了，所以对平面图必须熟读。阅读照明平面图时，一般可按此顺序：进线→总配电箱→干线→支干线→分配电箱→支线→用电设备。

(5) 看电路图（原理图）：了解各系统中用电设备的电气自动控制原理，用来指导设备的安装和控制系统的调试工作。因电路图多是采用功能布局法绘制的，看图时应依据功能关系从上到下或从左至右逐个回路阅读。熟悉电路中各电器的性能和特点，对读懂图样将是一个极大的帮助。

(6) 看安装接线图：了解设备或电器的布置与接线，与电路图对应阅读，进行控制系统的配线和调校工作。

(7) 看安装大样图：安装大样图是用来详细表示设备安装方法的图样，是依据施工平面图，进行安装施工和编制工程材料计划时的重要参考图样。特别是对于初学安装的人更显重要,甚至可以说是不可缺少的。安装大样图多采用全国通用电气装置标准图集。

(8) 看设备材料表:设备材料表给我们提供了该工程所使用的设备、材料的型号、规格和数量,是我们编制购置设备、材料计划的重要依据之一。

阅读图样的顺序没有统一的规定,可以根据需要,自己灵活掌握,并应有所侧重。为更好地利用图样指导施工,使安装施工质量符合要求,还应阅读有关施工及验收规范、质量检验评定标准,以详细了解安装技术要求,保证施工质量。

3. 变配电工程施工图读图练习

这里,我们以某高层建筑(住宅楼)的变配电工程作为实例来进行读图练习。施工图如图 6-1~图 6-8 所示。

(1) 施工图简介。

1) 工程概况:该工程属于二类高层住宅建筑,地上 18 层,地下 1 层,建筑面积为 $10371m^2$。地下一层地坪为 -3.9m,地上架空层层高 3.9m,其余为标准层,层高 3m。采用一路独立的 10kV 电源与 80kW 柴油发电机配合供电。

2) 变配电所设备布置概况:从变配电所设备布置平面图及高压供电、低压配电系统图中可以了解到,共安装有 1 台变压器,型号为 SCB9—400kVA/10/0.4kV。3 台高压开关柜(AH),型号为 XGN,其中 1 台进线柜、1 台专用计量柜、1 台馈(出)线柜。

8 台低压开关柜(AA),型号为 GCS,其中 1 台进线柜、1 台计量柜、1 台无功补偿电容器柜,3 台出线柜,1 台联络柜,1 台备用电源柜,总共编号有 34 个低压回路,留作备用的回路有 9 个,其中需要双回路配电的用电点 9 个,占用 18(2×9)个回路,单回路配电的有 7 个。

另有 1 台 80kW 柴油发电机组,通过发电机的发电获取第二电源。

(2) 施工图解读。

1) 负荷等级与供电电源。本工程属于二类高层建筑,一级负荷有:所有消防用电设备,包括消防电梯、消火栓泵、排污泵、消防风机、公共照明以及配电房、消防控制室用电;二级负荷有:普通客梯和生活水泵;其他电力负荷及住宅照明是三级负荷,总设备容量为 286.21kW。

由于取用两回独立 10kV 电源有困难,本工程采用一路 10kV 市电电源,采用电缆穿 SC125 钢管埋地进入本建筑地下室变电房,另设柴油发电机提供低压电,以满足重要负荷的双电源要求。

2) 高压配电系统:10kV 高压配电系统为单母线不分段。10kV 市政电源采用钢带铠装三芯 95 铜芯电缆穿 SC125 埋地进入,过墙时预埋防水钢套管,如图 6-6 所示。进入 1AH 高压进线柜(图 6-1),电源通断采用负荷开关,型号 FLN36—12D/630—20,交流操作系统。1AH 柜内还有电流互感器、电压互感器、高压熔断器、避雷器各 1 组,设电压监视器与接地开关。2AH 是计量柜,3AH 是高压出线柜,三台高压柜之间采用硬铜母线电气连接。

3) 变压器 TM:变压器采用 9 系列的干式变压器(图 6-2),Y/△ 连接,额定容量 400kVA,高压侧电压 10kV,低压侧 0.4kV。副边绕组中性点接地,并引出 PE 线。降压后,用高强封闭母线槽 CFW—2A—1000/4 将低压电引至低压进线柜 1AA。

4) 低压配电系统:低压配电系统接地形式采用 TN—S 系统。工作零线(N)和接地保护线(PE)从变电所低压开关柜开始分开,不再相连。低压进线柜 1AA,接收从变压器低压侧传来的电能，内设 HSW1 智能型万能式低压断路器（壳架等级额定电流2000A，整定电流 630A）、电流互感器（LMZJ—0.5，800/5A）、电流表、电压表。电源经断路器控制后传到低压计量柜2AA，2AA 内设电流互感器、电流表、电压表、功率因数表、有功电度表。计量后的电能用硬铜母线传到3AA。3AA 是电容器柜，该工程采用低压集中自动补偿方式，使补偿后的功率因数大于 0.9（荧光灯就地补偿，补偿后的功率因数大于 0.9）。4AA、5AA 是低压出线柜，以放射式配电方式将电能送至住宅配电箱（或称电度表箱）AW，回路编号分别是 N101~N106（采用交联铜芯五芯电缆，从配电房电缆沟出线后沿 300mm×100mm 桥架走至电气竖井，在竖井中将电能送至相应楼层电表箱 AW（图 6-2、图 6-5、图 6-6），N107、N108 是备用回路。

6AA 是低压出线柜（图 6-3），以放射式配电方式将电能送至公共照明配电箱、各动力用电点，回路编号分别是 N110~N122（采用耐火交联铜芯电缆，N111~N115、N119 在地下室从配电房电缆沟出线后沿 300mm×100mm 桥架走至各动力用电点，N110、N116~N118 从电缆沟出线后沿 300mm×100mm 桥架走至电气竖井，在竖井中将电能送至相应楼层配电箱，如图 6-5、图 6-6 所示），N120、N121、N122 是备用回路。7AA 是低压联络柜（图6-4），低压母线分段运行，设自投自复联络断路器、手动隔离开关。自投时应自动断开非消防负荷，以保证任何情况下都能使重要负荷获得双电源。8AA 是公共照明配电箱、各动力用电点的第二低压电源，作为这些重要负荷的备用电源。双电源引到重要负荷点，在最末一级配电箱处设双电源自投自复。低压配电系统中对于单台容量较大的负荷或重要负荷采用放射式供电，对于照明部分采用放射式与树干式相结合的供电方式。低压开关柜之间采用硬铜母线电气连接。

5）设备安装

① 变压器，高、低压开关柜应与预留 10#槽钢牢固焊接，下设柜下沟，柜后设带单侧支架的电缆沟，如图 6-7 所示。

② 柴油发电机组坐落在钢筋混凝土基础上，柴油发电机房要设隔声防震排烟措施。

③ 电气竖井内电箱挂墙明装，线缆在桥架内沿井壁引上，穿过楼板时要做好防火措施，如图 6-8 所示。

本项目小结

（1）电力系统由发电厂、电力网以及电力用户组成。我国电力系统的额定电压等级主要有：220V、380V、6kV、10kV、35kV、110kV、220kV、330kV、500kV 等几种。其中 220V、380V 用于低压配电线路，6kV、10kV 用于高压配电线路，而 35kV 以上的电压则用于输电网。

（2）用电负荷按照供电可靠性及中断供电时在政治、经济上所造成的损失或影响程度，可分为一级负荷、二级负荷及三级负荷。一级负荷需采用两个及以上的独立电源供电，二级负荷应采用两回路电源供电，三级负荷对供电无特殊要求。

（3）建筑供配电系统主要由变电所、动力配电系统、照明配电系统组成。建筑供配电系统是否需设变电所，应从建筑物总用电容量、用电设备的特性、供电距离、供电线路的回路数、用电单位的远景规划、当地公共电网的现状和它的发展规划以及经济合理等因素综合考虑决定。

(4) 变电所通常由高压配电室、电力变压器室和低压配电室等三部分组成，所内的布置应合理紧凑，便于值班人员操作、检修、试验和搬运，配电装置的安放位置应保证具有规定的最小允许通道宽度。

(5) 母线是变电所中的总干线，线路分支均从母线分支而出。母线安装时，与室内、室外配电装置的安全净距应符合规定。高低压开关柜的布置应考虑设备的操作、搬运、检修和试验的方便。开关柜的安装内容及安装程序为：设备开箱检查→二次搬运→基础型钢制作安装→柜（盘）母线配制→柜（盘）二次回路接线→接地→试验调整→送电运行验收。

(6) 10kV线路有架空线路和电缆线路两类。架空线路是利用电杆架空敷设裸导线或绝缘导线的方式，其特点是投资少、易于架设、维护检修方便、易于发现和排除故障、占用地面位置、易受环境影响、安全可靠性差等。电缆线路是利用电力电缆敷设的线路，具有成本高、不便维修、运行可靠、不受外界影响、施工方便、耐腐蚀、有较好的防火、防雷性能等特点，电缆的敷设方式很多，一般有直埋电缆敷设、穿管敷设、电缆沟敷设、桥架、支架敷设等。

(7) 电缆敷设好之后，电缆线路的两端必须和配电设备或用电设备相连接，电缆两端的接头装置叫作终端头，电缆线路中间的接头装置叫作中间接头。制作电缆接头是电缆施工中的一道重要工序，接头质量的好坏直接关系到电缆线路的运行安全。因此，无论是终端接头还是中间接头的制作都必须满足密封性好、绝缘强度高、接头接触电阻小、有足够的机械强度等基本要求。

(8) 电气施工图是用特定的图形符号、线条等表示系统或设备中各部分之间相互关系及其连接关系的一种简图。电气施工图的绘制有一定的标准，看懂并理解电气施工图的内容是电气施工的首要工作。电气施工图一般包含说明性文件（图样目录、设计说明、图例设备材料表）、系统图、原理图、平面图、安装详图等内容。

思考题与习题

1. 什么叫电力系统？我国电力系统中的电压等级主要有哪些？各种不同电压等级的作用是什么？
2. 如何划分建筑用电负荷的等级？对不同等级的负荷供电时有什么要求？
3. 建筑供配电系统的配电形式主要有哪几种？各有什么特点？
4. 变电所主要由哪几部分组成？各部分的作用分别是什么？
5. 简述配电柜的安装程序及安装方法。
6. 架空线路包括哪些组成部分？敷设时应注意哪些事项？对最小安全距离的规定有哪些？
7. 简述电缆敷设的方式及其要求。
8. 什么叫做封闭式插接母线？封闭式插接母线型号上信息的含义是什么？
9. 安装母线时，对母线的排列及涂色有何要求？
10. 简述电力变压器的作用和分类，安装变压器时应注意哪些事项？
11. 什么叫电气施工图？一套完整的电气施工图主要包含哪些内容？
12. 阅读实际工程项目的建筑供配电系统施工图，讨论并叙述该施工图的工程内容。

项目 7

建筑电气照明工程

 学习目标：

（1）了解电气照明基本概念、了解电光源发光原理。
（2）熟悉灯具分类及其安装工艺。
（3）掌握照明线路敷设方式与要求。
（4）熟练识读建筑电气照明施工图。

 学习重点：

（1）照明系统组成。
（2）照明设备安装内容、导线型号规格与敷设工艺。
（3）建筑电气照明系统施工图读图。

 学习建议：

（1）建筑电气照明原理、设计的内容做一般了解，重点放在电气照明器具安装、配电线路施工与电气照明施工图识图内容。

（2）建筑电气照明系统与我们的生活和工作关系密切，在学习过程中应多观察、多动脑思考，并多到施工现场了解实物及安装过程，也可以通过施工录像、动画来加深对课程内容的理解。

（3）要充分运用空间想象力，结合建筑整体将建筑电气照明平面图变成三维图。多做施工图识读练习，注意图中电气导线的走向与根数变化，掌握安装材料下料要求。

（4）巩固训练识图是课程内容的延伸与深化，应结合课文内容实例进行熟读。在学习过程中，项目后的思考题与习题的练习要与进度同步。

 相关知识链接：

相关规范、定额、手册、精品课网址、网络资源网址：
（1）《供配电系统设计规范》（GB 50052—2009）。
（2）《20kV 及以下变电所设计规范》（GB 50053—2013）。
（3）《低压配电设计规范》（GB 50054—2011）。
（4）《民用建筑电气设计规范》（JGJ 16—2008）。

（5）图集《常用低压配电设备安装》(04D702—1)。

（6）图集《110kV及以下电缆敷设》(12D101—5)。

（7）图集《室内管线安装》(2004年合订本)(D301—1~3)。

1. 工作任务分析

图7-1~图7-3是某办公科研楼建筑电气照明施工图，图中的图块、符号、数据和线条代表什么含义？如何将图面内容与电器立体布置构思联系在一起？照明电器是如何安装的？线路怎么敷设？这一系列的问题均要通过本项目内容的学习才能逐一获得解答。

2. 实践操作（步骤/技能/方法/态度）

为了能完成前面提出的工作任务，我们需从解读建筑电气照明基本知识开始，然后到照明系统的组成、材料认识，照明灯具安装、线路敷设等施工工艺与下料，进而学会识读电气照明施工图，为建筑电气照明系统施工图的算量与计价打下基础。

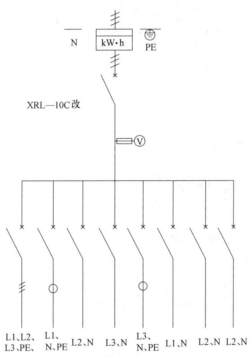

回路编号	W1	W2	W3	W4	W5	W6	W7	W8
导线数量与规格/mm²	4×4	3×2.5	2×2.5	2×2.5	3×4	2×2.5	2×2.5	2×2.5
配线方向	一层三相插座	一层③轴西部	一层③轴东部	走廊照明	二层单相插座	二层④轴西部	二层④轴东部	备用

图7-1 某办公科研楼照明配电系统图

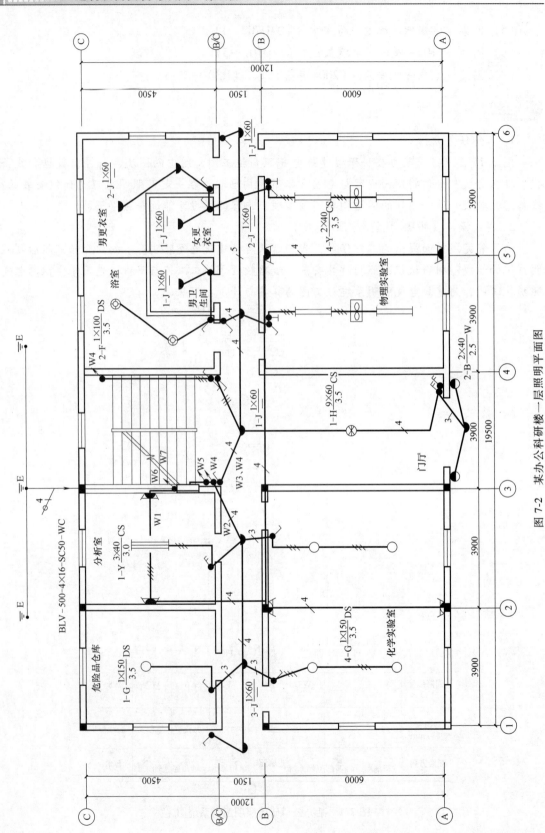

图 7-2 某办公科研楼一层照明平面图

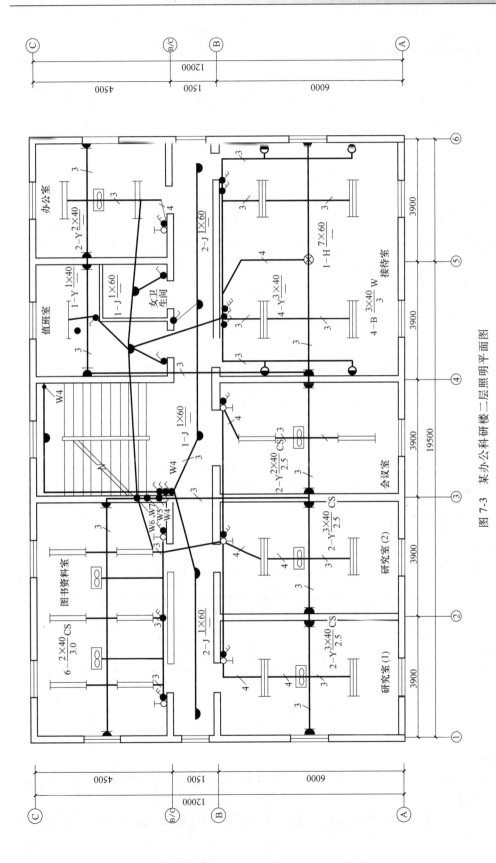

图 7-3 某办公科研楼二层照明平面图

7.1 电气照明基础知识

张家口的风点亮了北京的灯!

绿色冬奥是北京 2022 年冬奥会的一项重要理念。把张北的风转化为清洁电力并入冀北电网再输向北京、延庆、张家口三个赛区,这些电力不仅点亮一座座奥运场馆,也点亮北京的万家灯火。

一度电可以做什么

电气照明是通过照明电光源将电能转换成光能,在夜间或天然采光不足的情况下创造一个明亮的环境,以满足生产、生活和学习的需要。合理的电气照明对于保证安全生产、改善劳动条件、提高劳动生产率、减少生产事故、保证产品质量、保护视力及美化环境都是必不可少的。电气照明已成为建筑电气一个重要组成部分。

电气照明是以光学为基础的综合性技术,所以必须先对有关光学的几个基本物理量及知识有所了解。

7.1.1 基本概念

1. 可见光

所谓可见光是指能被人眼感受到光感的光波,其波长在 380~780mm。

2. 光通量(流明—lm)

光通量是指光源在单位时间内,向周围空间辐射的使人眼产生光感的辐射能,符号为 φ,单位是流明(lm)。

3. 照度(勒克司—lx)

照度是表示物体被照亮程度的物理量,是受照物体单位面积上接受的光通量,单位是勒克斯(lx)。对于不同的工作场合,根据工作特点和对保护视力的要求,国家规定了必要的最低照度值。

7.1.2 照明方式和种类

1. 照明方式

照明方式分为一般照明、局部照明、混合照明,如图 7-4 所示。

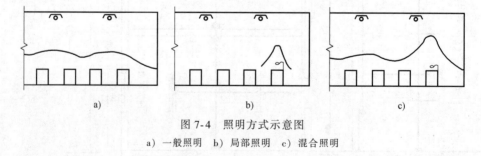

图 7-4 照明方式示意图
a)一般照明 b)局部照明 c)混合照明

2. 照明的种类

分为正常照明、应急照明、值班照明、警卫照明、障碍照明、装饰照明、艺术照明等。

3. 照明质量

衡量照明质量的好坏,主要有照度合理、照度均匀、照度稳定、避免眩光、光源的显色性、频闪效应的消除等。

7.2 照明电光源与灯具

☞ 中国的电灯起步

1882年7月26日,上海的一台发电机开始转动起来,点亮了15盏电灯。这是上海文明史上的重要时刻,也是中国电灯历史的新纪元。从此以后,中国的大地上亮起了电灯。

7.2.1 电光源的分类

电光源按发光原理可分为热致发光电光源(如白炽灯、卤钨灯等)、气体放电发光电光源(如荧光灯、汞灯、钠灯、金属卤化物灯等)、固体发光电光源(如LED和场致发光器件等)。各种电光源的适用场所及举例见表7-1。

7.2.2 几种常用的照明电光源

1. 白炽灯

白炽灯是最早出现的光源,即所谓第一代光源,如图7-5所示。它是将灯丝加热到白炽的程度,利用热辐射发出可见光。白炽灯具有显色性好、结构简单、使用灵活、能瞬时点燃、无频闪现象、可调光、可在任意位置点燃、价格便宜等特点。因其极大部分辐射为红外线,故光效最低,按照节能要求,应限制使用。根据《中国逐步淘汰白炽灯路线图》,2014年10月1日起,我国禁止进口和销售60W及以上的普通照明用白炽灯。从2016年10月1日起,禁止进口和销售15W及以上的白炽灯。

表7-1 各种电光源的适用场所及举例

光源名称	适用场所	举例
白炽灯	1. 照明开关频繁,要求瞬时启动或要避免频闪效应的场所 2. 识别颜色要求较高或艺术需要的场所 3. 局部照明、事故照明 4. 需要调光的场所 5. 需要防止电磁波干扰的场所	住宅、旅馆、饭馆、美术馆、博物馆、剧场、办公室、层高较低及照度要求也较低的厂房、仓库及小型建筑等
卤钨灯	1. 照度要求较高,显色性要求较好,且无振动的场所 2. 要求频闪效应小 3. 需要调光	剧场、体育馆、展览馆、大礼堂、装配车间、精密机械加工车间
荧光灯	1. 悬挂高度较低(例如6m以下),要求照度又较高者(例如100lx以上) 2. 识别颜色要求较高的场所 3. 在无自然采光和自然采光不足而人们需长期停留的场所	住宅、旅馆、商店、办公室、阅览室、学校、医院、层高较低但照度要求较高的厂房、理化计量室、精密产品装配、控制室等
荧光高压汞灯	1. 照度要求较高,但对光色无特殊要求的场所 2. 有振动的场所(自镇流式高压汞灯不适用)	大中型厂房、仓库、动力站房、露天堆场及作业场地、厂区道路或城市一般道路等
金属卤化物灯	高大厂房,要求照度较高,且光色较好的场所	大型精密产品总装车间、体育馆或体育场等
高压钠灯	1. 高大厂房,照度要求较高,但对光色无特别要求的场所 2. 有振动的场所 3. 多烟尘场所	铸钢车间、铸铁车间、冶金车间、机加工车间、露天工作场地、厂区或城市主要道路、广场或港口等

(续)

光源名称	适用场所	举例
管形氙灯	1. 要求照明条件较好的大面积场所 2. 短时需要强光照明的地方，一般悬挂高度在20m以上	露天作业场所，广场照明等
LED节能灯	应用主要集中在商业照明领域，以装饰性照明为主	显示、交通标志、汽车电子、背光源、建筑照明、建筑装饰等

2. 卤钨灯

卤钨灯也是一种热辐射光源，如图7-6所示。灯管多采用石英玻璃，灯头一般为陶瓷制，灯丝通常做成螺旋形直线状，灯管内充入适量的氩气和微量卤素碘或溴，因此，常用的卤钨灯有碘钨灯和溴钨灯。

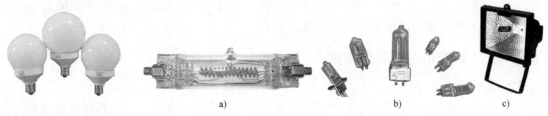

图7-5 白炽灯泡外形　　图7-6 卤钨灯
a) 管形　b) 定向　c) 方形卤钨灯

卤钨灯的发光原理与白炽灯相同，但它利用了卤钨循环的作用，使得卤钨灯比普通白炽灯光效高，寿命长，光通量更稳定，光色更好。

3. 荧光灯

荧光灯是一种低压汞蒸气放电灯，如图7-7所示。荧光灯具有表面亮度低，表面温度低，光效高，寿命长，显色性较好，光通分布均匀等特点。它被广泛用于进行精细工作、照度要求高或进行长时间紧张视力工作的场所，目前直管形三基色荧光灯常用的有T5、T8系列，T5系列更节能。

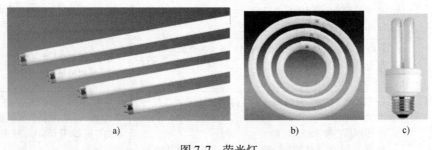

图7-7 荧光灯
a) 直管形　b) 环形　c) 紧凑形

4. 高压汞灯

高压汞灯发光原理和荧光灯一样，只是构造上增加一个内管。它是一种功率大、发光效率高的光源，常用于空间高大的建筑物中，悬挂高度一般在5m以上，如图7-8所示。由于它的光色差，在室内照明中可与白炽灯、碘钨灯等光源混合使用。多用于车间、礼堂、展览馆等室内照明，或道路、广场的室外照明。

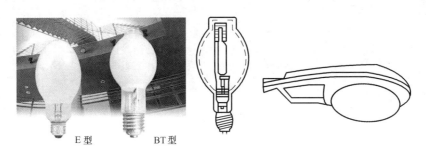

图 7-8　高压汞灯

5. 高压钠灯

高压钠灯是利用高压钠蒸气放电而工作的,具有光效高、紫外线辐射小、透雾性能好、光通维持性好、可任意位置点燃、耐振等特点,但显色性差。它广泛用于道路照明,当与其他光源混光后,可用于照度要求高的高大空间场所,如图 7-9 所示。

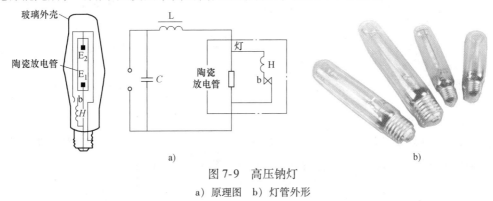

图 7-9　高压钠灯
a) 原理图　b) 灯管外形

6. 金属卤化物灯

金属卤化物灯与高压汞灯类似,但在放电管中除了充有汞和氩气外,还加充发光的金属卤化物（以碘化物为主）。金属卤化物灯发光效率高、显色性能好,但平均寿命短。如图 7-10 所示。

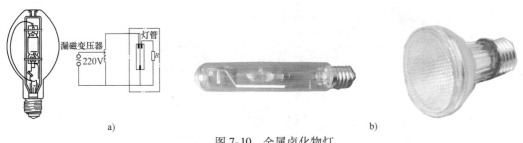

图 7-10　金属卤化物灯
a) 原理图　b) 灯管外形

7. 氙灯

氙灯利用高压氙气放电产生很强的白光,和太阳光十分相似（俗称"人造小太阳"）,显色性好、功率大、光效高。主要用于广场、港口、机场、发电站、体育场、大型建筑工地等大面积、高亮度的照明场所,更宜用于模拟自然光条件下的科研、生产、试验场合。如图 7-11 所示。

图 7-11 氙灯

8. LED 节能灯

LED 灯是利用注入式电导致发光原理制作的二极管，叫发光二极管，属于典型的绿色照明光源，发光效率高、光线质量高、无辐射，而且可靠耐用、维护费用极为低廉等，LED 将是未来室内照明的主流。LED 灯如图 7-12 所示。

图 7-12 LED 节能灯

7.2.3 照明灯具

1. 照明灯具分类

照明灯具按安装方式来分有：悬吊式、吸顶式、壁式、移动式、嵌入式等，如图 7-13 所示。灯具的其他分类方式：防潮型、防爆安全型、隔爆型、防腐蚀型。

图 7-13 灯具图
a) 悬吊式艺术花灯　b) 出口指示灯　c) 壁灯　d) 投光灯　e) 吸顶灯
f) 格栅荧光灯　g) 台灯　h) 埋地灯　i) 高杆路灯

2. 照明灯具的选择与布置

灯具的选择主要按光通量分配要求和环境要求这两个因素来进行，并尽可能选择高效灯具。

灯具的布置包括确定灯具的高度布置和平面布置两部分内容。布置应满足：合理的照度水平，并具有一定的均匀度；适当的亮度分布；必要的显色性和入射方向；限制眩光作用和阴影的产生，美观、协调。

常见的几种布置方案如图 7-14 所示。

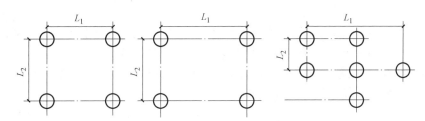

图 7-14　灯具水平布置方案

7.2.4　建筑电气照明节能

据估计，我国照明用电量约占总发电量的 10% 左右，而建筑照明用电占建筑耗电的 20%~30%，且现有照明装置以低效照明为主，照明节能对于提高民用建筑的经济效益有着重要的意义，常用的节能措施有下述几种。

（1）采用高效电光源：应严格控制使用白炽灯（除了特别需要场所），尽量减少高压汞灯的使用量；推广使用细管径荧光灯和紧凑型荧光灯；大力推广高效、寿命长的高压钠灯和金属卤化物灯，逐步推广使用 LED 节能灯。

（2）采用高效灯具：在所有灯具中直接型灯具效率最高；带格栅式和带保护罩的灯具效率最低，故在满足眩光限制和其他特殊要求下应选择直接型灯具。同时，根据使用现场不同，采用控光合理、光通量维持率高、光利用系数高、照明与空调一体化的灯具等，以达到节能目的。

（3）选用合理的照明方案：尽量少用一般照明，可考虑非均匀照明、混光照明以及其他灵活的照明系统，如设置照度梯度，使灯光物尽其用，达到节能的目的。

（4）采用合理的建筑艺术照明设计：建筑艺术照明设计是必要的，但也应讲究实效，避免片面追求形式。在安装建筑装饰照明灯具时，应力求艺术效果和节能的统一。

（5）装设必要的节能装置：对于气体放电光源可采取装设补偿电容的措施来提高功率因数；当技术经济条件允许时，可采用调光开关、节能开关或光电自动控制装置等节能措施。

（6）充分利用天然光源与间接光源：在工程设计中，电气设计人员应与建筑专业配合，从建筑结构方面充分获取天然光，如开大面积的顶部天窗，利用天井空间与屋顶采光，有条件的，可采用光导纤维、棱镜组反射及导光管等新技术进行采光，提高对自然光的利用。

采用提高室内反射面的反射光量来提高照度，可以利用墙面、顶棚、地面的反射来增加照度，如设置全反射的镜面作为间接光源，提高电能的利用率。

（7）加强日常照明维护：灯具与光源严重积尘后，会使照度明显降低，导致电能浪费，所以要加强灯具与光源的清洁维护工作。

7.3 建筑电气照明配电系统

建筑电气照明配电系统组成

按照电能量传送方向，建筑电气照明低压配电系统由以下几部分组成：进户线→总配电箱→干线→分配电箱→支线→照明用电器具。

7.3.1 进户线

由建筑室外进入到室内配电箱的这段电源线叫进户线，通常有架空进户、电缆埋地进户两种方式。架空进户导线必须采用绝缘电线，直埋进户电缆需采用铠装电缆，非铠装电缆必须穿管，进户线缆材料示意如图7-15所示，常用导线的型号及其主要用途见表7-2。

常用导线

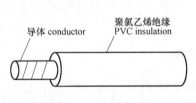

图7-15 进户线缆材料示意图

表7-2 常用导线的型号及其主要用途

导线型号		额定电压 /V	导线名称	导线截面面积 /mm²	主要用途
铝芯	铜芯				
LJ	TJ	—	裸绞线	LJ 10~800 TJ 10~400	室外架空线
LGJ			钢芯铝绞线	10~800	室外大跨度架空线
BLV	BV	500	聚氯乙烯绝缘线	BLV 1.5~185 BV 0.03~185	室内架空线或穿管敷设
BLX	BX	500	橡胶绝缘线	BLX 2.5~700 BX 0.75~500	室内架空线或穿管敷设
BLXF	BXF	500	氯丁橡胶绝缘线	BLXF 2.5~95 BXF 0.75~95	室内外敷设
BLVV	BVV	500	塑料护套线	BLVV 1.5~10 BVV 0.75~10	室内固定敷设
	RV	250	聚氯乙烯绝缘软线	0.012~6	250V以下各种移动电器接线
	RVS	250	聚氯乙烯绝缘绞型软线	0.012~2.5	
	RVB	250	平行聚氯乙烯绝缘连接软线	0.012~2.5	
	RVV	500	聚氯乙烯绝缘护套软线	0.012~2.5	500V以下各种移动电器接线

一栋单体建筑一般是一处进户,当建筑物长度超过60m或用电设备特别分散时,可考虑两处或两处以上进户。一般情况下应尽量采用电缆埋地进户方式。

7.3.2 总配电箱

总配电箱是一栋单体建筑连接电源、接受和分配电能的电气装置。配电箱内装有总开关、分开关、计量设备、短路保护元件和漏电保护装置等。总配电箱数量一般与进户处数相同。

低压配电箱根据用途不同可分为电力配电箱和照明配电箱,它们在民用建筑中用量很大。按产品划分有定型产品(标准配电箱)、非定型成套配电箱(非标准配电箱)及现场制作组装的配电箱。

1. 电力配电箱(AP)

电力配电箱亦称为动力配电箱,普遍采用的电力配电箱主要有XL(F)—14、XL(F)—15、XL(R)—20、XL—21等型号。电力配电箱型号含义如图7-16所示。

XL(F)—14、XL(F)—15型电力配电箱内部主要有刀开关(为箱外操作)、熔断器等。刀开关额定电流一般为400A,适用于交流500V以下的三相系统动力配电。

XL(R)—20、XL—21型采用DZ10型自动开关等元器件。XL(R)—20型采取挂墙安装,XL—21型采取落地式靠墙安装,适合于各种类型的低压用电设备的配电。XL—21型电力配电箱外形如图7-17所示。

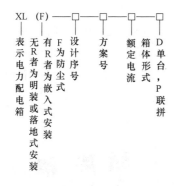

图7-16 电力配电箱型号含义

图7-17 XL—21型电力配电箱

2. 照明配电箱(AL)

照明配电箱内主要装有控制各支路用的开关、熔断器,有的还装有电度表、剩余电流保护器等。由于国内生产厂家繁多,外形和型号各异,国家只对配电箱用统一的技术标准进行审查和鉴定,在选用标准照明配电箱时,应查阅有关的产品目录和电气设备手册。照明配电箱如图7-18所示。

3. 其他系列配电箱

(1)插座箱:箱内主要装有自动开关和插座,还可根据需要加装LA型控制按钮、XD型信号灯等元件。插座箱适用于交流50Hz、电压500V以下的单相及三相电路中,如图7-19所示。

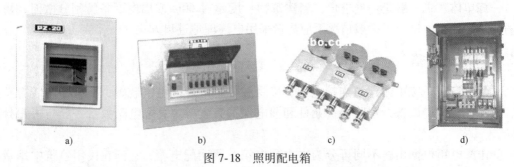

图 7-18 照明配电箱

a) PZ20 系列照明配电箱　b) 配施耐德电器照明配电箱　c) 防爆照明配电箱　d) 双电源手动切换箱

图 7-19 电源插座箱

a) 插座箱　b) 防爆防腐电源插座箱

（2）计量箱：计量箱适用于各种住宅、旅馆、车站、医院等建筑物用来计量频率为 50Hz 的单相以及三相有功电度。箱内主要装有电度表、自动开关或熔断器、电流互感器等。箱体由薄钢板焊接制成，上、下箱壁均有穿线孔，箱的下部设有接地端子板。箱体外形如图 7-20 所示。

图 7-20 计量箱

a) 封闭挂式　b) 嵌入暗装式

7.3.3 分配电箱

分配电箱是连接总配电箱和用电设备、接受和分配分区电能的电气装置。配电箱内装有总开关、分开关、计量设备、短路保护元件和漏电保护装置等。对于多层建筑可在某层设总配电箱，并由此引出干线向各层分配电箱配电。

7.3.4 干线

连接于总配电箱与分配电箱之间的线路,任务是将电能输送到分配电箱。配线方式有放射式、树干式、混合式。

7.3.5 支线

照明支线又称照明回路,是指从分配电箱到用电设备这段线路,即将电能直接传递给用电设备的配电线路。

7.3.6 照明用电器具

干线、支线将电能送到用电末端,其用电器具包括灯具以及控制灯具的开关、插座、电铃和风扇等。

照明用电器具

1. 灯具

灯具有一般灯具、装饰灯具(吊式、吸顶式、荧光艺术式、几何形状组合、标志诱导

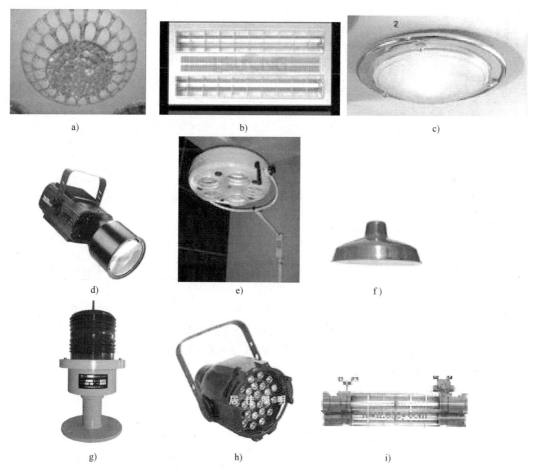

图 7-21　灯具形式实物图
a) 吸顶灯　b) 隔栅式荧光灯　c) 天棚灯　d) 追光灯　e) 医院无影灯
f) 工厂罩灯　g) 航空障碍灯　h) 歌舞厅灯　i) 防爆荧光灯

灯、水下艺术灯、点光源、草坪灯、歌舞厅灯具等)、荧光灯(吊线、吊链、吊杆、吸顶)、工厂灯(工厂罩灯、投光灯、烟囱水塔灯、安全防爆灯等)、医院灯具(病房指示灯、暗脚灯、紫外线灯、无影灯)、路灯(马路弯灯、庭院路灯)、航空障碍灯等多种形式,其示意图除7-13所示外,另如图7-21所示。

2. 灯具开关

灯具开关用来实现对灯具通电、断电的控制,根据节能要求,尽量实行单灯单控,在大面积照明场所也可以按回路进行控制。灯具开关按产品形式分为拉线式(图7-22)、跷板式(图7-23)、节能式(图7-24)以及其他形式,按控制方式分为单控、双控(图7-25)、三控等,按安装方式分有明装、暗装、密闭、防爆型。

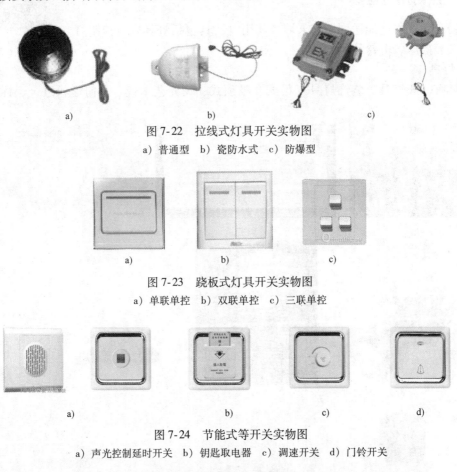

图7-22 拉线式灯具开关实物图
a) 普通型 b) 瓷防水式 c) 防爆型

图7-23 跷板式灯具开关实物图
a) 单联单控 b) 双联单控 c) 三联单控

图7-24 节能式等开关实物图
a) 声光控制延时开关 b) 钥匙取电器 c) 调速开关 d) 门铃开关

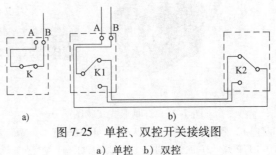

图7-25 单控、双控开关接线图
a) 单控 b) 双控

项目 7　建筑电气照明工程

3. 插座

插座有单相、三相之分，三相插座一般是四孔，单相插座有二孔、三孔、多孔，按安装方式分为明装、暗装、密闭、防爆型，如图 7-26 所示。

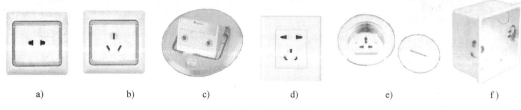

图 7-26　插座实物图

a) 单相二孔插座　b) 单相三孔插座　c) 地弹插座　d) 二、三孔插座　e) 地面线槽插座　f) 86 接线盒

4. 电铃与风扇

电铃的规格可按直径分为 100mm、200mm、300mm 等，也可按电铃号牌箱分为 10 号、20 号、30 号等，如图 7-27 所示。风扇可分为吊扇、壁扇、轴流排气扇等，如图 7-28 所示。

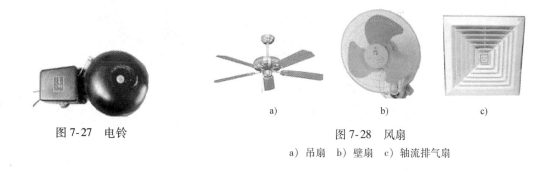

图 7-27　电铃

图 7-28　风扇

a) 吊扇　b) 壁扇　c) 轴流排气扇

7.4　建筑电气照明工程施工

失之毫厘，谬以千里——细节决定成败！

7.4.1　照明线路敷设

照明线路敷设有明敷和暗敷两种，明敷就是在建筑物墙、板、梁、柱的表面敷设导线或穿导线的槽、管，暗敷就是在建筑物墙、板、梁、柱里敷设导线。常见的照明线路敷设方式有线槽配线、导管配线，在大跨度的车间也用到钢索配线。

1. 线槽配线

线槽配线分为金属线槽明配线、地面内暗装金属线槽配线、塑料线槽配线。

施工工艺流程：弹线定位→线槽固定→线槽连接→槽内布线→导线连接→线路检查、绝缘摇测。

（1）金属线槽配线（MR）：金属线槽材料有钢板、铝合金，如图 7-29 所示，金属线槽在不同位置连接示意如图 7-30 所示。

建筑电气照明工程施工

照明线路敷设

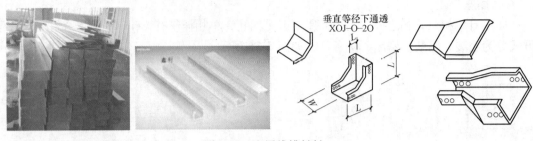

图 7-29 金属线槽材料

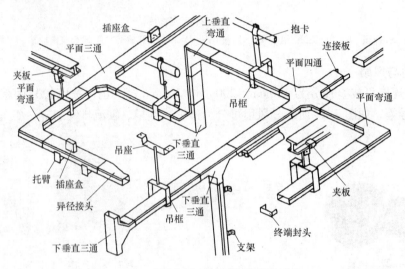

图 7-30 金属线槽在不同位置连接示意

工艺要求：

1) 金属线槽配线一般适用于正常环境的室内场所明配，但不适用于有严重腐蚀的场所。具有槽盖的封闭式金属线槽，其耐火性能与钢管相似，可敷设在建筑物的顶棚内。

2) 金属线槽施工时，线槽的连接应连续无间断；每节线槽的固定点不应少于两个；应在线槽的连接处、线槽首端、终端、进出接线盒、转角处设置支转点（支架或吊架）。线槽敷设应平直整齐。

3) 金属线槽配线不得在穿过楼板或墙壁等处进行连接。由线槽引出的线路可采用金属管、硬塑管、半硬塑管、金属软管或电缆等配线方式。金属线槽还可采用托架、吊架等进行固定架设。

4) 金属线槽配线时，在线路的连接、转角、分支及终端处应采用相应的附件。

5) 导线或电缆在金属线槽中敷设时应注意：

① 同一回路的所有相线和中性线应敷设在同一金属线槽内。

② 同一路径无防干扰要求的线路可敷设在同一金属线槽内。

③ 线槽内导线或电缆的总截面面积不应超过线槽内截面面积的 20%，载流导线不宜超过 30 根。当设计无规定时，包括绝缘层在内的导线总截面面积不应大于线槽截面面积的 60%。控制、信号或与其相类似的线路，导线或电缆截面面积总和不应超过线槽内截面面积的 50%，导线和电缆的根数不做限定。

项目7 建筑电气照明工程

④ 在穿越建筑物的变形缝时，导线应留有补充裕量，如图 7-31 所示。

6) 金属线槽应可靠接地或接零，线槽的所有非导电部分的铁件均应相互连接，使线槽本身有良好的电气连续性，但不作为设备的接地导体。

7) 从室外引入室内的导线，穿过墙外的一段应采用橡胶绝缘导线。穿墙保护管的外侧应有防水措施。

金属线槽在墙上、水平支架上安装如图 7-32 和图 7-33 所示。

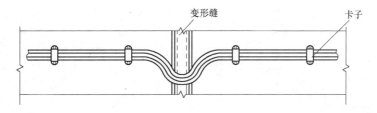

图 7-31 线缆在变形缝处处理示意图

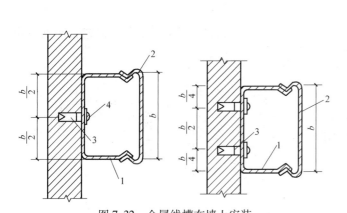

图 7-32 金属线槽在墙上安装
1—金属线槽 2—槽盖 3—塑料胀管 4—8×35 半圆头木螺钉

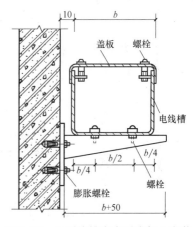

图 7-33 金属线槽在水平支架上安装

（2）地面内暗装金属线槽配线：地面内暗装金属线槽（实物如图 7-34 所示）配线是将电线或电缆穿在特制的壁厚为 2mm 的封闭式金属线槽内，直接敷设在混凝土地面、现浇钢筋混凝土楼板或预制混凝土楼板的垫层内，如图 7-35 所示。

图 7-34 地面内暗装金属线槽及其分线盒实物
a) 金属线槽 b) 分线盒

地面内暗装金属线槽安装时，应根据单线槽或双线槽不同结构形式，选择单压板或双压板与线槽组装并上好地脚螺栓，将组合好的线槽及支架沿线路走向水平放置在地面或楼（地）面的找平层或楼板的模板上，如图 7-36 所示，然后再进行线槽的连接。线槽连接应

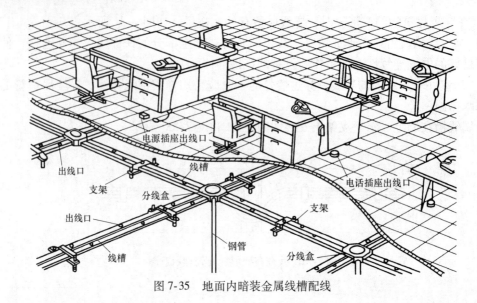

图 7-35 地面内暗装金属线槽配线

使用线槽连接头进行连接。线槽支架的设置一般在直线段 1~1.2m 间隔处、线槽接头处或距分线盒 200mm 处。

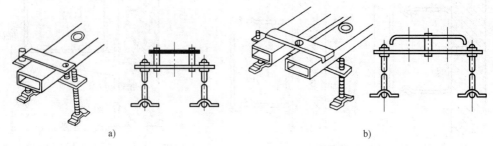

图 7-36 单双线槽支架安装示意图
a) 单线槽支架 b) 双线槽支架

工艺要求：

1）地面内金属线槽应采用配套的附件；线槽在转角、分支等处应设置分线盒；线槽的直线段长度超过 6m 时宜加装接线盒，线槽插入分线盒的长度不宜大于 10mm。线槽出线口与分线盒不得凸出地面，且应做好防水密封处理。金属线槽及金属附件均应镀锌。

2）由配电箱、电话分线箱及接线端子箱等设备引至线槽的线路，宜采用金属配线方式引入分线盒，或以终端连接器直接引入线槽。

3）强、弱电线路应采用分槽敷设。

无论是明装还是暗装，金属线槽均应可靠接地或接零，但不应作为设备的接地导线。

（3）塑料线槽配线 PR：塑料线槽配线安装、维修、更换电线电缆方便，适用于正常环境的室内场所，特别是潮湿及酸碱腐蚀的场所，但在高温和易受机械损伤的场所不宜使用，其配线与配件示意图如图 7-37 所示。

工艺要求：

1）塑料线槽必须经阻燃处理，外壁应有间距不大于 1m 的连续阻燃标记和制造厂标。

2）强、弱电线路不应同敷于一根线槽内。线槽内电线或电缆总截面面积不应超过线槽内截面面积的20%，载流导线不宜超过30根。当设计无此规定时，包括绝缘层在内的导线总截面面积不应大于线槽截面面积的60%。

3）导线或电缆在线槽内不得有接头，分支接头应在接线盒内连接。

4）线槽敷设应平直整齐。塑料线槽配线，在线路的连接、转角、分支及

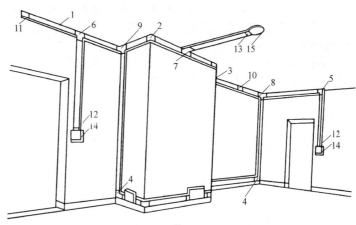

图7-37　塑料线槽的配线示意
1—直线线槽　2—阳角　3—阴角　4—直转角　5—平转角　6—平三通　7—顶三通　8—左三通　9—右三通　10—连接头　11—终端头　12—开关盒插口　13—灯位盒插口　14—开关盒及盖板　15—灯位盒及盖板

终端处应采用相应附件。塑料线槽一般沿墙明敷设，在大空间办公场所内每个用电点的配电也可用地面线槽。

2. 导管配线

将绝缘导线穿在管内敷设称为导管配线。导管配线安全可靠，可避免腐蚀性气体的侵蚀和机械损伤，更换导线方便。导管配线普遍应用于重要公用建筑和工业厂房中以及易燃、易爆和潮湿的场所。

管材有金属管（钢管SC、紧定式薄壁钢管JDG、扣压式薄壁钢管KBG、可挠金属管LV、金属软管CP等，如图7-38所示）和塑料管（硬塑料管PC、刚性阻燃管PVC、半硬塑料管FPC，如图7-39所示）两大类，BV、BLV导线穿管管径选择见表7-3。

图7-38　金属管

图7-39　PVC塑料管

表 7-3　BV、BLV 导线穿管管径选择表

导线截面面积 /mm²	PVC 管(外径)/mm 导线数/根							焊接钢管(内径)/mm 导线数/根							电线管(外径)/mm 导线数/根						
	2	3	4	5	6	7	8	2	3	4	5	6	7	8	2	3	4	5	6	7	8
1.5	16	16	16	16	20	20	20	15	15	15	15	20	20	20	16	16	16	19	19	25	25
2.5	16	16	16	16	20	20	20	15	15	15	15	20	20	20	16	16	16	19	19	25	25
4	16	16	16	20	20	20	20	15	15	15	20	20	20	20	16	16	16	19	19	25	25
6	16	16	20	20	25	25	25	15	15	20	20	25	25	25	19	19	25	25	32	32	32
10	20	20	25	25	32	32	32	20	20	25	25	32	32	32	25	25	32	32	38	38	38
16	25	25	32	32	40	40	40	25	25	32	32	40	40	40	25	32	32	38	38	51	51
25	32	32	32	40	40	50	50	25	32	32	40	40	50	50	32	32	38	38	51	51	51
35	32	32	40	40	50	50	50	32	32	40	40	50	50	50	38	38	38	51	51	51	51
50	40	40	50	50	60	60	60	32	32	50	50	50	65	65	51	51	51	51	51	51	51
70	50	50	60	60	60	80	80	50	50	50	65	65	80	80	51	51	51	51	51	51	51
95	50	50	60	60	80	80	80	50	50	50	65	65	80	80							
120	50	50	60	60	80	80	100	50	50	50	65	65	80	80							

注：管径为 51mm 的电线管一般不用，因为管壁太薄，弯曲后易变形。

按照施工工艺要求，所有材质的导管配线均先配管，然后管内穿线，为了穿线方便，在电线管路长度和弯曲超过下列数值时，中间应增设接线盒。

1) 管子长度每超过 30m，无弯曲时。

2) 管子长度每超过 20m，有一个弯时。

3) 管子长度每超过 15m，有两个弯时。

4) 管子长度每超过 8m，有三个弯时。

5) 暗配管两个接线盒之间不允许出现四个弯。

（1）金属管暗配。配管工艺流程：熟悉图样→选管→切断→套螺纹→煨弯→按使用场所涂装防腐漆→配合土建施工逐层逐段预埋管→管与管和管与盒（箱）连接→接地跨接线焊接。

1) 导管的加工。包括管弯曲、切断、套螺纹和钢管的防腐。

2) 管路连接。管与管连接如图 7-40 所示，管与盒（箱）连接如图 7-41 所示。

3) 管敷设：

① 现浇墙、柱内敷设：墙体内配管应在两层钢筋网中沿最近路径敷设，并沿钢筋内侧绑扎固定，如图 7-42 所示。当线管穿过柱时，应适当加筋，以减少暗配管对结构的影响。柱内管线需与墙连接时，伸出柱外的短管不要过长，以免碰断。墙柱内的管线并行时，应注意其管子间距不可小于 25mm，管间距过小，会造成混凝土填充不饱满，从而影响土建的施工质量。管线穿外墙时应加套管保护。

② 顶板内敷设：现浇混凝土顶板内的管线敷设应在模板支好后，根据图样要求画线定位，确定好管、盒的位置，待土建板下钢筋绑好而板上钢筋未铺时敷设盒、管，并加以固定。土建板上钢筋绑好后应再检查管线的固定情况，并对盒进行封堵。

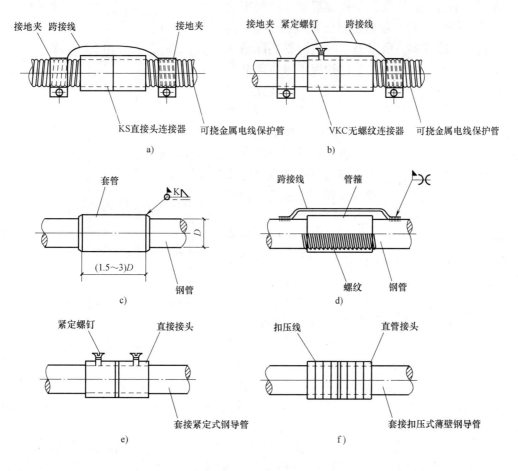

图 7-40 管与管连接

a) 可挠金属电线保护管连接　b) 可挠金属电线保护管与钢管连接　c) 钢管套管连接　d) 钢管螺纹连接　e) 套接紧定式钢导管紧定螺钉连接　f) 套接扣压式薄壁钢导管扣压连接

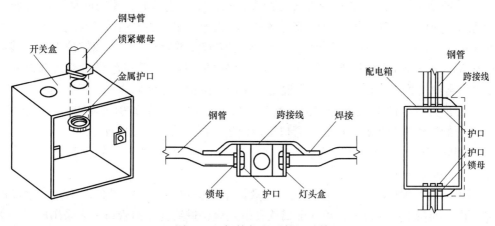

图 7-41 钢管与盒（箱）连接

在施工中需注意，敷设于现浇混凝土顶板中的管子，其管径应不大于顶板混凝土厚度的1/2。由于顶板内的管线较多，所以施工时应根据实际情况分层、分段进行。先敷设好与已预埋于墙体等部位的管子，再敷设与盒相连接的管线，最后连接中间的管线，并应先敷设带弯的管子，再连接直管。并行的管子间距不应小于25mm。使管子周围能够充满混凝土，避免出现空洞。在敷设管线时，应注意避开土建所预留的洞。当管线需从顶板进入时应注意管子煨弯不应过大，不能高出顶板上钢筋，保护层厚度不小于15mm。

③ 梁内管线的敷设：管线的敷设应尽量避开梁，如不可避免时，具体要求是：管线竖向穿梁时，应选择梁内受剪力、应力较小的部位穿过，当管线较多时需并排敷设，且管间的距离不应小于25mm，并应与土建协商适当加筋。管线横向穿时，也应选择从梁受剪力、应力较小的部位穿过，管线横向穿梁时，管线距底箱上侧的距离不小于50mm，

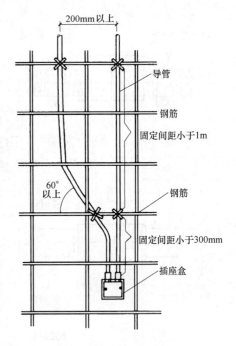

图 7-42　墙体内管路敷设

且管接头尽量避免放于梁内。灯头盒需设置在梁内，其管线顺梁敷设时，应沿梁的中部敷设，并可靠固定，管线可煨成90°的弯从灯头盒顶部的敲落孔进入，也可煨成灯叉弯从灯头盒的侧面敲落孔进入。

④ 垫层内管线的敷设：注意其保护层的厚度不应小于15mm，跨接地线应焊接在其侧面。当顶板上为炉渣垫层时，需沿管线周围铺设水泥砂浆进行防腐，管线应固定牢固后再打垫层。

⑤ 地面内管线敷设：

a. 管线在地面内敷设，应根据施工图设计要求及土建测出的标高确定管线的路由，进行配管。在配管时应注意尽量减少管线的接头，采用螺纹连接时，要缠麻抹铅油后拧紧接头，以防水气的侵蚀。如果管线敷设于土壤中，应先把土壤夯实，然后沿管线方向垫厚度不小于50mm的小石块，管线敷设好后，在管线周围浇筑素混凝土，将管线保护起来，其保护层厚度不应小于50mm。如果管线较多时，可在夯实的土壤上，沿管线敷设路线铺设混凝土打底，然后再敷设管线，在管线周围用混凝土保护，保护层厚度同样不小于50mm。

b. 地面内的管线使用金属地面接线盒时，盒口应与地面平齐，引出管线与地面垂直。

c. 敷设的管线需露出地面时，其管口距地面的高度不应小于200mm。

d. 多根管线进入配电箱时，管线应排列整齐。如进入落地式配电箱，其管口应高于基础面不小于50mm。

e. 线管与设备相连时，尽量将管线直接敷设至设备进线孔，如果条件不允许直接进入设备进线孔，则在干燥环境下，可加金属软管引入设备进线孔，但管口处应采用成型连接器连接，并做可靠跨接地线。如在室外或较潮湿的环境下，可在管口处加防水弯头，并做可靠跨接地线。管线进设备时，不应穿过设备基础，如穿过设备基础则应设置套管保护，套管的

内径应不小于管线外径的 2 倍。

f. 管线敷设时应尽量避开采暖沟、电信管沟等各种管沟。

⑥ 空心砖墙内的管线敷设：施工时应与土建专业密切配合，在土建砌筑墙体前进行预制加工。准备工作做好后，将管线与盒、箱连接，并与预留管进行连接，管线连接好后，可以开始砌墙，在砌墙时应调整盒、箱口与墙面的位置，使其符合设计及规范要求。当多根管线进箱时，应注意管口平齐，入箱长度小于 5mm，且应用圆钢将管线固定好。空心砖墙内管线敷设应与土建专业配合好，避免在已砌好的墙体上进行剔凿。

⑦ 加气混凝土砌块墙内管线敷设：施工时除配电箱应根据施工图设计要求进行定位预留外，其余管线的敷设应在墙体砌好后，根据土建放线确定好盒（箱）的位置及管线所走的路由，进行剔凿，但应注意剔的洞、槽不得过大。剔槽的宽度应大于管外径加 15mm，槽深不小于管外径加 15mm，接好盒（箱）管线后用不小于 M10 的水泥砂浆进行填充，抹面保护。

4）接地。为了安全运行，金属导管管路要进行接地连接，如图 7-43 所示。

导管穿过建筑物伸缩缝时应设补偿装置，如图 7-44 所示。

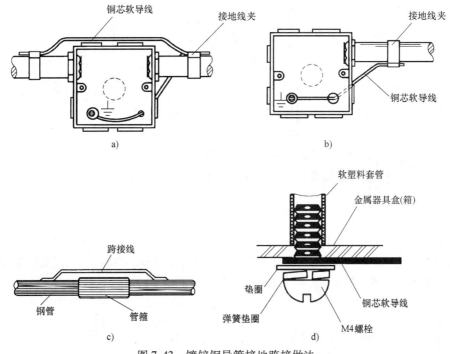

图 7-43 镀锌钢导管接地跨接做法

a) 中间开关盒　b) 终端开关盒　c) 钢管与钢管连接处　d) 金属盒（箱）接地先压线

5）管路防腐：

① 暗配于混凝土中的管路可不做防腐。

② 在各种砖墙内敷设的管线，应在跨接地线的焊接部位、螺纹连接的焊接部位涂装防腐漆。

③ 焦渣层内的管线应在管线周围打 50mm 的混凝土保护层进行保护。

④ 直埋入土壤中的钢管也需用混凝土保护，如不采用混凝土保护时，可涂装沥青油漆

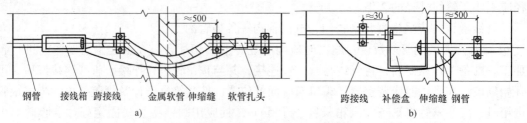

图 7-44 钢管穿过伸缩缝补偿装置
a) 软管补偿 b) 装设补偿盒补偿

进行保护。

⑤ 埋入有腐蚀性或潮湿土壤中的管线,如为镀锌管螺纹连接,应在螺纹处抹铅油缠麻,然后拧紧螺纹。

如为非镀锌管件,应刷沥青油后缠麻,然后再刷一道沥青油。

(2) 金属管明配:明配管施工工艺流程如图 7-45 所示,敷设工艺与暗配管相同,施工要点主要在管弯、支架、吊架预制加工等环节。

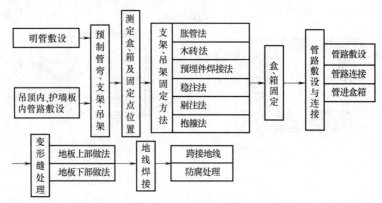

图 7-45 明配金属管施工工艺流程

1) 管弯、支架、吊架预制加工:明配管支架、吊架应按施工图设计要求进行加工。支架、吊架的规格设计无规定时,应不小于以下规定:扁钢支架为 30mm×30mm,角钢支架为∟25×25×3,埋设支架应有燕尾,埋设深度应不小于 120mm。明配管固定方法如图 7-46 所示。

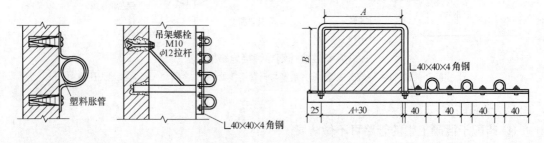

图 7-46 明配管固定方法

2) 套接紧定式薄壁钢管 (JDG) 施工工艺:

① JDG 管的敷设除管连接的施工工艺与明配管不同外,其余均相同。

② 管与管的连接采用直管接头，安装时先把钢管插入管接头，与管接头插紧定位，然后再持续拧紧紧定螺钉，直至拧断脖颈，使钢管与管接头连成一体，无须再做跨接地线。注意，不同规格的钢管应选用不同规格与之相配套的管接头。紧定式导管间连接做法如图7-47所示。

③ 管与盒的连接采用螺纹接头，螺纹接头为双面镀锌保护。螺纹接头与接线盒连接的一端，带有一个爪形锁母和一个六角形锁母。安装时爪形螺母扣在接线盒内侧露出的螺纹接头的螺纹上，六角形螺母在接线盒外侧，用紧定扳手使爪形螺母和六角形螺母夹紧接线盒壁。紧定式导管与盒间连接做法如图7-48所示。

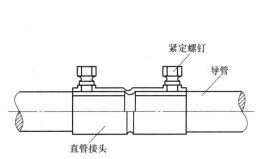

图7-47 紧定式导管间连接做法

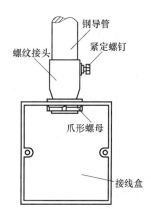

图7-48 紧定式导管与盒间连接做法

（3）可挠金属电线管和扣压式薄壁钢管敷设施工工艺：

1）可挠金属管暗管敷设工艺流程：备管件、箱盒预制→测位→箱盒固定→管线敷设→断管、安装附件→管与管连接或管与箱盒连接→卡接地线→管线固定。

2）可挠金属管明管敷设工艺流程：备管件、箱盒预制→测位→支架固定→断管、安装附件→管与管连接或管与箱盒连接→卡接地线→管线固定。

可挠金属管与盒连接如图7-49所示，吊顶内灯具与可挠金属管连接如图7-50所示。

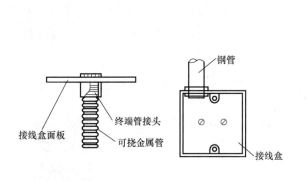

图7-49 可挠金属管与盒连接图

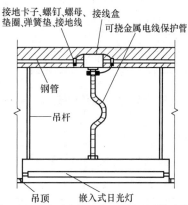

图7-50 吊顶内灯具与可挠金属管连接

3）扣压式薄壁钢管暗管敷设工艺流程：弯管、箱盒预制→测位→剔槽孔→爪形螺纹管接头与箱、盒紧固→箱盒定向稳装→管线敷设→管线连接→压接接地→管线固定。

4）扣压式薄壁钢管明管敷设工艺流程：弯管、箱盒预制→测位→爪形螺纹管接头与箱、盒紧固→箱盒定向稳装→管线敷设→管线连接→压接接地→管线固定。

5）扣压式薄壁钢管吊顶内敷设工艺流程：弯管、箱盒预制→测位→爪形螺纹管接头与箱、盒紧固→箱盒支架固定→管线敷设→管线连接→压接接地→管线固定。扣压式导管与盒连接如图 7-51 所示。

（4）阻燃硬质塑料管（PVC）明、暗敷设：

1）明配管工艺流程：预制支、吊架铁件及弯管→测定盒箱及管线固定点位置→管线固定→管线敷设→管线入箱盒→变形缝制作。

2）暗配管工艺流程：弹线定位→加工弯管→稳住盒箱→暗敷管线→扫管穿引线。

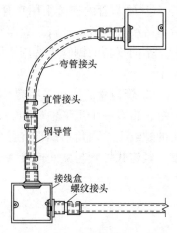

图 7-51 扣压式导管与盒连接

弯管操作示意如图 7-52 和图 7-53 所示，管连接示意如图 7-54 和图 7-55 所示，管过伸缩缝补偿装置如图 7-56 所示。

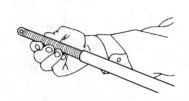

图 7-52 弯簧插入 PVC 管内

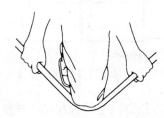

图 7-53 膝盖顶住煨弯处

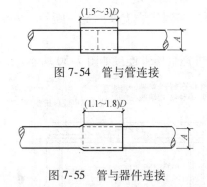

图 7-54 管与管连接

图 7-55 管与器件连接

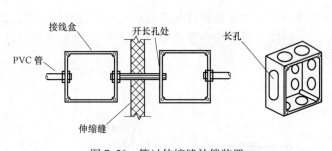

图 7-56 管过伸缩缝补偿装置

（5）管内穿线。管内穿线工艺流程：选择导线→扫管→穿带线→放线与断线→导线与带线的绑扎→管口带护口→导线连接→线路绝缘摇测。

1）管内穿线工艺要求：

① 对穿管敷设的绝缘导线，其额定电压不应低于 500V。爆炸危险环境照明线路的电线和电缆额定电压不得低于 750V，且电线必须穿于钢导管内。

② 管内导线包括绝缘层在内的总截面面积应不大于管内截面面积的 40%。

电气工程
管内穿线

③ 导线在管内不应有接头和扭结,接头应放在接线盒(箱)内。

④ 电线、电缆穿管前应清除管内杂物和积水,管口应有保护措施,不进入接线盒(箱)的垂直管口穿入电线、电缆后,管口应密封。

⑤ 导线颜色要求:以黄色、绿色和红色的导线为相线,以淡蓝颜色的导线为中性线,以黄绿色相间的导线为保护地线。

⑥ 同一交流回路的导线必须穿于同一管内,不同回路、不同电压等级和不同电流种类的导线不得同管敷设,但下列几种情况除外:电压为 50V 及以下的回路;同一台设备的电源线路和无抗干扰要求的控制线路;同一花灯的所有回路;同类照明的多个分支回路,但管内的导线总数不应超过 8 根。

2) 穿线方法:穿线工作一般应在管子全部敷设完毕后进行。先清扫管内积水和杂物,再穿一根钢丝做引线,当管路较长或弯曲较多时,也可在配管时就将引线穿好。一般在现场施工中如果管路较长,弯曲较多,从一端穿入钢引线有困难,多采用从两端同时穿钢引线,且将引线头弯成小钩,当估计一根引线端头超过另一根引线端头时,用手旋转较短的一根,使两根引线绞在一起,然后把一根引线拉出,就可以将引线的一头与需穿的导线结扎在一起。然后由两人共同操作,一人拉引线,一人整理导线并往管中送,直到拉出导线为止。

3. 钢索配线

钢索配线是由钢索承受配电线路的全部荷载,将绝缘导线、配件和灯具吊勾在钢索上。适用于大跨度厂房、车库和仓储等场所。

工艺流程:预制加工工件→装预埋件→弹线定位→固定支架→组装钢索→保护地线安装→钢索吊管(钢索吊护套线)→钢索配线→线路检查绝缘摇测。

钢索配线于结构墙体间示意如图 7-57 所示,钢索吊装并行双管示意如图 7-58 所示,专用钢索吊卡如图 7-59 所示。

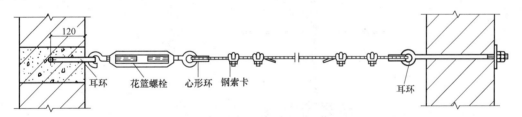

图 7-57 钢索配线于结构墙体间示意

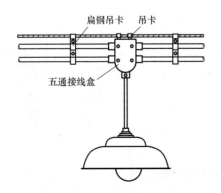

图 7-58 钢索吊装并行双管示意

图 7-59 专用钢索吊卡示意

7.4.2 照明器具安装

照明器具包括灯具、开关等,灯具又分为普通灯具、专用灯具等。

灯具安装

1. 普通灯具安装

照明灯具的安装,按环境分类可分为室内和室外两种,室内普通灯具的安装方式有:悬吊式、吸顶式、嵌入式和壁式等。灯具安装工艺流程:灯具固定→灯具组装→灯具接线→灯具接地。

灯具的安装应与土建施工密切配合,做好预埋件的预埋工作。

(1)吊灯的安装:砖混结构建筑在安装照明装置时,应采用预埋吊钩、螺栓、螺钉、膨胀螺栓或塑料胀塞固定。

在顶棚上安装小型吊灯时,要设紧固装置,将吊灯通过连接件悬挂在紧固装置上,如图7-60 所示。

在混凝土顶棚上安装重量较重的吊灯时,要预埋吊钩或螺栓,或者用胀管螺栓紧固,如图7-61 所示。安装时应使吊钩的承重力大于灯具重量的 14 倍。大型吊灯因体积大、灯体重,必须固定在建筑物的主体棚面上(或具有承重能力的构架上)。

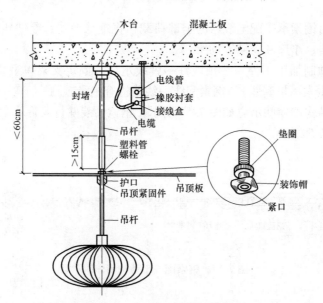

图 7-60 在顶棚上安装吊灯

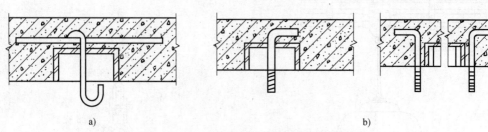

图 7-61 灯具吊钩及螺栓预埋做法
a)吊钩 b)螺栓

（2）吸顶灯的安装：吸顶灯在混凝土顶棚上安装时，可以在浇筑混凝土前，根据图样要求把木砖预埋在里面，也可以安装金属胀管螺栓，如图 7-62 所示。在安装灯具时，把灯具的底盘用木螺钉安装在预埋木砖上，或者用紧固螺栓将底盘固定在混凝土顶棚的胀管螺栓上，再把吸顶灯与底盘固定。

小型、轻型吸顶灯可以直接安装在吊顶上，安装时应在罩面板的上面加装木方，木方规格为 60mm×40mm，木方要固定在吊顶的主龙骨上。安装灯具的紧固螺钉拧紧在木方上，如图 7-63 所示。较大型吸顶灯安装，可以用吊杆将灯具底盘等附件装置悬吊固定在建筑物主体顶棚上，或者固定在吊顶的主龙骨上，也可以在轻钢龙骨上紧固灯具附件，而后将吸顶灯安装至吊顶上。

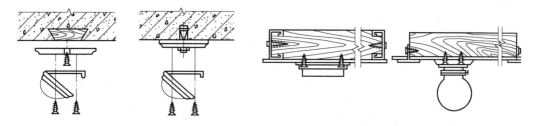

图 7-62　吸顶灯在混凝土顶棚上安装　　　　图 7-63　吸顶灯在吊顶上安装

（3）壁灯的安装：安装壁灯时，先在墙或柱上固定底盘，再用螺钉把灯具紧固在底盘上。固定底盘时，可用螺钉旋入灯位盒的安装螺孔来固定，也可在墙面上用塑料胀管及螺钉固定。壁灯底盘的固定螺钉一般不少于两个。

壁灯的安装高度一般为：灯具中心距地面 2.2m 左右，床头壁灯以 1.2~1.4m 为宜。壁灯安装如图 7-64 所示。

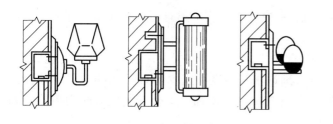 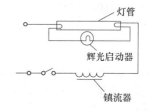

图 7-64　壁灯安装示意图　　　　图 7-65　荧光灯接线原理图

（4）荧光灯的安装：荧光灯有电感式和电子式两种。电感式荧光灯电路简单、使用寿命长、启动较慢、有频闪效应。电子式荧光灯启动快、无频闪效应、镇流器易损坏。电感式荧光灯的接线原理如图 7-65 所示。电子式荧光灯的接线与之相同，但不需要辉光启动器。

1）荧光灯吸顶安装：根据设计图样确定出荧光灯的位置，将荧光灯贴紧建筑物表面，荧光灯的灯架应完全遮盖住灯头盒，对准灯头盒的位置打好进线孔，将电源线穿入灯架，在进线孔处应套上塑料管保护导线，用胀管螺钉固定灯架，如图 7-66 所示。

2）荧光灯吊链安装：吊链的一端固定在建筑物顶棚上的塑料（木）台上，根据灯具的安装高度，将吊链编好挂在灯架挂钩上，并且将导线编在吊链内引入灯架，在灯架的进线孔处应套上软塑料管保护导线，压入灯架内的端子板。将灯具导线和灯头盒中引出的导线连接，并用绝缘胶布分层包扎紧密，理顺接头扣于塑料（木）台上的法兰盘内，法兰盘（吊盒）的中心应与塑料（木）台的中心对正，用木螺钉将其拧牢。将灯具的反光板固定在灯架上，最后，调整好灯架，将灯管装好。如图 7-67 所示。

3）荧光灯嵌入吊顶内安装：荧光灯嵌入吊顶内安装时，应先把灯罩用吊杆固定在混凝土顶板上，底边与吊顶平齐。电源线从线盒引出后，应穿金属软管保护。如图 7-68 所示。

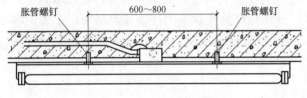

图 7-66　荧光灯吸顶安装

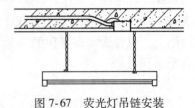

图 7-67　荧光灯吊链安装

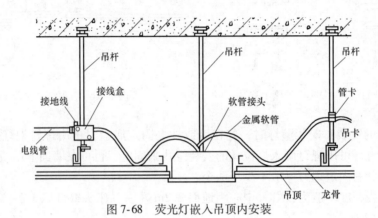

图 7-68　荧光灯嵌入吊顶内安装

（5）轨道射灯安装：轨道射灯主要用于室内局部照明。射灯可以在轨道上移动，也可调整照射角度，使用灵活，如图 7-69 所示。

（6）碘钨灯安装：安装碘钨灯时，灯管须装在配套的灯架上，由于灯管温度达 250～600℃，灯架距可燃物的净距不得小于 1m，离地垂直高度不宜少于 6m。安装后灯管须保持水平，其水平倾斜度应小于 ±4°，否则会严重缩短灯管寿命。室外安装应有防雨措施，如图 7-70 所示。

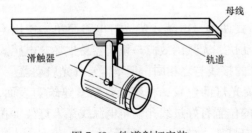

图 7-69　轨道射灯安装

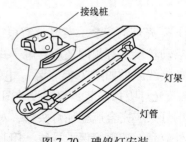

图 7-70　碘钨灯安装

（7）筒灯及射灯安装：筒灯及射灯可直接嵌入吊顶内安装。装修时，在吊顶板相应位置开好孔。安装时，灯罩的边框应压住并贴紧罩面板，如图 7-71 所示。

(8) 光檐照明安装：光檐是在房间顶部的檐内装设光源，使光线从檐口射向顶棚并经顶棚反射而照亮房间。安装时，光源在光檐槽内的位置，应保证站在室内最远端的人看不见檐内的光源。光源离墙的距离一般为100~150mm，荧光灯首尾相接。如图7-72所示。

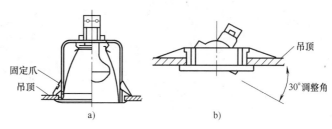

图7-71 筒灯及射灯安装
a) 筒灯 b) 射灯

(9) 光梁、光带安装：灯具嵌入房屋顶棚内，罩以半透明反射材料同顶棚相平，连续形成一条带状的照明方式称为光带。若带状照明突出顶棚下形成梁状则称为光梁。光带和光梁的光源主要是组合荧光灯。光带或光梁布置与建筑物外墙宜平行，外侧的光带、光梁紧靠窗，并行的光带、光梁的间距应均匀一致。

光带、光梁的灯具安装施工方法同嵌入式灯具安装相同。光带、光梁分为顶棚下维护或在顶棚上维护的不同形式。在顶棚上维护时，反射罩应做成可揭开的，灯座和透光面则固定安装。从顶棚下维护时，透光面做成拆卸式，以便于维修灯具。如图7-73所示。

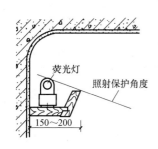

图7-72 光檐照明安装示意图

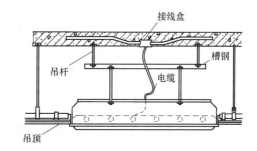

图7-73 光梁、光带安装

(10) 发光顶棚安装：发光顶棚是利用磨砂玻璃、半透明有机玻璃、棱镜、格栅等制作而成的。光源装设在这些大片安装的介质之上，介质将光源的光通量重新分配而照亮房间。

发光顶棚的照明装置有两种形式：一种是将光源装在带有散光玻璃或遮光格栅内；另一种是将照明灯具悬挂在房间的顶棚内，房间的顶棚装有散光玻璃。

发光顶棚内照明灯具的安装与吸顶灯及吊灯做法相同，如图7-74所示。

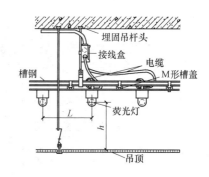

图7-74 发光顶棚安装

2. 专用灯具安装

(1) 疏散指示与应急照明灯安装：在市电停电或火灾状态下，正常照明电源被切除，为能维持行走所需光线，需要采用疏散指示与应急照明，疏散指示与应急照明灯安装如图7-75~图7-77所示。

(2) 医院手术台无影灯安装：无影灯是医院手术室必备灯具，其安装如图7-78所示。

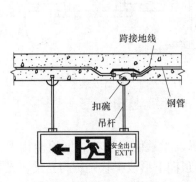

图 7-75 疏散指示灯安装

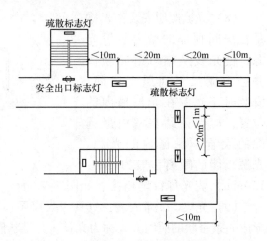

图 7-76 疏散指示灯设置原则示意图

图 7-77 安全出口标志灯安装

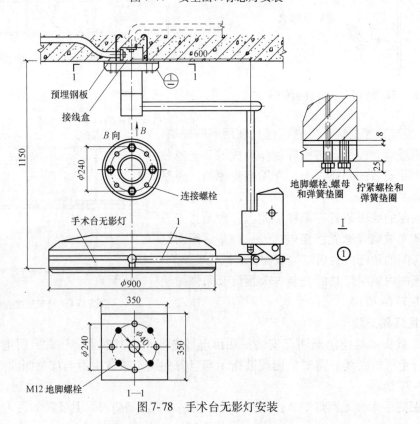

图 7-78 手术台无影灯安装

(3) 喷水照明装置安装：喷水照明装置由喷嘴、压力泵及水下照明灯组成。喷水照明一般选用白炽灯，采用可调光方式控制，当喷水高度不需要调光时，可采用高压汞灯或金属卤化物灯。水下照明灯具采用具有防水措施的投光灯，投光灯的底座及支架应固定牢固，枢轴应沿需要的光轴方向拧紧固定。

水下接线盒为铸铝合金结构，密封可靠，进线孔在接线盒的底部，与预埋在喷水池中的电源配管相连接，出线孔在接线盒的侧面，电源引入线由水下接线盒引出，用软电缆连接。喷水照明灯具安装如图7-79所示。

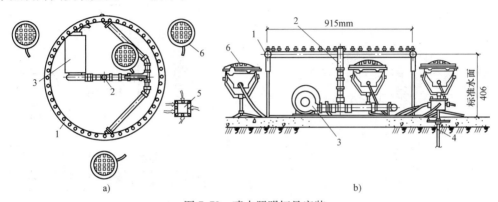

图7-79 喷水照明灯具安装
a）平面布置图 b）剖面图
1—喷水圈 2—喷管 3—水泵 4—铜管 5—水下接线盒及密封电缆 6—灯具

(4) 水下照明装置安装：水下照明宜选用金属卤化物灯、白炽灯作为光源，光源的颜色多为黄色、蓝色、红色等，这些颜色在水下容易看出、水下的视觉也较大。当游泳池内设置水下照明时，其照明灯的电源及灯具、接线盒应设有安全接地等保护措施。水下照明装置安装如图7-80所示。

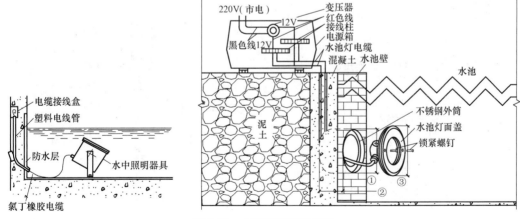

图7-80 水下照明装置安装

(5) 建筑物景观照明灯具安装：建筑物景观照明也称为建筑物立面照明，可以布置在建筑物自身或在相邻建筑物上，也可以将灯具设置在地面绿化带中。每套灯具的导电部分对地绝缘电阻值应大于$2M\Omega$。在人行道等人员来往密集场所安装的落地式灯具，无围栏防护时，安装高度应距离地面 2.5m 以上。金属构架和灯具的可接近裸露导体及金属软管的接地（PE）或接零（PEN）应可靠，且有标识。室外安装的景观灯应选用防水型灯具，接线盒盖应加橡胶垫圈保护，灯具出线端应采取防水措施，底座及支架应固定牢固。景观照明灯安装如图 7-81~图 7-86 所示。

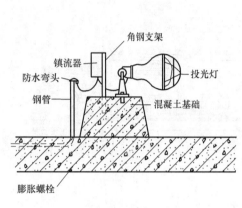

图 7-81 投光灯安装

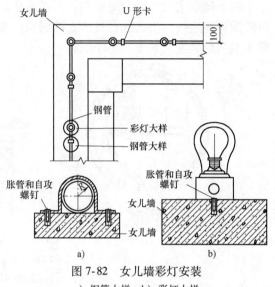

图 7-82 女儿墙彩灯安装
a) 钢管大样 b) 彩灯大样

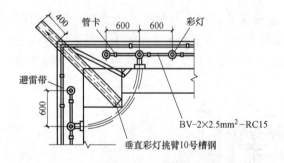

图 7-83 垂直彩灯悬挂挑臂安装

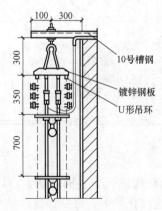

图 7-84 垂直彩灯上部安装做法

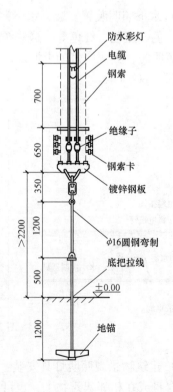

图 7-85 垂直彩灯下部安装做法

（6）霓虹灯：安装霓虹灯灯管时，一般用角钢做成框架，用专用的绝缘支架固定牢固。灯管与建筑物、构筑物表面的最小距离不宜小于20mm。安装灯管时可将灯管直接卡入绝缘支持件，用螺钉将灯管支持件固定在难燃材料上，如图7-87所示。

安装室内或橱窗里的小型霓虹灯管时，先将镀锌钢丝组成200~300mm间距的网格，再将霓虹灯管用ϕ0.5mm的裸铜丝或弦线绑扎固定在镀锌钢丝上。如图7-88所示。

霓虹灯变压器必须放在金属箱内，两侧开百叶窗孔通风散热。变压器一般紧靠灯管安装，或隐蔽在霓虹灯板后，不可安装在易燃品周围，也不宜装在吊顶内。室外的变压器明装时高度不宜小于3m。霓虹灯变压器离阳台、架空线路等距离不宜小于1m。变压器的铁心、金属外壳、输出端的一端以及保护箱等均应进行可靠的接地。

霓虹灯专用变压器的二次导线和灯管间的接线，应采用额定电压不低于15kV的高压尼龙绝缘导线。二次导线与建筑物、构筑物表面的距离不宜小于20mm。导线支持点的间距，在水平敷设时为0.5m，垂直敷设时为0.75m。二次导线穿越建筑物时，应穿双层玻璃管加强绝缘，玻璃管两端须露出建筑物两侧长度各为50~80mm。

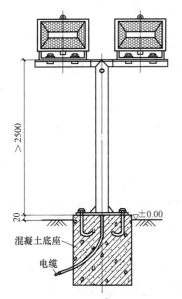

图7-86 落地式景观照明灯具

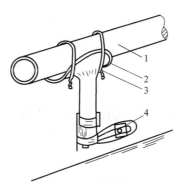

图7-87 霓虹灯管支持件固定
1—霓虹灯管 2—绝缘支持件
3—裸钢丝扎紧 4—螺钉固定

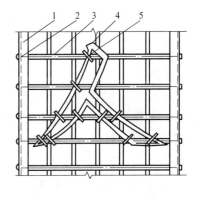

图7-88 霓虹灯管绑扎固定
1—型钢框架 2—镀锌钢丝 3—玻璃套管 4—霓虹灯管 5—铜丝绑扎

（7）航空障碍标志灯安装：航空障碍标志灯应装设在建筑物或构筑物的最高部位。当最高部位的平面面积较大时，除在最高端装设障碍标志灯外，还应在其外侧转角部位分别装设障碍标志灯，最高端装设的障碍标志灯光源不宜少于2个。障碍标志灯的水平、垂直距离不宜大于45m。烟囱顶上设置障碍标志灯时宜将其安装在低于烟囱口1.5~3m的部位并成三角形水平排列。

在距地面60m以上装设标志灯时，应采用恒定光强的红色低光强障碍标志灯。距地面90m以上装设标志灯时，应采用红色中光强障碍标志灯，其有效光强应大于1600cd。距地面150m以上装设标志灯时，应采用白色光的高强度障碍标志灯，其有效光强随背景亮度而定。

航空障碍标志灯的电源应按主体建筑中最高负荷等级要求供电，且宜采用自动通断其电源的控制装置。障碍标志灯的启闭一般可使用露天安放的光电自动控制器进行控制，也可以通过建筑物的管理计算机，以时间程序来启闭障碍标志灯。航空障碍标志灯安装如图7-89所示。

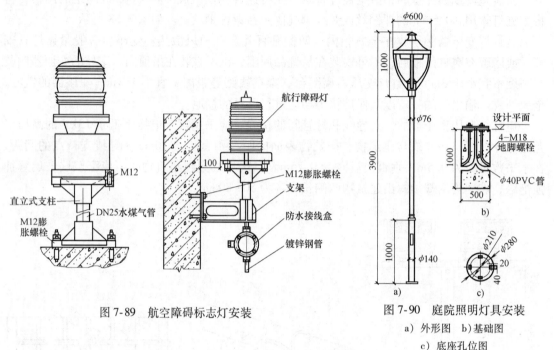

图7-89 航空障碍标志灯安装

图7-90 庭院照明灯具安装
a）外形图 b）基础图
c）底座孔位图

（8）庭院照明灯具安装

庭院照明灯具的导电部分对地绝缘电阻值应大于2MΩ。立柱式路灯、落地式路灯、特种园艺灯等灯具与基础固定可靠，地脚螺栓备帽齐全。灯具的接线盒或熔断器盒，盒盖的防水密封垫应完整。

金属立柱及灯具的裸露导体部分的接地（PE）或接零（PEN）应可靠。接地线干线沿庭院灯布置位置形成环网状，且应有不少于两处与接地装置引出线连接。由接地干线引出支线与金属灯柱及灯具的接地端子连接，且应有标识。庭院照明灯具安装如图7-90所示。

3. 开关、插座、电铃、风扇安装

（1）灯具开关的安装：开关一般分为明装开关和暗装开关两种，如图7-91所示。

拉线开关一般距地2~3m明装，距门框0.15~0.2m，且拉线的出口应向下，成排安装时开关相邻间距一般不小于20mm。跷板开关一般距地1.3m，并排安装的开关高低差不应大于2mm。暗装开关安装时应先将开关盒按图样要求预埋在墙内，待穿导线完毕后，即可将开关固定在盒内，接好导线，盖上盖板即可。在进行灯具开关安装时，必须保证相线进开关，零线进灯头，以确保在使用时的安全。

（2）插座的安装：室内插座安装分为明装和暗装两种。不论是明装还是暗装，它又可分为单相两孔、单相三孔、三相四孔插座。

单相两孔和单相三孔的安装接线是面对插座，左零、右相或左零、右相、上接地保护线，如图 7-92 所示；而三相四孔插座则左 L1、右 L3、下 L2、上零线或接地保护线。

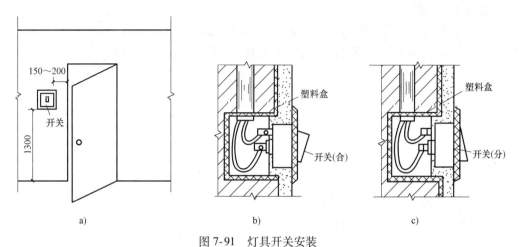

图 7-91 灯具开关安装
a) 开关面板安装示意 b) 明装开关 c) 暗装开关

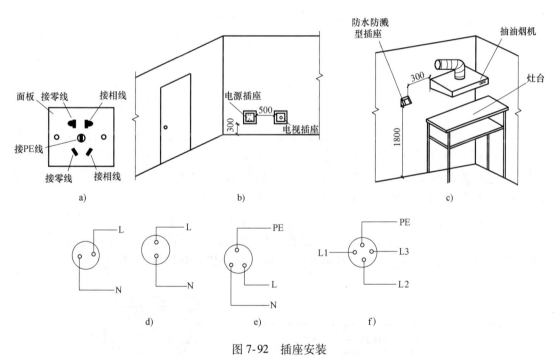

图 7-92 插座安装
a) 插座接线 b) 插座面板示意 c) 防水防溅插座安装示意
d) 单相两孔插座 e) 单相三孔插座 f) 三相四孔插座

插座安装还应遵循：一般插座的安装高度距地 1.3m，有儿童经常出没的地方插座距地高度应不低于 1.8m，暗装插座一般不低于 0.3m，同一室内安装的插座高低差不宜大于 5mm，成排安装的插座其高低差应不大于 2mm；同一场所内交直流插座或不同电压等级的插座应有明显区别的标志。住宅插座回路应设置漏电保护装置。

（3）电铃的安装：电铃在室内安装有明装和暗装两种。明装时，电铃既可以安装在绝缘台上，也可以用 φ4mm×5mm 木螺钉和 φ4mm 垫圈配用 φ6mm×5mm 尼龙塞或塑料胀管直接固定在墙上，如图 7-93 所示。

室内暗装电铃可装设在专用的盒（箱）内，做法如图 7-94 所示。

室外电铃应装设在防雨箱内，下边缘距地面不应低于 3m。电铃的金属箱可以用厚 2mm 的钢板制作，金属件均应进行防腐处理，涂装红丹油一道油漆两道。

电铃按钮（开关）应暗装在相线上，安装高度不应低于 1.3m，并有明显标志。电铃安装好时，应调整到最响状态。用延时开关控制电铃，应整定延时值。

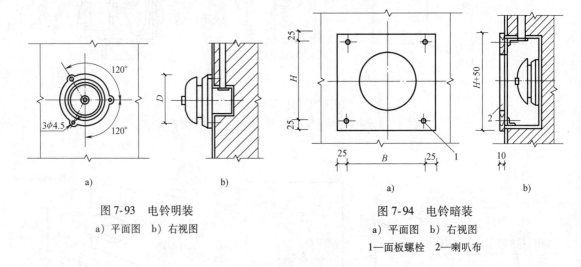

图 7-93 电铃明装
a）平面图 b）右视图

图 7-94 电铃暗装
a）平面图 b）右视图
1—面板螺栓 2—喇叭布

（4）风扇的安装：吊扇的安装应在土建施工中，按电气照明施工平面图上的位置要求预埋吊钩，而吊扇吊钩的选择、安装将是吊扇能否正常、安全、可靠工作的前提。具体要求如下：吊扇的安装高度不低于 2.5m，安装时严禁改变扇叶的角度。扇叶的固定螺钉应有防松装置，吊杆与电动机间螺纹连接的啮口长度不小于 20mm，并必须有防松装置；吊扇吊钩挂上吊扇后应使吊扇重心与吊钩垂直部分在同一垂直线上；吊钩的直径不应小于吊扇悬挂销钉的直径，且不小于 10mm；吊钩伸出建筑物的长度应以盖上风扇吊杆护罩后能将整个吊钩全部罩住为宜。吊扇的调速开关安装高度为 1.3m。吊扇的安装如图 7-95 所示。

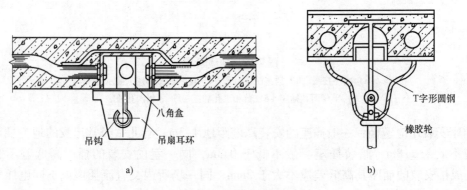

图 7-95 吊扇安装
a）接线盒及吊钩预埋安装示意 b）吊扇安装

壁扇底座在墙上采用尼龙胀塞或膨胀螺栓固定，数量不应少于2个，且直径不应小于8mm。壁扇安装时，其下侧边缘距地面高度不宜小于1.8m，且底座平面的垂直偏差不宜大于2mm，涂层完整。

7.4.3 配电箱安装

照明配电箱安装

配电箱的安装方式有明装和暗装两种，明装配电箱有落地式和悬挂式。悬挂式配电箱安装时箱底一般距地2m；暗装配电箱一般箱底距地1.5m。不论是明装还是暗装配电箱，其导线进出配电箱时必须穿管保护。

成套配电箱的安装程序是：现场预埋→管与箱体连接→安装盘面→装盖板（贴脸及箱门）。安装示意如图7-96所示。

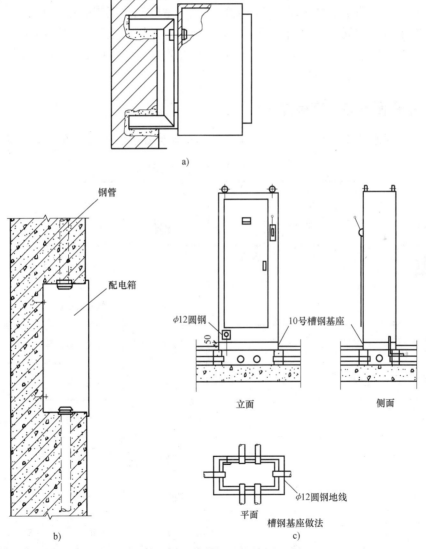

图7-96 配电箱安装
a) 悬挂式 b) 嵌入式 c) 落地式

7.4.4 建筑物照明通电试运行

根据《建筑电气工程施工质量验收规范》中的要求，建筑电气照明系统施工安装完毕均需进行通电试运行，主要内容包括：灯具回路控制是否与照明配电箱及回路的标识一致，开关与灯具控制顺序是否相对应，风扇的转向及调速开关是否正常。

公用建筑照明系统通电连续试运行时间应为24h，民用住宅照明系统通电连续试运行时间应为8h，所有照明灯具均应开启，且每2h记录运行状态1次，连续试运行时间内无故障。

7.5 建筑电气照明工程施工图的识读

电气照明施工图是电气照明设计的最终表现，是电气照明工程施工的主要依据。图中采用了规定的图例、符号、文字标注等，用于表示实际线路和实物。因此对电气照明施工图的识读应首先熟悉有关图例符号和文字标记，其次还应了解有关设计规范、施工规范及产品样本。

7.5.1 常用图例与文字标注

常用图例见表7-4，线路的文字标注含义等见项目6相关内容，在此不详述。

表7-4 照明系统常用图例

图例	名称	备注	图例	名称	备注
 ▬	动力或动力—照明配电箱		 ◐	壁灯	
 ▬	照明配电箱(屏)		 ⊕	广照型灯(配照型灯)	
 ⊗	灯的一般符号		 ⊗	防水防尘灯	
●	球形灯		 ○╱	开关一般符号	
◗	顶棚灯		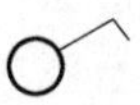 ○╱	单极开关	
 ⊗	花灯		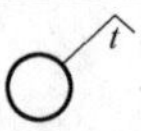 ○╱	单极限时开关	
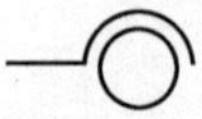 ⟲	弯灯		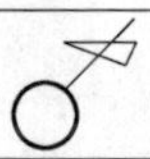 ○╱	调光器	
 ⊢─⊣	单管荧光灯		 ●╱	单极开关(暗装)	
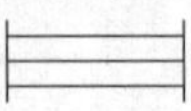 ⊢═⊣	三管荧光灯		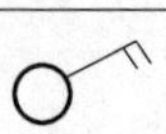 ○╱	双极开关	
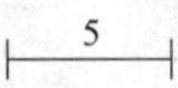 ⊢⁵⊣	五管荧光灯		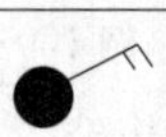 ●╱	双极开关(暗装)	

(续)

图例	名称	备注	图例	名称	备注
	三极开关			密闭(防水)插座	
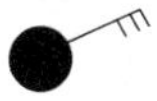	三极开关(暗装)			防爆插座	
	单相插座			带接地插孔的三相插座	
	暗装插座			带接地插孔的三相插座(暗装)	
	密闭(防水)插座			插座箱(板)	
	防爆插座			事故照明配电箱(屏)	
	带保护接点插座			钥匙开关	
	带接地插孔的单相插座(暗装)			电铃	

1. 常用图例

常用图例见表 7-4。

2. 灯具标注

灯具的标注是在灯具旁按灯具标注规定标注灯具数量、型号、灯具中的光源数量和容量、悬挂高度和安装方式。

照明灯具的标注格式为：

$$a\text{-}b\frac{c\times d\times L}{e}f$$

其中：

a 表示同一平面内，同种型号灯具的数量；

b 表示灯具型号；

c 表示每盏照明灯具中光源的数量；

d 表示每个光源的额定功率（W）；

e 表示安装高度（m），当吸顶或嵌入安装时用"—"表示；

f 表示安装方式；

L 表示光源种类（常省略不标）。

灯具安装方式代号如下：

线吊—SW、链吊—CS、管吊—DS、吸顶—C、嵌入—R、壁式—W、嵌入壁式—WR、柱上式—CL、支架上安装—S、顶棚内—CR、座装 HM。

例如：

$$5\text{-}T5ESS\frac{2\times 28}{2.5}CS$$

表示 5 盏 T5 系列直管型荧光灯，每盏灯具中装设 2 只功率为 28W 的灯管，灯具的安装高度为 2.5m，灯具采用链吊式安装方式。在同一房间内的多盏相同型号、相同安装方式和相同安装高度的灯具，可以只标注一处。

3. 导线标注

配电线路的标注详见项目6相关内容。

7.5.2 建筑电气照明施工图识读

建筑电气照明
施工图识读——
平面图识读

1. 施工图组成

图样目录、设计说明、系统图、平面图、安装详图、大样图（多采用图集）、主要设备材料表及标注。

2. 建筑电气照明施工图识图

施工图采用的是单线画法。读图顺序及方法详见项目6的6.6.3内容。

建筑电气照明
施工图识读——
线路的画法

(1) 电气照明系统图：电气照明系统图用来表明照明工程的供电系统、配电线路的规格，采用管径、敷设方式及部位，线路的分布情况，计算负荷和计算电流，配电箱的型号及其主要设备的规格等。通过系统图具体可表明以下几点：

1）供电电源种类及进户线标注：应表明本照明工程是由单相供电还是由三相供电，电源的电压、频率及进户线的标注。

2）总配电箱、分配电箱：在系统图中用虚线、点画线、细实线围成的长方形框便是配电箱的展开图。系统图中应标明配电箱的编号、型号、控制计量保护设备的型号及规格。

3）干线、支线：从图面上可以直接表示出干线的接线方式是放射式、树干式还是混合式，以便作为施工时干线的接线依据。还能表示出干线、支线的导线型号、截面、穿管管径、管材、敷设部位及敷设方式，用导线标注格式来表示。

4）相别划分：三相电源向单相用电回路分配电能时，应在单相用电各回路导线旁标明相别 L1、L2、L3，避免施工时发生错接。

5）照明供电系统的计算数据：照明供电系统的计算功率、计算电流、需要系数、功率因数等计算值标注在系统图上明显位置。

(2) 电气照明平面图：电气照明平面图是按国家规定的图例和符号，画出进户点、配电线路及室内的灯具、开关、插座等电气设备的平面位置及安装要求。照明线路都采用单线画法。

通过对平面图的识读，具体可以了解以下情况：

1）进户线的位置，总配电箱及分配电箱的平面位置。

2）进户线、干线、支线的走向，导线的根数，支线回路的划分。

3）用电设备的平面位置及灯具的标注。

在阅读照明平面图过程中，要逐层、逐段阅读平面图，要核实各干线、支线导线的根数、管位是否正确，线路敷设是否可行，线路和各电器安装部位与其他管道的距离是否符合施工要求。

(3) 电气设计说明：在系统图和平面图中未能表明而又与施工有关的问题，可在设计说明中予以补充。说明应包括下列内容：

1）电源提供形式，电源电压等级，进户线敷设方法，保护措施等。

2）通用照明设备安装高度、安装方式及线路敷设方法。

3）施工时的注意事项，施工验收执行的规范。

4) 施工图中无法表达清楚的内容。

对于简单工程可以将说明并入系统图或平面图中。

(4) 主要设备材料表：将电气照明工程中所使用的主要材料进行列表，便于材料采购，同时有利于检查验收。主要设备材料表中应包含以下内容：序号、在施工图中的图形符号、对应的型号规格、数量、生产厂家和备注等。对自制的电气设备，也可在材料表中说明其规格、数量及制作要求。

7.5.3 建筑电气照明施工图读图练习

这里，我们以某办公科研楼电气照明工程作为实例来进行读图练习。施工图如图 7-1~图 7-3 所示。

一层普通照明局部三维模型展示

1. 施工说明

(1) 电源为三相四线 380/220V，进户线为 BLV-500V-4×16mm^2，自室外架空线路引入，进户时在室外埋设接地极进行重复接地。

(2) 化学实验室、危险品仓库按爆炸性气体环境分区为 2 号，并按防爆要求进行施工。

(3) 配线：三相插座电源导线采用 BV—500—4×4mm^2，穿直径为 20mm 的焊接钢管埋地敷设，③轴西侧照明为焊接钢管暗敷，其余房间均为 PVC 硬质塑料管暗敷。导线采用 BV—500—2.5mm^2。

(4) 灯具代号说明：G 表示隔爆灯，J 表示半圆球吸顶灯，H 表示花灯，F 表示防水防尘灯，B 表示壁灯，Y 表示荧光灯（注：灯具代号是按原来的习惯用汉语拼音的第一个字母标注，属于旧代号）。

2. 进户线

根据阅读建筑电气平面图的一般规律，按电能量传送方向依次阅读，亦即从电源入户的进户线→配电箱→干线回路→分支干线回路→分支线及用电设备。

从一层照明平面图可知，该工程进户点处于③轴线，进户线采用 4 根 16mm^2 铝芯聚氯乙烯绝缘导线，穿钢管自室外低压架空线路引至室内配电箱，在室外埋设 3 根垂直接地体进行重复接地，从配电箱开始接出 PE 线，成为三相五线制和单相三线制。

3. 照明设备布置情况

由于楼内各房间的用途不同，所以各房间布置的灯具类型和数量都不一样。

(1) 一层设备布置情况：物理实验室装 4 盏双管荧光灯，每只灯管功率 40W，采用链吊安装，安装高度为距地 3.5m，4 盏灯用两只单极开关控制；另外有 2 只暗装三相插座，2 台吊扇。

化学实验室有防爆要求，装有 4 盏防爆灯，每盏灯内装一支 150W 的白炽灯泡，管吊式安装，安装高度距地 3.5m，4 盏灯用 2 只防爆式单极开关控制，另外还装有密闭防爆三相插座 2 个。危险品仓库亦有防爆要求，装有一盏防爆灯，管吊式安装，安装高度距地 3.5m，由一只防爆单极开关控制。

分析室要求光色较好，装有一盏三管荧光灯，每只灯管功率为 40W，链吊式安装，安装高度距地 3m，用 2 只暗装单极开关控制，另有暗装三相插座 2 个。由于浴室内水汽多，较潮湿，所以装有 2 盏防水防尘灯，内装 100W 白炽灯泡，管吊式安装，安装高度距地 3.5m，2 盏灯用一个单极开关控制。

男卫生间、女更衣室、走道、东西出口门外都装有半圆球吸顶灯。一层门厅安装的灯具主要起装饰作用，厅内装有一盏花灯，内装有 9 个 60W 的白炽灯泡，采用链吊式安装，安装高度距地 3.5m。进门雨篷下安装 1 盏半圆球吸顶灯，内装一个 60W 白炽灯泡，吸顶安装。大门两侧分别装有 1 盏壁灯，内装 2 个 40W 白炽灯泡，安装高度为 2.5m。花灯、壁灯、吸顶灯的控制开关均装在大门右侧，共有 4 个单极开关。

（2）二层设备布置情况：接待室安装了 3 种灯具。花灯一盏，内装 7 个 60W 白炽灯泡，为吸顶安装；三管荧光灯 4 盏，每只灯管功率为 40W，吸顶安装；壁灯 4 盏，每盏内装 3 个 40W 白炽灯泡，安装高度 3m；单相带接地孔的插座 2 个，暗装；总计 9 盏灯由 11 个单极开关控制。会议室装有双管荧光灯 2 盏，每只灯管功率 40W，链吊安装，安装高度 2.5m，两只开关控制；另外还装有吊扇一台，带接地插孔的单相插座 2 个；研究室（1）和（2）分别装有 3 管荧光灯 2 盏，每只灯管功率 40W，链吊式安装，安装高度 2.5m，均用 2 个开关控制；另有吊扇一台，带接地插孔的单相插座 2 个。

图书资料室装有双管荧光灯 6 盏，每只灯管功率 40W，链吊式安装，安装高度为 3m；吊扇 2 台；6 盏荧光灯由 6 个开关控制，带接地插孔的单相插座 2 个。办公室装有双管荧光灯 2 盏，每只灯管功率 40W，吸顶安装，各由 1 个开关控制；吊扇一台，带接地插孔的单相插座 2 个。值班室装有 1 盏单管荧光灯，吸顶安装；还装有一盏半圆球吸顶灯，内装一只 60W 白炽灯；2 盏灯各自用 1 个开关控制，带接地插孔的单相插座 2 个。女卫生间、走道、楼梯均装有半圆球吸顶灯，每盏 1 个 60W 的白炽灯泡，共 7 盏。楼梯灯采用 2 只双控开关分别在二楼和一楼控制。

4. 各配电回路负荷分配

根据图 7-1 配电系统图可知，该照明配电箱设有三相进线总开关和三相电度表，共有 8 条回路，其中 W1 为三相回路，向一层三相插座供电；W2 向一层③轴线西部的室内照明灯具及走廊供电；W3 向③轴线以东部分的照明灯具供电；W4 向一层部分走廊灯和二层走廊灯供电；W5 向二层单相插座供电；W6 向二层④轴线西部的会议室、研究室、图书资料室内的灯具、吊扇供电；W7 为二层④轴线东部的接待室、办公室、值班室及女卫生间的照明、吊扇供电；W8 为备用回路。

考虑到三相负荷应尽量均匀分配的原则，W2~W8 支路应分别接在 L1、L2、L3 三相上。因 W2、W3、W4 和 W5、W6、W7 各为同一层楼的照明线路，应尽量不要接在同一相上，因此，可将 W2、W6 接在 L1 相上；将 W3、W7 接在 L2 相上；将 W4、W5 接在 L3 相上。

5. 各配电回路连接情况

各条线路导线的根数及其走向是电气照明平面图的主要表现内容之一，真正搞清楚每根导线的走向及导线根数的变化原因，对初学者来说难度很大。为解决这一问题，在识别线路连接情况时，应首先了解采用的接线方法是在开关盒、灯头盒内接线，还是在线路上直接接线；其次是了解各照明灯具的控制方式，应特别注意分清哪些是采用 2 个甚至 3 个开关控制一盏灯的接线，然后再一条线路一条线路地逐一查看，这样就不难搞清楚导线的数量了。下面根据照明电路的工作原理，对各回路的接线情况进行分析。

（1）W1 回路：W1 回路为一条三相回路，外加一根 NPE 线，共 4 条线，引向一层的各个三相插座。导线在插座盒内进行共头连接。

（2）W2 回路：W2 回路的走向及连接情况：W2、W3、W4 各一根相线和一根零线，加上 W2 回路的一根 PE 线（接防爆灯外壳）共 7 根线，由配电箱沿③轴线引出到 B/C 轴线交叉处开关盒上方的接线盒内。其中，W2 在③轴线和 B/C 轴线交叉处的开关盒上方的接线盒处与 W3、W4 分开，转而引向一层西部的走廊和房间，其连接情况如图 7-97 所示。

W2 相线在③与 B/C 轴线交叉处接入 1 只暗装单极开关，控制西部走廊内的两盏半圆球吸顶灯，同时往西引至西部走廊第一盏半圆球吸顶灯的灯头盒内，并在灯头盒内分成 3 路。第一路引至分析室门侧面的二联开关盒内，与 2 只开关相接，用这 2 只开关控制 3 管荧光灯的 3 只灯管，即 1 只开关控制 1 只灯管，另 1 只开关控制 2 只灯管，以实现开 1 只、2 只、3 只灯管的任意选择。第二路引向化学实验室右边防爆开关的开关盒内，这只开关控制化学实验室右边的 2 盏防爆灯。第三路向西引至走廊内第二盏半圆吸顶灯的灯头盒内，在这个灯头盒内又分成 3 路，一路引向西部门灯，一路引向危险品仓库，一路引向化学实验室左侧门边防爆开关盒。

3 根零线在③轴线与 B/C 轴线交叉处的接线盒处分开，一路和 W2 相线一起走，同时还有一根 PE 线，并和 W2 相线同样在一层西部走廊灯的灯头盒内分支，另外 2 根随 W3、W4 引向东侧和二楼。

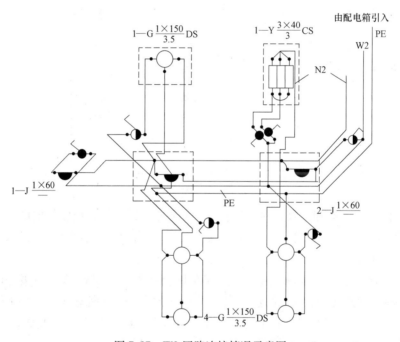

图 7-97 W2 回路连接情况示意图

（3）W3 回路的走向和连接情况：W3、W4 相线各带一根零线，沿③轴线引至③轴线和 B/C 轴线交叉处的接线盒，转向东南引至一层走廊正中的半圆球吸顶灯的灯头盒内，但 W3 回路的相线和零线只是从此通过（并不分支），一直向东至男卫生间门前的半圆球吸顶灯灯头盒，在此盒内分成 3 路，分别引向物理实验室西门、浴室和继续向东引至更衣室门前吸顶灯灯头盒，并在此盒内再分 3 路，又分别引向物理实验室东门、更衣室及东端门灯。

（4）W4 回路的走向和连接情况：W4 回路在③轴线和 B/C 轴线交叉处的接线盒内分成 2 路，一路由此引上至二层，向二层走廊灯供电，另一路向一层③轴线以东走廊灯供电。该分支与 W3 回路一起转向东南引至一层走廊正中的半圆球吸顶灯，在灯头盒内分成 3 路，一路引至楼梯口右侧开关盒，接开关；第二路引向门厅花灯，直至大门右侧开关盒，作为门厅花灯及壁灯等的电源，第三路与 W3 回路一起沿走廊引至男卫生间门前半圆球吸顶灯，再到更衣室门前吸顶灯及东端门灯。其连接情况如图 7-98 所示。

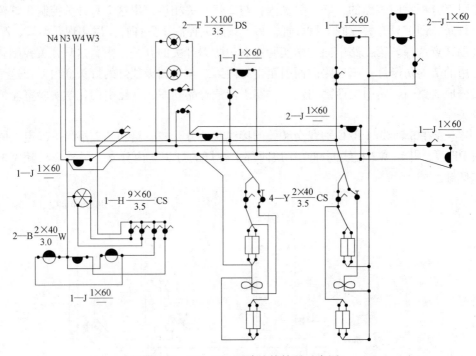

图 7-98　W3、W4 回路连接情况示意图

（5）W5 回路的走向和线路连接情况：W5 回路是向二层单相插座供电的，W5 相线 L3、零线 N 和接地保护线 PE 共 3 根 $4mm^2$ 的导线穿 PVC 管由配电箱直接引向二层，沿墙及地面暗配至各房间单相插座。

（6）W6 回路的走向和线路连接情况：W6 相线和零线穿 PVC 管由配电箱直接引向二层，向④轴线西部房间供电。线路连接情况可自行分析。在研究室（1）和研究室（2）房间中从开关至灯具、吊扇间导线根数标注依次是 4-4-3，其原因是两只开关不是分别控制两盏灯，而是分别同时控制两盏灯中的 1 支灯管和 2 支灯管。

（7）W7 回路的走向和连接情况：W7 回路同 W6 回路一起向上引至二层，再向东至值班室灯位盒，然后再引至办公室、接待室。

在前面几条回路的分析中，我们分析的顺序都是从开关到灯具，反过来，也可以从灯具到开关进行阅读。例如，图 7-3 接待室西边门东侧有 7 只开关，④轴线上有 2 盏壁灯，导线的根数是递减的 3-2，这说明两盏壁灯各用一只开关控制，这样还剩下 5 只开关，还有 3 盏灯具，④～⑤轴线间的两盏荧光灯，导线根数标注都是 3 根，其中必有一根是零线，剩下的必定是 2 根开关线了，由此可推定这 2 盏荧光灯是由 2 开关共同控制的，即每只开关同时控制两盏灯中的 1 支灯管和 2 支灯管，利于节能。这样，剩下的 3 只开关就是控制花灯的了。

以上分析画出了部分回路的连接示意图,目的是帮助读者更好地阅读图样。在实际工程图中,图样上并没有这种照明接线图,此处是为初学者更快入门而绘制的。但看图时不是先看接线图,而是要做到看了施工平面图,脑子里就能想象出一个相应的接线图,而且还要能想象出一个立体布置的概貌,这样就基本能把照明图看懂了。

本 项 目 小 结

(1) 电气照明是通过电光源把电能转换为光能,在夜间或自然采光不足的情况下提供明亮的视觉环境,以满足人们工作、学习和生活的需要。电气照明系统由照明配电系统、灯具、开关、插座及其他照明器具组成。

(2) 电气照明工程施工内容主要有配管配线、照明配电箱安装、照明灯具安装、灯具开关及插座安装、电铃与电风扇安装等分项工程。施工时应按照规定的施工程序进行。

(3) 室内照明线路主要有线槽(塑料线槽、金属线槽)明敷、穿钢管明(暗)敷、穿PVC管明(暗)敷、钢索配线等几种敷设方式。穿管敷设电线时,无论是穿钢管还是PVC管,穿入管内的电线截面面积(包括绝缘层)的总和不应超过管内截面面积的40%。

(4) 灯具安装方式主要有吊式安装、吸顶式安装、壁式安装、嵌入式安装及其他装饰性灯具安装。灯具安装应牢固可靠,安装高度符合要求。

(5) 安装灯具开关及插座时,应先把底盒(开关盒或插座盒)固定好,可明装也可暗埋,再把灯具开关、插座接好线后,用螺钉固定在底盒上。同一建筑物内的开关及插座安装高度应一致,且控制有序不错位。暗装的开关及插座面板应紧贴墙面,四周无缝隙,安装牢固,表面光滑整洁、无碎裂无划伤,装饰帽齐全。

(6) 电风扇有吊扇、壁扇、换气扇之分,安装应牢固可靠、接线正确,当运转时扇叶无明显颤动和异常声响。注意使风扇涂层完整,表面无划痕、无污染,防护罩无变形。

(7) 照明配电箱的安装主要有明装、暗装两种方式。

(8) 电气照明工程安装质量检查及验收时应遵照《建筑电气工程施工质量验收规范》进行,除了检查施工工序应符合规定之外,还分为主控项目和一般项目两部分进行质量检查及验收。检查时可采用抽样检查和全面检查相结合的方式进行。

思考题与习题

1. 在电气照明工程中,电光源与灯具有哪些种类?各有什么特点?各适用于什么场合?
2. 照明配电系统由哪些部分组成?各部分的作用分别是什么?
3. 室内照明灯具的控制方法主要有哪些?画出相应的控制线路图。
4. 塑料线槽明敷有何特点?施工时如何进行?
5. 如何安装金属线槽?
6. 导线穿钢管敷设有何特点?金属管连接有什么特殊要求?简述导线穿钢管敷设的施工方法。
7. 什么叫PVC管?PVC管配线有何特点?如何进行管内穿线?
8. 照明配电箱有哪几种?如何选择照明配电箱?
9. 简述照明配电箱的安装方法。

10. 简述照明灯具的安装方法。
11. 简述开关插座的安装方法。
12. 简述电风扇的安装方法。
13. 穿线的管、槽在经过建筑物变形缝时怎么处理？
14. 如何实现建筑电气照明的节能？
15. 阅读实际工程项目的建筑电气照明施工图，讨论并叙述该施工图的内容。

项目 8

电气动力工程

学习目标：

（1）了解三相异步电动机的基本常识。
（2）掌握三相异步电动机安装与调试。
（3）了解电动机运输与储存及运行、维护。
（4）熟悉起重机滑触线的安装程序及要求。
（5）能熟读建筑电气动力系统施工图。

学习重点：

（1）三相异步电动机安装程序与调试。
（2）电气动力施工图。

学习建议：

（1）了解三相异步电动机的基本常识与起重机滑触线的安装内容，学习重点放在三相异步电动机安装调试及动力施工图内容。
（2）为加强对电动机基本知识的巩固与认识，建议到生产车间进行生产实习，亲自动手安装及调试电动机。
（3）多做施工图识读练习，并将图与工程实际联系起来。
（4）项目后的思考题与习题，应在学习中对应进度逐一练习，通过做练习加以巩固基本知识。

相关知识链接：

相关规范、定额、手册、精品课网址、网络资源网址：
（1）《供配电系统设计规范》（GB 50052—2009）。
（2）《低压配电设计规范》（GB 50054—2011）。
（3）图集《常用低压配电设备安装》（04D702—1）。
（4）图集《电缆桥架安装》（04D701—3）。
（5）图集《电气竖井设备安装》（04D701—1）。
（6）图集《室内管线安装》（2004年合订本）（D301—1~3）。
（7）图集《110kV及以下电缆敷设》（12D101—5）。

1. 工作任务分析

图 8-1~图 8-2 是某工厂的机修车间动力工程电气部分施工图，图中出现的标注、符号、数据和线条代表什么含义？图上有哪些动力设备？它们是如何安装的？动力工程电气平面图如何分析？这一系列的问题均要通过本项目内容的学习才能逐一得到解答。

2. 实践操作（步骤/技能/方法/态度）

为了能完成前面提出的工作任务，我们需从掌握电气识图基本知识开始，然后到电气动力施工图的组成、施工图动力设备与配线分析、安装与定位，进而学会用工程语言来表示施工做法，学会施工图读图方法，最重要的是能熟读施工图，熟悉施工过程，为电气动力系统施工图的计量与计价打下基础。

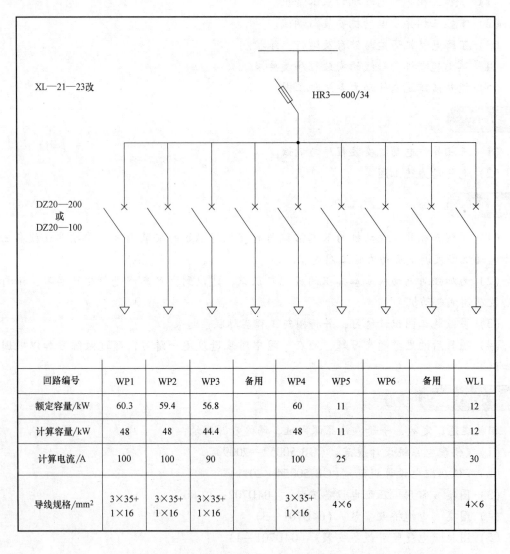

回路编号	WP1	WP2	WP3	备用	WP4	WP5	WP6	备用	WL1
额定容量/kW	60.3	59.4	56.8		60	11			12
计算容量/kW	48	48	44.4		48	11			12
计算电流/A	100	100	90		100	25			30
导线规格/mm²	3×35+1×16	3×35+1×16	3×35+1×16		3×35+1×16	4×6			4×6

图 8-1　车间动力电气系统图

项目8 电气动力工程

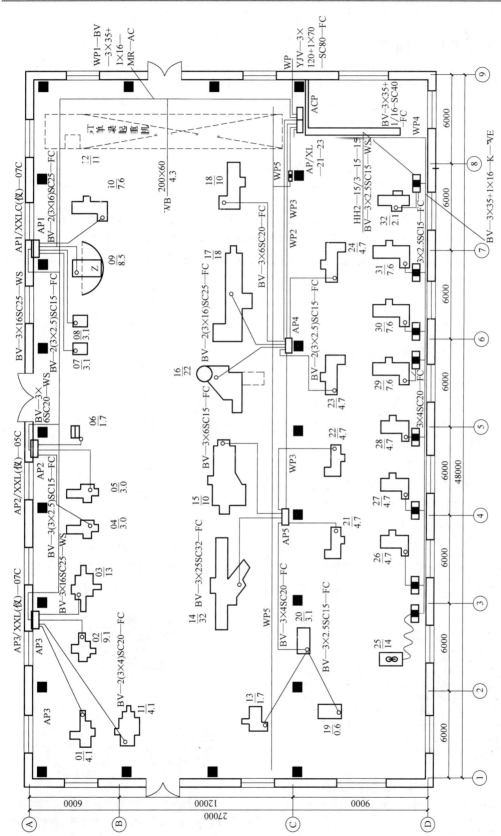

图 8-2 某机修车间动力工程电气平面图

8.1 电动机基础知识

☞ 中国电机发展史

中国电机的生产和应用起步很晚，但发展迅速。1949 年全国总装机 184.83 万 kW，全国仅有为数不多的电机修理厂；1958 年，上海电机厂造出世界上第一台双水内冷发电机。20 世纪 70 年代初开始研究和应用发展直线电机；20 世纪 80 年代应用步进电机；20 世纪 90 年代在重工业上应用大功率电机……。新中国成立 70 多年来，我国电机不少产品进入到"百万量级"，电机工业已进入世界先进行列，发展速度在世界电机工业发展史上也名列前茅。

电动机是一种将电能转换成机械能的动力设备，按所需电源的不同分为交流电动机和直流电动机。交流电动机按工作原理的不同分为同步电动机和异步电动机。异步电动机按其相数又分为单相电动机和三相电动机。工农业上都普遍使用三相异步电动机，而电冰箱、洗衣机、电风扇等家用电器则使用单相异步电动机。

异步电动机具有结构简单、运行可靠、维护方便及价格便宜等优点。在电力拖动系统中，异步电动机被广泛应用于各种起重机、机床、鼓风机、水泵、传送带运输机等设备中。

8.1.1 三相异步电动机的结构和工作原理

1. 三相异步电动机的基本结构

三相交流异步电动机主要由静止的部分——定子和旋转的部分——转子组成，定子和转子之间由气隙分开，根据异步电动机的工作原理，这两部分主要由铁心（磁路部分）和绕组（电路部分）构成，它们是电动机的核心部件。图 8-3 为三相异步电动机结构示意图。

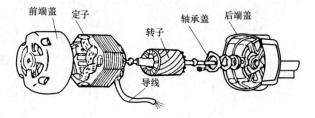

图 8-3 三相异步电动机结构

（1）定子：定子由定子铁心、定子绕组、机座和端盖等组成。机座的主要作用是用来支撑电动机各部件，因此应有足够的机械强度和刚度，通常用铸铁制成。如图 8-4 所示。

（2）转子：转子由转子铁心、转子绕组和转轴构成，如图 8-5 所示。

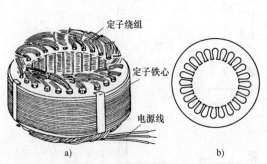

图 8-4 三相异步电动机定子结构
a) 定子的结构　b) 构成定子铁心的硅钢片形状

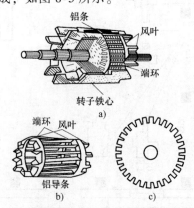

图 8-5 转子结构示意图
a) 转子结构　b) 笼型转子　c) 转子铁心硅钢片形状

（3）其他部件：三相异步电动机的其他部件还有机壳、前后端盖、风叶等。

2. 电动机的类型

在建筑设备中广泛采用的是三相交流异步电动机，如图8-6所示。三相交流异步电动机根据转子结构的不同分为笼型和绕线转子电动机。对于三相笼型电动机，凡中心高度为80~355mm，定子铁心外径为120~500mm 的称为小型电动机；凡中心高度为355~630mm，定子铁心外径为500~1000mm 的称为中型电动机；凡中心高度大于630mm，定子铁心外径大于1000mm 的称为大型电动机。本项目主要介绍中小型电动机的安装。

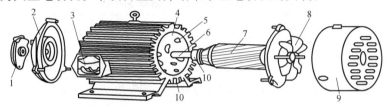

图8-6　三相交流异步电动机的构造

1—轴承盖　2—端盖　3—接线盒　4—定子铁心　5—定子绕组　6—转轴　7—转子　8—风扇　9—罩壳　10—机座

3. 三相异步电动机的工作原理

异步电动机属于感应电动机。三相异步电动机通入三相交流电流之后，在定子绕组中将产生旋转磁场，此旋转磁场将在闭合的转子绕组中感应出电流，从而使转子转动起来。图8-7为三相异步电动机工作原理示意图。

由于转子转速与同步转速间存在一定的差值，故将这种电动机称为异步电动机。又因为异步电动机是以电磁感应原理为工作基础的，所以异步电动机又称为感应电动机。

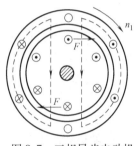

图8-7　三相异步电动机工作原理图

8.1.2　电动机铭牌

在每台异步电动机的机座上都有一块铭牌，铭牌上标注有电动机的额定值，它是我们选用、安装和维修电动机时的依据。也就是这个额定值规定了这台电动机的正常运行状态和条件，如图8-8所示。

三相异步电动机					
型号	YR180L-8	功率	11kW	频率	50Hz
电压	380V	电流	25.2A	接线	△
转速	746r/min	效率	86.5%	功率因数	0.77
定额	连续	绝缘等级	B	重量	kg
标准编号				出厂日期	
×××电机厂					

图8-8　YR180L—8型电动机铭牌

（1）额定功率 P_N：额定功率是指电动机在额定运行时，轴上输出的机械功率（kW）。

（2）额定电压 U_N：额定电压是指电动机在额定运行时，加在定子绕组上的线电压（V）。

（3）额定电流 I_N：额定电流是指电动机在额定电压和额定频率下，输出额定功率时，定子绕组中的线电流（A）。

（4）连接：连接是指电动机在额定电压下，定子三相绕组应采用的连接方法，一般有三角形（△）和星形（Y）两种连接方式。

（5）额定频率 f_N：额定频率表示电动机所接的交流电源的频率，我国电力网的频率规定为50Hz。

（6）额定转速 n_N：额定转速是指电动机在额定电压、额定频率和额定输出功率的情况下，电动机的转速（r/min）。

（7）绝缘等级：绝缘等级是指电动机绕组所用的绝缘材料的绝缘等级，它决定了电动机绕组的允许温升。电动机的允许温升与绝缘等级的关系见表8-1。按耐热程度不同，将电动机的绝缘等级分为 A、E、B、F、H、C 等几个等级，它们允许的最高温度见表8-1。

表8-1　电动机的允许温升与绝缘等级的关系

绝缘耐热等级	A	E	B	F	H	C
绝缘材料的允许温度	105℃	120℃	130℃	155℃	180℃	180℃以上
电动机的允许温升	60℃	75℃	80℃	100℃	125℃	125℃以上

（8）工作方式：工作方式是指电动机的运行状态。根据发热条件可分为三种：S1 表示连续工作方式，允许电动机在额定负载下连续长期运行；S2 表示短时工作方式，在额定负载下只能在规定时间短时运行；S3 表示断续工作方式，可在额定负载下按规定周期性重复短时运行。

（9）温升：温升是指在规定的环境温度下，电动机各部分允许超出的最高温度。通常规定的环境温度是40℃，如果电动机铭牌上的温升为70℃，则允许电动机的最高温度达到110℃。显然，电动机的温升取决于电动机的绝缘材料的等级。在正常的额定负载范围内，电动机的温度是不会超出允许温升的，绝缘材料可保证电动机在一定期限内可靠工作。

8.1.3　电动机的用途及主要系列

我国生产的三相异步电动机约有 100 多个系列，500 多个品种和 5000 多个规格。按部颁标准电动机产品型号编制方法的规定，异步电动机的型号由三部分组成。即：

第一部分：产品代号

1-1——型号代号（用字母表示，异步电动机的新代号为Y）；

1-2——电动机的特点代号（用字母表示，见表8-2）；

1-3——设计序号（用数字表示）。

第二部分：规格代号

2-1——电动机中心高（mm）；

2-2——机座长度（字母代号：用 L、M 和 S 分别表示长、中、短机座）；

2-3——铁芯长度（数字代号：用 1、2 分别表示短、长铁芯）；

2-4——极数。

第三部分：特殊环境代号，见表8-3。

表8-2　常见三相异步电动机

特点代号	汉字意义	产品名称	新产品代号	老产品代号
—	—	笼型异步电动机	Y	J,JO,JS
R	绕	绕线转子异步电动机	YR	JR,JRZ
K	快	高速异步电动机	YK	JK
RK	绕快	绕线转子高速异步电动机	YRK	JRK
Q	启	高启动转矩异步电动机	YQ	JQ
H	滑	高转差率(滑差)异步电动机	YH	JH,JHO
D	多	多速异步电动机	YD	JD,JDO

(续)

特点代号	汉字意义	产品名称	新产品代号	老产品代号
L	立	立式笼型异步电动机	YL	JLL
RL	绕立	立式绕线转子异步电动机	YRL	—
J	精	精密机床用异步电动机	YJ	JJO
Z	重	起重冶金用绕线转子异步电动机	YZR	JZR
M	木	木工用异步电动机	YM	JMO
QS	潜水	并用潜水异步电动机	YQS	JQS
DY	单容	单相电容启动异步电动机	YDY	JDY

表 8-3 特殊环境代号

特殊环境条件	代号	特殊环境条件	代号
高原用	G	热带用	T
海船用	H	湿热带用	TH
户外用	W	干热带用	TA
化工防腐用	F		

8.2 电动机安装

8.2.1 电动机安装要求

电动机在安装前应做好相关检查准备工作，主要有：外形及清洁情况、铭牌数据是否符合要求、实际外形安装尺寸与随机外形安装图是否吻合、绕线式电动机检查碳刷装置、绝缘电阻等。

8.2.2 电动机安装程序

电动机的安装程序是：电动机设备拆箱点件→安装前的检查→基础施工→安装固定及校正→电动机的接线→控制、保护和启动设备安装→试运行前的检查→试运行及验收。

1. 设备拆箱点件

设备拆箱点件检查应由安装单位、供货单位、建设单位共同进行，并做好记录。

2. 安装前的检查

电动机应完好，不应有损伤、锈蚀、附件与备件缺漏等现象。

3. 电动机的基础施工

电动机底座的基础一般用混凝土浇筑或用砖砌筑，其基础形状如图 8-9 所示。

电动机的基础尺寸应根据电动机基座尺寸确定。基础高出地面 100~150mm，基础长和宽应超出电动机底座边缘 100~150mm。预埋在电动机基础中的地脚螺栓埋入长度为螺栓长度的 10 倍左右，人字开口的长度是埋深长度的 1/2 左右，也可用圆钩与基础钢筋固定。

4. 电动机的安装及校正

（1）电动机安装：基础施工完毕，电动机用吊装工具吊装就位，使电动机基础孔口对准并穿入地脚螺栓,然后用水平仪找平。用螺母固定电动机基座时,要加垫片和弹簧垫圈起防松作用。

有防震要求的电动机,在电动机基座与基础之间安装10mm厚的橡胶垫。紧固地脚螺栓的螺母时,按对角交叉顺序拧紧,各个螺母拧紧程度应相同。用地脚螺栓固定电动机的方法如图8-10所示。

注意:电动机外壳保护接地(或接零)必须良好。

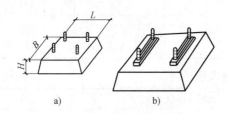
图8-9 电动机的基础
a)地脚螺栓固定 b)基底固定

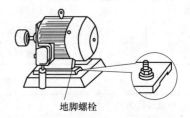
图8-10 用地脚螺栓固定电动机

(2)传动装置的安装与校正。根据传动装置的不同,有齿轮传动装置的安装与校正;皮带轮传动装置的安装与校正;联轴器(靠背轮)传动装置的安装与校正。

5. 电动机的接线

电动机的接线必须正确,接线完备后,应清除线盒内残余金属物,拧紧所有端子的螺栓、螺母,同时电动机应接上接地线。

6. 控制、保护和启动设备安装

电动机的控制和保护设备安装前应检查是否与电动机容量相符,并对应所拖动的设备编号安装。

引至电动机接线盒的明敷导线长度应小于0.3m,并应加强绝缘,易受机械损伤的地方应套保护管。

7. 试运行前的检查

检查包括:土建工程现场清理情况、电动机本体以及附属设施安装情况等。

8. 试运行及验收

电动机试运行一般应在空载的情况下进行,空载运行时间为2h,并做好电动机空载电流电压记录。

电动机验收时,应提交相关资料和文件,包括:设计变更洽商、产品说明书、试验记录、合格证、安装记录、调整试验记录等。

8.2.3 电动机的储存和运输

(1)电动机运输应注意保护包装箱,防受潮,防损坏,防止运输中电动机倒置或倾倒,带顶罩电动机在吊装时,不允许用顶罩吊攀起吊整机,带安装底板的电动机,应用底板吊攀起吊整机。

(2)电动机运抵现场后,若不立即投入使用,应将其平稳地置于干燥、无振动的室内,电动机储存时不宜堆码,应防止电动机倾倒。

8.3 电动机调试

8.3.1 电动机调试内容

电动机的调试内容包括：电动机、开关、保护装置、电缆等一、二次回路的调试。

8.3.2 调试的方法

（1）电动机在空载情况下做第一次启动，空载运行时间宜为2h，并记录电动机的空载电流。

（2）电动机的带负荷启动：当产品技术条件无规定时，可使电动机冷态时连续启动2~3次，每次启动时间间隔不小于5min；热态时最多启动一次。

8.4 起重机滑触线的安装

起重机是工厂车间常用的起重设备。起重机的电源通过滑触线供给，即配电线经开关设备对滑触线供电，起重机上的集电器再由滑触线上取得电源，如图8-11所示。滑触线分为轻型滑触线、安全节能型滑触线、扁钢滑触线、圆钢滑触线、工字钢滑触线等。

8.4.1 安装要求

桥式起重机滑触线通常与吊车梁平行敷设，设置于起重机驾驶室的相对方向。而电动葫芦和悬挂梁式起重机的滑触线一般装在工字钢的支架上。

1. 滑触线的安装准备工作

滑触线的安装准备工作包括测量定位、支架及配件加工、滑触线支架的安装、托脚螺栓的胶合组装、绝缘子的安装等。

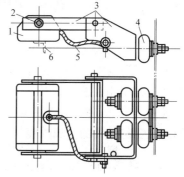

图8-11 滑触线电源集电器
1—滑块 2—轴 3—卡板 4—绝缘子
5—软铜引线 6—角钢滑触线

2. 滑触线的加工安装

滑触线尽可能选用质量较好的材料。滑触线连接处要保持水平，毛刺边应事先锉光，以免妨碍集电器的移动。

滑触线固定在支架上以后能在水平方向自由伸缩。滑触线之间的水平和垂直距离应一致。如滑触线较长，为防止电压损失超过允许值，需在滑触线上加装辅助导线。滑触线长度超过50m时应装设补偿装置，以适应建筑物沉降和温度变化而引起的变形。补偿装置两端的高差不应超过1mm。滑触线电源信号指示灯一般采用红色的、经过分压的白炽灯泡，信号指示灯应安装在滑触线的支架或墙壁上等便于观察和显示的地方。

8.4.2 安装程序

起重机滑触线的安装程序是：测量定位→支架加工和安装→瓷绝缘子的胶合组装→滑触

线的加工和架设→涂装着色。角钢滑触线安装如图 8-12 所示。

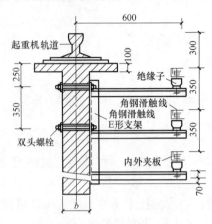

图 8-12　角钢滑触线安装图

滑触线安装完毕后，应清除滑触线上的钢丝、焊渣等杂物。除滑触线与集电器接触面外，其余均应涂装红丹漆和红色面漆各一道，以显示是带电体并防止角钢生锈。

8.5　电气动力工程施工图的识读

动力工程主要是为电动机供电。电动机的额定功率在 0.5kW（家用电器除外）以上时，基本采用三相电动机，三相电动机的三相绕组为对称三相负载，由三相电源供电，可以不接中性线（零线），为 TN—C 系统（保护接零），中性线的作用主要是设备的金属外壳保护接地。

工匠精神

地下一层排风机
配电三维模型
展示

8.5.1　电气动力施工图的组成及阅读方法

1. 电气动力施工图的组成

电气动力施工图包括基本图和详图两大部分，主要有以下内容：

（1）设计说明：包括供电方式、电压等级、主要线路敷设方式、防雷、接地及图中未能表达的各种电气动力安装高度、工程主要技术数据、施工和验收要求以及有关事项等。

（2）主要材料设备表：包括工程所需的各种设备、管材、导线等的名称、型号、规格、数量等。

（3）配电系统图：包括整个配电系统的连接方式，从主干线至各分支回路的回路数；主要配电设备的名称、型号、规格及数量；主干线路及主要分支线路的敷设方式、型号、规格。

（4）电气动力平面图：内容包括建筑物的平面布置、轴线分布、尺寸以及图样比例；各种配电设备的编号、名称、型号以及在平面图上的位置；各种配电线路的起点、敷设方式、型号、规格、根数，以及在建筑物中的走向、平面和垂直位置；动力设备接地的安装方式以及在平面图上的位置；控制原理图。

（5）详图

1）电气动力工程详图：是指柜、盘的布置图和某些电气部件的安装大样图，对安装部件的各部位注有详细尺寸,一般是在没有标准图可选用并有特殊要求的情况下才绘制的图。

2)标准图:是通用性详图,表示一组设备或部件的具体图形和详细尺寸,便于制作安装。

2. 电气动力施工图的识读

只有读懂电气动力施工图,才能对整个电气动力工程有一个全面的了解,以利于在预埋、施工安装中能全面计划、有条不紊地进行施工,以确保工程圆满完成。

为了读懂电气动力施工图,读图时应抓住以下要领:

(1)熟悉图例符号,搞清图例符号所代表的内容。

(2)尽可能结合该电气动力工程的所有施工图和资料(包括施工工艺)一起阅读,尤其要读懂配电系统图和电气平面图。只有这样才能了解设计意图和工程全貌。阅读时,首先应阅读设计说明,以了解设计意图和施工要求等;然后阅读配电系统图,以初步了解工程全貌;再阅读电气平面图,以了解电气工程的全貌和局部细节;最后阅读电气工程详图、加工图及主要材料设备表等。

读图时,一般按进线→变、配电所→开关柜、配电屏→各配电线路→车间或住宅配电箱(盘)→室内干线→支线及各路用电设备这个顺序来阅读。

8.5.2 动力工程施工图读图练习

以某工厂的机修车间动力工程实例来进行读图练习。施工图 8-2 是某工厂的机修车间动力工程电气系统图,图 8-1 为车间动力配电系统图。

1. 动力工程电气平面图概述

(1)车间动力设备概况:车间动力设备编号共有 32 台,其中 12 号为单梁行车(桥式起重机),电动机的额定功率为 11kW,实际为 3 台电动机的功率。25 号为电焊机,其余均为机床类设备,包括车、磨、铣、刨、镗、钻等。额定功率最大的设备为 14 号,总功率为 32kW。

(2)动力设备配电概况:如图 8-2 所示,动力设备配电主要分为 5 个部分,车间北部(Ⓐ轴线)的 11 台设备由 WP1 回路供电,总功率为 60.3kW;车间中部(Ⓒ轴线)的 12 台设备由 2 条回路供电,其中 WP2 为 59.4kW,WP3 为 56.8kW;车间南部(Ⓓ轴线)的 8 台设备由 WP4 回路供电,总功率为 60kW;车间中部(Ⓒ轴线)桥式起重机的滑触线是由 WP5 回路供电,总功率为 11kW;WP6 配到电容器柜 ACP(功率因数集中补偿),车间照明由 WL1 回路供电,总功率为 12kW,其他为备用回路。全部总功率为 262.5kW,但这些设备不会同时用电,一般取同时系数为 0.4,则同时用电在 100kW 左右。经查阅《建筑电气安装工程施工图集》可知总配电柜 AP 型号 XL—21—23 的箱体规格为 600mm×1600mm×350mm(宽×高×深)。ACP 为电容器柜,规格与 AP 相同。电源进线为电缆,型号规格为 YJV—3×120+1×70,穿钢管 DN80,沿地暗配至总配电柜 AP。

2. 动力工程电气平面图分析

(1)WP1 回路配电分析。

1)动力配电箱:WP1 回路连接 3 个动力配电箱,AP1 的型号为 XXL(仪)—07C。XXL(仪)为配电箱型号,含义为悬挂式动力配电箱,它表示箱内有部分测量仪表,如电压表、电流表等,07 为一次线路方案号,C 为方案分号。查阅《建筑电气安装工程施工图集》,可知该动力配电箱的箱体规格为 650mm×540mm×160mm（宽×高×深），有 6 个回路。AP2 的型号为 XXL（仪）—05C，该动力配电箱的箱体规格为 450mm×450mm×160mm，有 4 个回路。AP3、AP4、AP5 与 AP1 的型号相同。

动力配电箱安装高度一般要求为：当箱体高度不大于 600mm 时，箱体下口距地面宜为 1.5m；箱体高度大于 600mm 时，箱体上口距地面不宜大于 2.2m；箱体高度为 1.2m 以上时，宜落地安装，落地安装时，柜下宜垫高 100mm。动力配电箱在墙上安装可以根据配电箱安装孔尺寸直接在墙上用膨胀螺栓固定，也可以在墙上埋设用L40×40×4 角钢制作成的 2 个Π形支架，在支架上钻好安装孔，用螺栓固定在支架上。

2）金属线槽配线：WP1 回路是用金属线槽跨柱配线，目前国内生产金属线槽的厂家非常多，其型号也不统一，长度有 2m、3m、6m 的，还配有各种弯通和托臂，此处仅说明其配线路径及长度，不具体说明弯通数量。由于照明 WL1 回路与 WP1 回路可以同槽敷设，所以金属线槽可以选择截面大的规格。

3）线槽配线导线：线槽内导线为 BV—500—（3×35+1×16），$16mm^2$ 的导线是 PEN 线。用焊接钢管 SC 时，焊接钢管就可代替其作为 PEN 线。而金属线槽的金属外壳不能代替 PEN 线，但金属线槽也必须进行可靠的接地。

4）AP1 配线：从金属线槽到动力配电箱 AP1 是用镀锌焊接钢管配线，钢管直径为 DN25。从动力配电箱 AP1 到 10 号设备，标注为 BV—（3×6）SC20—FC。配管到设备进线口一般要求露出地面 150~200mm，然后再用一段金属波纹管保护进入设备的电源接线箱内。金属波纹管长度一般要求 150~300mm，准确的长度只有设备定位后才能确定。

5）AP2 配线与 AP3 配线：AP2 配线的标注为 BV—（3×6）SC20—WS。AP3 配线的标注为 BV—（3×16）SC25—WS。2 个回路导线在⑤轴处金属线槽内进行拼接，$6mm^2$ 导线到 AP2 配电箱，$16mm^2$ 导线到 AP3 配电箱。

（2）WP5 回路配电分析。

1）滑触线：WP5 回路是给桥式起重机配电的，桥式起重机是移动式动力设备。功率较小的桥式起重机用软电缆供电，功率较大的桥式起重机用滑触线供电。现代的滑触线多数是由生产厂家制造的半成品在现场组装而成。分为多线式安全滑触线、单线式安全滑触线和导管式安全滑触线。

安全滑触线由滑线架与集电器两部分组成。多线式安全滑触线是以塑料为骨架，以扁铜线为载流体。将多根载流体平行地分别嵌入同一根塑料架的各个槽内，槽体对应每根载流体有一个开口缝，用作集电器上的电刷滑行通道。这种滑触线结构紧凑，占用空间小，适用于中、小容量的起重机。结构示意图如图 8-13 所示。

2）滑触线安装：首先安装滑触线支架，支架要安装得横平竖直。多线式安全滑触线的安装，是先在地面上按滑触线的设计长度与线数，先将扁铜线平整调直后，平行地插入同一根塑料架的各个槽内，每段长度为 3~6m。然后从端头开始逐段拼接，扁铜线拼接为焊接，焊接后表面必须打磨平整，也可以用连接板和 4 个 M4×12 螺钉进行连接。滑触线拼接是在塑料槽外用螺栓固定好连接板（夹板）。全线滑触线组装好后逐步提升到支架高度，用专用的吊挂螺栓套入支架孔内进行初步定位，全线调整后再紧固。

3）钢管配线分析：ⓒ轴和⑧轴柱子的封闭式负荷开关为滑触线的电源开关，其配线是用 SC20 的钢管沿柱子和地面由配电柜 AP 配到封闭式负荷开关的。

项目8　电气动力工程

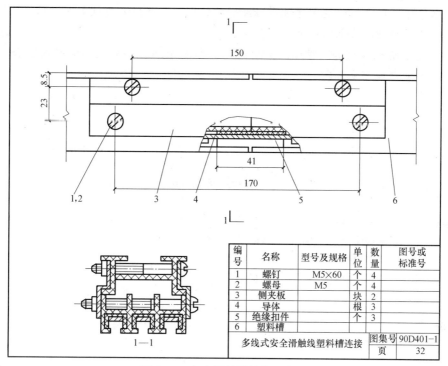

图 8-13　安全滑触线结构示意图

平面图中的其他回路参照上述方法分析,在此不赘述。

3. 车间电气接地

(1) **跨接接地线**：桥式起重机为金属导轨,需要可靠接地,导轨与导轨之间的连接称为接地跨接,导轨的跨接接地线可以用扁钢或圆钢焊接。

(2) **接地与接零**：桥式起重机的金属导轨两端用 40×4 的镀锌扁钢连接成闭合回路,作接零干线,并与动力箱的中性线相连接,同时在Ⓐ轴两端的金属导轨分别作接地引下线,埋地接地线也用 40×4 的镀锌扁钢,接地体采用长 2.5m 的∟50×50×5 镀锌角钢 3 根垂直配置。其接地电阻 $R \leqslant 10\Omega$,若实测电阻大于 10Ω,则需增加接地体。

主动力箱电源的中性线在进线处也需要重复接地,所有电气设备在正常情况下,不带电的金属外壳、构架以及保护导线的钢管均需接零,所有的电气连接均采用焊接。

本项目小结

(1) 三相交流异步电动机主要由定子和转子组成,它是利用电磁原理进行工作的。异步电动机按其相数不同,可分为单相和三相电动机。工农业上都普遍使用三相异步电动机,而电冰箱、洗衣机、电风扇等家用电器则使用单相异步电动机。电动机的工作条件与要求均在铭牌上表述。

(2) 电动机的安装程序是：电动机设备拆箱点件→安装前的检查→基础施工→安装固定及校正→电动机的接线→控制、保护和起动设备安装→试运行前的检查→试运行及验收。

(3) 起重机滑触线分为轻型滑触线,安全节能型滑触线,角钢、扁钢滑触线,圆钢、工字钢滑触线等。起重机的电源通过滑触线供给,即配电线经开关设备向滑触线供电,起重机上的集电器再由滑触线上取得电源。

(4) 起重机滑触线的安装程序是:测量定位→支架加工和安装→瓷瓶的胶合组装→滑触线的加工和架设→涂装着色。

(5) 电气动力施工图包括基本图和详图两大部分。读图时,一般按进线→变、配电所→开关柜、配电屏→各配电线路→车间或住宅配电箱(盘)→室内干线→支线及各路用电设备这个顺序来阅读。

思考题与习题

1. 起重机滑触线有哪些类型?
2. 起重机滑触线接通前,如何测定滑触线的绝缘情况?
3. 简述电动机的安装程序。
4. 电动机调试包括哪些内容?调试完毕需提交哪些技术资料?
5. 动力系统施工图包含哪些内容?如何识读?

项目 9

建筑防雷接地工程

 学习目标:

(1) 了解建筑防雷与接地装置的构成及作用。
(2) 熟悉建筑物所采用的防雷措施与材料。
(3) 掌握防雷与接地装置的安装工艺。
(4) 熟练识读建筑防雷接地装置施工图。

 学习重点:

(1) 防雷接地装置组成及其材料、安装工艺。
(2) 防雷接地装置施工图识读。

 学习建议:

(1) 了解雷电形成原理内容,学习重点放在防雷装置施工与识图内容。
(2) 平时应多提问,多到施工现场了解材料与设备实物及安装过程,也可以通过施工录像、动画来加深对课程内容的理解。
(3) 识图时应将图与工程实际联系起来。
(4) 项目后的思考题与习题,应在学习中对应进度逐一练习,通过做练习加以巩固基本知识。

 相关知识链接:

相关规范、定额、手册、精品课网址、网络资源网址:
(1)《建筑物防雷设计规范》(GB 50057—2010)。
(2) 图集《建筑物防雷设施安装》(15D501)。

 导引:

1. 工作任务分析

图 9-1~图 9-3 是广西某高层住宅楼建筑防雷接地施工图,图中出现的图块和线条代表什么含义?为什么要防雷?在什么地方需要设置防雷装置?怎么防?防雷装置是如何安装的?这一系列的问题均要通过本项目内容的学习才能逐一获得解答。

2. 实践操作(步骤/技能/方法/态度)

为了能完成前面提出的工作任务,我们需从解读雷电的危害、如何防雷开始,然后着重学习防雷装置的构成,熟悉防雷装置施工工艺流程及其安装施工知识,掌握建筑防雷接地工程施工图识读方法,从而具备熟读施工图的能力,为建筑防雷接地工程算量与计价打下基础,并具备一定的安全用电常识。

(1) 本工程防雷等级为二类。建筑物的防雷装置应满足防直击雷、防雷电感应及雷电波的侵入,并设置总等电位联结。

(2) 在女儿墙顶设 $\phi 12$ 镀锌圆钢避雷带;屋顶避雷带连接线网格不大于 10m×10m 或 12m×8m。利用建筑物钢筋混凝土柱子或剪力墙内两根 $\phi 16$ 以上主筋通长焊接作为引下线,引下线均匀或对称布置,引下线间距不大于 18m。所有外墙引下线在室外地面下 1m 处引出一根 40×4 热镀锌扁钢,扁钢伸出室外,距外墙皮的距离不小于 1m。

(3) 接地极为建筑物基础底梁上的上下两层钢筋中的两根主筋通长焊接形成的基础接地网,及由柱内引出的 40×4 镀锌扁钢接地极作为综合接地装置,本工程防雷接地、电气设备的保护接地等接地共用统一的接地极,要求接地电阻不大于 1Ω(有 T 字为测量点),实测不满足要求时,增设人工接地极。要求和已建建筑的接地极焊连。

(4) 引下线上端与避雷带焊接,下端与接地极焊接。建筑物四角的外墙引下线在室外地面上 0.5m 处设测试卡子。

(5) 电竖井用接地引下线:采用-40×4 扁钢,下端熔接焊与基础接地极焊接,进竖井后垂直引上每层,与 LEB 板连接。竖井内需接地的设备均用 ZRBV-10mm^2 与 LEB 连接。

(6) 电梯机房用引下线:利用结构柱内两根主筋(大于 $\phi 16$)通长相互焊接引上至电梯机房,在机房地面上 0.3m 引出后用-40×4 镀锌扁钢在机房内距地 0.3m 做一圈接地装置。电梯轨道的底部、顶端均应与接地装置焊连。

(7) 水泵房专用接地端子板:利用结构体内两根主钢筋(大于 $\phi 16$)引出至泵房,在泵房地面上 0.3m 处引出后用-40×4 镀锌扁钢在泵房内距地 0.3m 做一圈接地装置。

(8) 变配电室专用接地端子板:采用-80×8 热镀锌扁钢,下端与基础接地极焊接,在配电室地面 0.3m 处引出后用-40×5 扁钢在室内距地 0.3m 处做一圈接地装置。

(9) 凡正常不带电,而当绝缘破坏有可能呈现电压的一切电气设备金属外壳均应可靠接地。所有靠外墙的金属窗户做防侧击雷措施。每隔三层利用圈梁做均压环,所有金属门窗、栏杆等金属制品均做可靠接地。

(10) 凡突出屋面的所有金属构件、金属通风管、金属屋面、金属屋架等均与避雷带可靠焊接。

(11) 本工程采用总等电位联结,总等电位板由纯铜板制成,应将建筑物内保护干线、设备进线总管等进行联结,总等电位联结线采用 BV-1×25mm^{2}FPC32,总等电位联结均采用等电位卡子,禁止在金属管道上焊接。有淋浴室的卫生间采用局部等电位联结,从适当地方引出两根大于 $\phi 16$ 结构钢筋至局部等电位箱(LEB),局部等电位箱暗装,底边距地 0.3m。将卫生间内所有金属管道、金属构件联结。具体做法参见国标图集《等电位联结安装》(02D501—2)。

(12) 过电压保护:在电源总配电柜内装第一级电涌保护器(SPD);有线电视系统引入端、电话引入端等处过电压保护装置。

(13) 本工程接地形式采用 TN-S 系统,电源在进户处做重复接地,并与防雷接地共用接地极。

图 9-1 防雷接地设计说明

项目9 建筑防雷接地工程

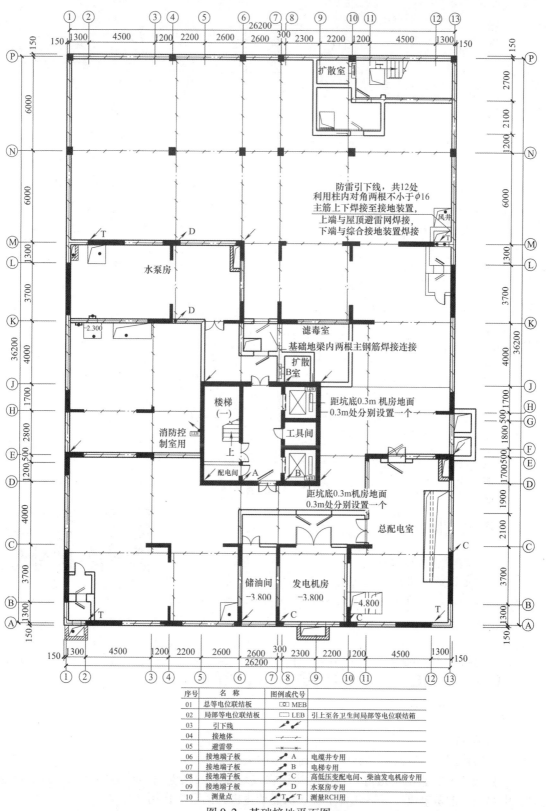

图 9-2 基础接地平面图

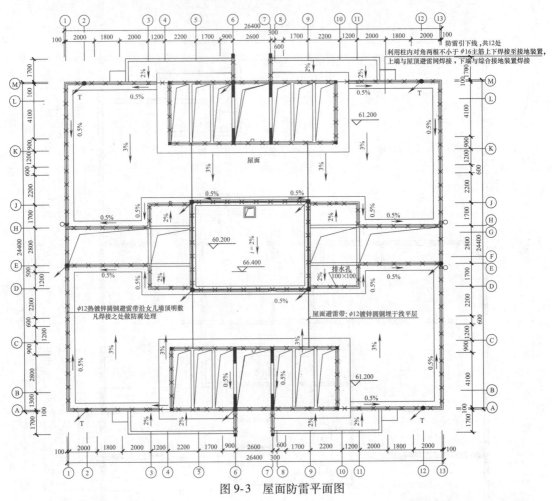

图9-3 屋面防雷平面图

9.1 建筑物防雷

☞ 节能减排，植树造林

雷击现象主要出现在极端性气候变化下，也有突发性的雷击现象。所以要减少对温室气体的排放，多植树造林，绿化地球，减少砍伐，减少极端性气候的发生！

闪电对地面的危害

建筑物防雷

雷电现象是自然界大气层在特定条件下形成的，是由雷云（带电的云层）对地面建筑物及大地的自然放电引起，它会对建筑物或设备造成严重破坏。

9.1.1 雷电基本常识

1. 雷电的危害

雷电的作用分为直击雷、感应雷、高电位引入三类。

(1) 直击雷：直击雷是雷云直接对建筑物或地面上的其他物体放电的现象。雷云放电时，引起很大的雷电流，可达几百千安，从而产生极大的破坏作用。

(2) 雷电的感应：雷电感应是雷电的第二次作用，即雷电流产生的电磁效应和静电效应作用。

在雷云向其他地方放电后，云与大地之间的电场突然消失，但聚集在建筑物的顶部或架空线路上的感应电荷不能很快全部汇入大地，所形成的高电位往往造成屋内电线、金属管道和大型金属设备放电，击穿电气绝缘层或引起火灾、爆炸。

（3）雷电波侵入：当架空线路或架空金属管道遭雷击，或者与遭受雷击的物体相碰，以及由于雷云在附近放电，在导线上感应出很高的电动势，沿线路或管路将高电位引进建筑物内部，也称高电位引入。

2. 雷击的选择性

建筑物遭受雷击次数的多少，不仅与当地的雷电活动频繁程度有关，而且还与建筑物所在环境、建筑物本身的结构、特征有关。

建筑物易受雷击部位，如图9-4所示。

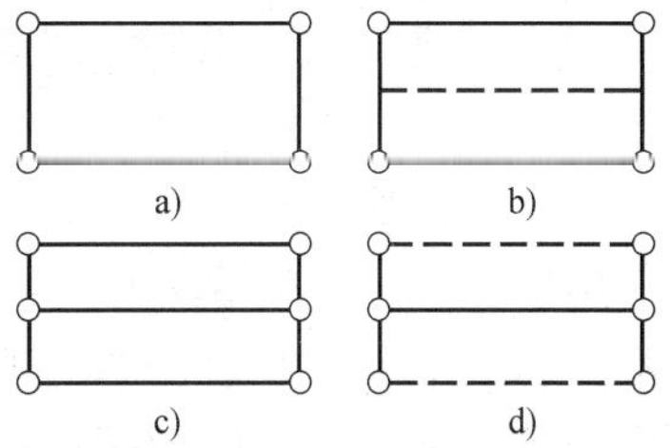

（1）平屋顶或坡度不大于1/10的屋顶—檐角、女儿墙、屋檐（图9-4中a和b）。

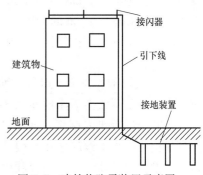

图9-4 建筑物易受雷击的部位

（2）坡度大于1/10且小于1/2的屋顶—屋角、屋脊、檐角、屋檐（图9-4中c）。

（3）坡度不小于1/2的屋顶—屋角、屋脊、檐角（图9-4中d）。

3. 民用建筑物的防雷等级

按《建筑物防雷设计规范》（GB 50057—2010）的规定，将建筑物的防雷等级按有爆炸危险的建筑、国家级的重点建筑、省级的重点建筑，以及雷击次数、建筑物的高度等因素划分为三类。

9.1.2 建筑物的防雷装置

建筑物的防雷装置一般由接闪器、引下线和接地装置三部分组成，示意图如图9-5所示。其原理就是引导雷云与防雷装置之间放电，使雷电流迅速流散到大地中去，从而保护建筑物免受雷击。

1. 接闪器

接闪器是专门用来接受雷击的金属导体。其形式可分为避雷针、避雷带（线）、避雷网以及兼作接闪的金属屋面和金属构件（如金属烟囱、风管）等。所有接闪器都必须经过接地引下线与接地装置相连接。

（1）避雷针：避雷针是安装在建筑物突出部位或独立装设的针形导体，在雷云的感应下，将雷云的放电通路吸引到避雷针本身，完成避雷针的接闪作用，由它及与它相连的引下线和接地体将雷电流安全导入地中，从而保护建筑物和设备免受雷击。避雷针形状如图9-6所示。

图9-5 建筑物防雷装置示意图

避雷针通常采用镀锌圆钢或镀锌钢管制成。圆钢截面面积不得小于100mm^2，钢管厚度不得小于3mm。当针长1m以下时，圆钢直径大于或等于12mm，钢管直径大于或等于

图9-6 各种形状的避雷针

20mm；当针长1~2m时，圆钢直径大于或等于16mm，钢管直径大于或等于25mm；烟囱顶上的避雷针，圆钢直径大于或等于20mm，钢管直径大于或等于40mm。当避雷针较长时，针体则由针尖和不同直径的管段组成。避雷针应考虑防腐蚀，除应镀锌或涂漆外，在腐蚀性较强的场所，还应适当加大截面或采取其他防腐措施。

（2）避雷带和避雷网：避雷带就是用小截面圆钢或扁钢装于建筑物易遭雷击的部位，如屋脊、屋檐、屋角、女儿墙和山墙等。避雷网相当于纵横交错的避雷带叠加在一起，形成多个网孔，它既是接闪器，又是防感应雷的装置。

用作避雷带和避雷网的圆钢直径不应小于8mm，扁钢截面面积不应小于48mm^2，其厚度不得小于4mm；装设在烟囱顶端的避雷环，其圆钢直径不应小于12mm，扁钢截面面积不得小于100mm^2，其厚度不得小于4mm。

避雷网也可以做成笼式避雷网，就是把整个建筑物的梁、柱、板、基础等主要结构钢筋连成一体。

（3）避雷线：避雷线一般采用截面面积不小于35mm^2的镀锌钢绞线，架设在架空线路之上，以保护架空线路免受直接雷击。

（4）金属屋面：除一类防雷建筑物外，金属屋面的建筑物宜利用其屋面作为接闪器，但应符合有关规范的要求。

2. 引下线

引下线是连接接闪器和接地装置的金属导体，一般采用圆钢或扁钢，优先采用圆钢。

（1）引下线的选择：采用圆钢时，直径不应小于8mm，采用扁钢时，其截面面积不应小于48mm^2，厚度不应小于4mm。烟囱上安装的引下线，圆钢直径不应小于12mm，扁钢截面面积不应小于100mm^2，厚度不应小于4mm。

建筑物的金属构件、金属烟囱、烟囱的金属爬梯、混凝土柱内的钢筋、钢柱等都可以作为引下线，但其所有部件之间均应连成电气通路。在易受机械损坏和人身接触的地方，地面上1.7m至地面下0.3m的一段引下线应采取暗敷或用镀锌角钢、改性塑料管等保护措施。

暗装引下线利用钢筋混凝土中的钢筋作引下线时，最少应利用四根柱子，每柱中至少用到两根主筋。

（2）断接卡：为便于运行、维护和检测接地电阻需设置断接卡。采用多根专设引下线时，宜在各引下线上于距地面0.3~1.8m之间设置断接卡，断接卡应有保护措施。

当利用混凝土内钢筋、钢柱等自然引下线并同时采用基础接地体时，可不设置断接卡，但利用钢筋作引下线时应在室内外的适当地点设若干连接板，该连接板可供测量、接人工接地体和做等电位联结用。当仅利用钢筋做引下线并采用埋于土壤中的人工接地体时，应在每根引下线上距地面不低于0.3m处设接地体连接板，采用埋于土壤中的人工接地体时应设断接卡，其上端应与连接板焊接，连接板处应有明显标志。

3. 接地装置

接地装置是接地体（又称接地极）和接地线的总合，它把引下线引下的雷电流迅速流散到大地土壤中。

（1）接地体：埋入到土壤中或混凝土基础中作散流用的金属导体叫接地体，按其敷设方式可分为垂直接地体和水平接地体。

垂直接地体可采用边长或直径50mm的角钢或钢管，长度宜为2.5m，每间隔5m埋一根，顶端埋深为 0.7m，用水平接地线将其连成一体。角钢厚度不应小于 4mm，钢管壁厚不应小于 3.5mm。圆钢直径不应小于 10mm。

水平接地体可采用 25mm×4mm~40mm×4mm 的扁钢做成，埋深一律为 0.5~0.8m。在腐蚀性较强的土壤中，应采取热镀锌等防腐措施或加大截面。埋接地体时，应将周围填土夯实，不得回填砖石灰渣之类杂土。通常接地体均应采用镀锌钢材，土壤有腐蚀性时，应适当加大接地体和连接线截面，并加厚镀锌层。

（2）接地线：接地线是从引下线断接卡或换线处至接地体的连接导体，也是接地体与接地体之间的连接导体。接地线一般为镀锌扁钢或镀锌圆钢，其截面面积应与水平接地体相同。

接地干线：室内接地母线，12mm×4mm 镀锌扁钢或直径 6mm 镀锌圆钢。接地线跨越变形缝时应设补偿装置（裸铜软绞线 50mm^2 做成 U 形或做扁钢 U 形套焊接）。多个电气设备均与接地干线相连时，不允许串接。

接地支线：室内各电气设备接地线多采用多股绝缘铜导线，与接地干线连接时用并沟线夹。

与变压器中性点连接的接地线，户外一般采用多股铜绞线，户内多采用多股绝缘铜导线。

（3）基础接地体：在高层建筑中，常利用柱子和基础内的钢筋作为引下线和接地体。将设在建筑物钢筋混凝土桩基和基础内的钢筋作为接地体常称为基础接地体。基础接地体可分为以下两类：

1）自然基础接地体：利用钢筋混凝土基础中的钢筋或混凝土基础中的金属结构作为接地体。

2）人工基础接地体：把人工接地体敷设在没有钢筋的混凝土基础内。有时候，在混凝土基础内虽有钢筋，但由于不能满足利用钢筋作为自然基础接地体的要求（如由于钢筋直径太小或钢筋总截面面积太小），也需在这种钢筋混凝土基础内加设人工接地体，这时所加入的人工接地体也称为人工基础接地体。

利用基础接地时，要把各段地梁的钢筋连成一个环路，并将地梁内的主筋与基础主筋连接起来，综合组成一个完整的接地系统，其接地装置应满足冲击接地电阻要求。

在高层建筑中，推荐利用柱子、基础内的钢筋作为引下线和接地装置。其主要优点是：接地电阻低；电位分布均匀，均压效果好；施工方便，可省去大量土方挖掘工程量；节约钢材；维护工程量少。其连接示意图如图 9-7 所示。

（4）接地装置检验与涂色：接地装置安装完毕后，必须按施工规范检验合格后方能正式运行，检验除了要求整个接地网的连接完整牢固外，还应按照规定进行涂色，标志记号应鲜明齐全。明敷接地线表面应涂以 15~100mm 宽度相等的黄绿相间条纹，在接地线引向建筑物入口处和在检修用临时接地点处，均应刷白色底漆后标以黑色接地符号。

（5）接地电阻测量：接地装置除进行必要的外观检验外，还应测量其接地电阻，目前使用最多的是接地电阻测量仪（图 9-8）。接地电阻的数值应符合规范要求，一般为 30Ω、20Ω、10Ω，特殊情况要求在 4Ω 以下，具体数据按设计确定，如不符合要求则应采取措施直至满足要求为止。

9.1.3 建筑物的防雷保护措施

1. 防直击雷

防直击雷采用避雷针、避雷带或避雷网。一般优先考虑采用避雷针。当建筑上不允许装

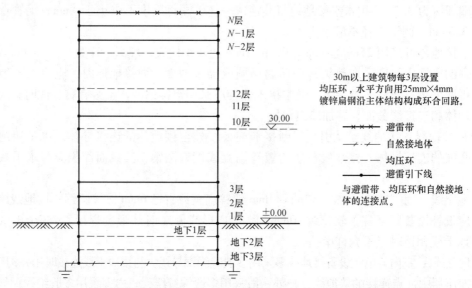

图 9-7　高层建筑物避雷带、均压环、自然接地体与避雷引下线连接示意图

设高出屋顶的避雷针，同时屋顶面积不大时，可采用避雷带。若屋顶面积较大时，采用避雷网。

（1）第一类防雷建筑物防直击雷的措施主要有：装设独立避雷针或架空避雷网（线），网格尺寸不应大于 5m×5m 或 6m×4m。引下线不应少于 2 根，并应沿建筑物四周均匀或对称布置，其间距不应大于 12m，每根引下线的冲击电阻不应大于 10Ω。当建筑物高于 30m 时，应采取防侧击雷的措施，即从 30m 起每隔不大于 6m 沿建筑物四周设水平避雷带并与引下线相连，同时 30m 及以上外墙上的栏杆、门窗等较大的金属物应与防雷装置连接。

图 9-8　接地电阻测量仪外形

（2）第二类防雷建筑物防直击雷的措施主要有：宜采用装设在建筑物上的避雷网（带）或避雷针或由其混合组成的接闪器，并应在整个屋面组成不大于 10m×10m 或 12m×8m 的网格，所有的避雷针应与避雷带相互连接。引下线不应少于 2 根，并应沿建筑物四周均匀或对称布置，其间距不应大于 18m。当仅利用建筑物四周的钢柱或柱子钢筋作为引下线时，可按跨度设引下线，但引下线的平均间距不应大于 18m。钢筋或圆钢仅 1 根时，其直径不应小于 10mm，每根引下线的冲击电阻不应大于 10Ω。当建筑物高于 45m 时，应采取防侧击雷和等电位保护措施。

（3）第三类防雷建筑物防直击雷的措施主要有：宜采用装在建筑物上的避雷网（带）或避雷针或由其混合组成的接闪器，并应在整个屋面组成不大于 20m×20m 或 24m×16m 的网格。平屋面的建筑物，当其宽度不大于 20m 时，可仅沿周边敷设一圈避雷带。引下线不应少于 2 根，但周长不超过 25m 且高度不超过 40m 的建筑物可只设一根引下线。引下线应沿建筑物四周均匀或对称布置，其间距不应大于 25m。当仅利用建筑物四周的钢柱或柱子钢筋作为引下线时，可按跨度设引下线，但引下线的平均间距不应大于 25m。每根引下线的冲击电阻不宜大于 30Ω，特殊的不宜大于 10Ω。当建筑物高于 60m 时，应采取防侧击雷和等电位的保护措施。

2. 防感应雷

在建筑物上产生的感应雷，可通过将建筑物的金属屋顶、房屋中的大型金属物品全部进行良好的接地处理来消除。金属间隙因感应雷而产生的火花放电，可用将相互靠近的金属物体全部可靠地连成一体并加以接地的办法来消除。

3. 防雷电波侵入

雷电波可能沿着各种金属导体、管路，特别是沿着天线或架空线引入室内，对人身和设备造成严重危害。对这些高电位的侵入，特别是对沿架空线引入雷电波的防护问题比较复杂，通常采用以下几种方法：配电线路全部采用地下电缆；进户线采用 50~100m 长的一段电缆；在架空线进户之处，加装避雷器或放电保护间隙。

4. 防雷电反击

所谓反击，就是当防雷装置接受雷击时，在接闪器、引下线和接地体上都产生很高的电位，如果防雷装置与建筑物内外的电气设备、电线或其他金属管线之间的绝缘距离不够，它们之间就会发生放电，这种现象称为反击。反击也会造成电气设备绝缘破坏，金属管道烧穿，甚至引起火灾和爆炸。

防止反击的措施有两种：一种是将建筑物的金属物体（含钢筋）与防雷装置的接闪器、引下线分隔开，并保持一定距离；另一种是当防雷装置不易与建筑物内的钢筋、金属管道分隔开时，则将建筑物内的金属管道系统，在其主干管道处与靠近的防雷装置相联结，有条件时，宜将建筑物每层的钢筋与所有的防雷引下线联结。

5. 等电位联结

等电位联结是将建筑物内的金属构架、金属装置、电气设备不带电的金属外壳和电气系统的保护导体等与接地装置做可靠的电气联结。常用有总等电位联结（MEB）、局部等电位联结（LEB）。

（1）总等电位联结（MEB）。总等电位联结是在建筑物进线处，将 PE 线或 PEN 线与电气装置接地干线、建筑物内的各种金属管道（如水管、煤气管、采暖空调管等）以及建筑物金属构件等都接向总等电位联结端子，使它们都具有基本相等的电位。连接示意图如图 9-9 和图 9-10 所示，联结端子箱如图 9-11 所示。

（2）局部等电位联结（LEB）。局部等电位联结是在远离总等电位联结处、非常潮湿、触电危险性大的局部地域进行的等电位联结，作为总等电位联结的一种补充。通常在容易触电的浴室及安全要求极高的胸腔手术室等地，宜作局部等电位联结，如图 9-12 所示。如《住宅设计规范》规定"卫生间宜作局部等电位联结"，其做法是：使用有电源的洗浴设备，用 PE 线将洗浴部位及附件的金属管道、部件相互联结起来，靠近防雷引下线的卫生间，洗浴设备虽未接电源，也应将洗浴部位及附近的金属管道、金属部件互相作电气通路的联结，如图 9-13 所示。

高层住宅的外墙窗框、门框及金属构件，应和建筑物防雷引下线作等电位联结，如图 9-14 和图 9-15 所示。电缆竖井内应设公共 PE 干线，公共 PE 干线截面面积按竖井内最大的一个供电回路 PE 线的选择确定（其中相线截面面积 400~800mm^2，PE 线为 200mm^2，相线截面面积超过 800mm^2 时，PE 线截面面积为相线的 1/4），除竖井内各层引出回路 PE 线接该 PE 干线外，应将竖井内各金属管道、支架、构件、设备外壳接公共 PE 干线，构成局部范围内的等电位联结。

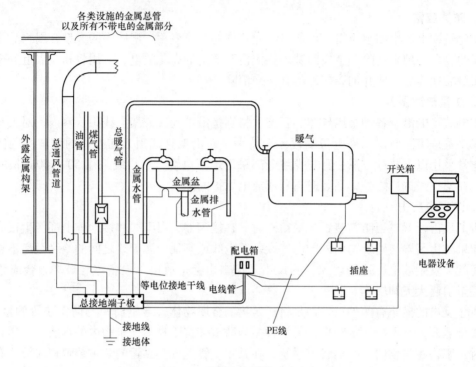

图 9-9　总等电位联结示意图

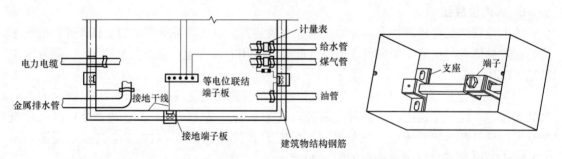

图 9-10　总等电位联结平面图　　　　图 9-11　等电位联结端子箱

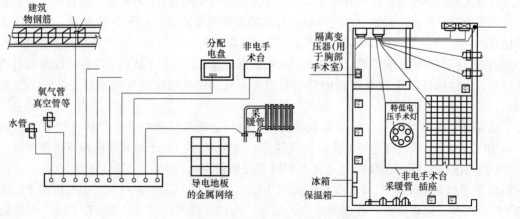

图 9-12　医院手术室等电位联结示意图

项目9　建筑防雷接地工程

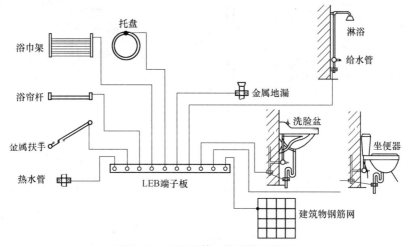

图 9-13　卫生间等电位联结示意图

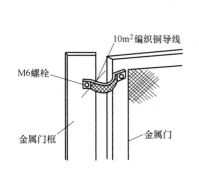

图 9-14　金属门接地示意图

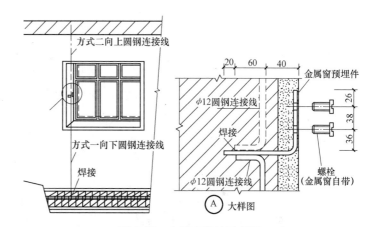

图 9-15　金属窗接地示意图

9.2　防雷装置安装

9.2.1　接闪器的安装

防雷装置安装

接闪器的安装主要是避雷针和避雷带（网）的安装。

1. 避雷针安装

避雷针的安装可参照《全国通用电气装置标准图集》执行，图 9-16 和图 9-17 分别为避雷针在山墙上安装和避雷针在屋面上安装示意图。避雷针及其接地装置，应采取自下而上的施工程序，首先安装集中接地装置，然后安装引下线，最后安装接闪器。

2. 避雷带、避雷网安装

（1）明装避雷带（网）：明装避雷带是在屋顶上部以较疏的明装金属网格作为接闪器，沿外墙敷设引下线，接到接地装置上。避雷带布置示意及在转角做法如图 9-18 和图 9-19 所示，避雷带与避雷短针配合敷设示意如图 9-20 所示。

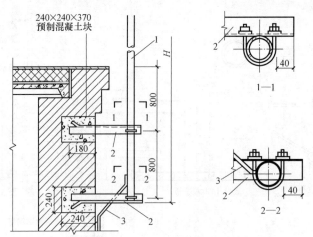

图 9-16 避雷针在山墙上安装
1—避雷针 2—支架 3—引下线

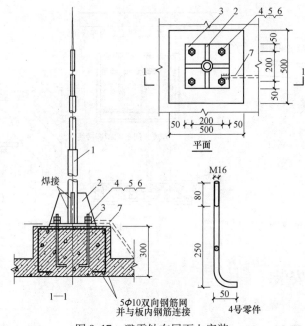

图 9-17 避雷针在屋面上安装
1—避雷针 2—肋板 3—底板 4—地脚螺栓 5—螺母 6—垫圈 7—引下线

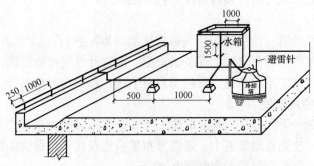

图 9-18 避雷带布置示意图

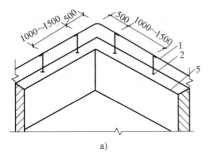 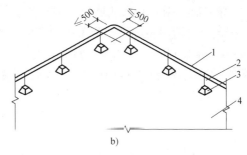

图 9-19　避雷带在转角处的做法
a）避雷带在女儿墙上　b）避雷带在平屋顶上
1—避雷带　2—支架　3—混凝土块　4—平屋顶　5—女儿墙

1）避雷带（网）在屋面混凝土支座上的安装：避雷带（网）的支座可以在建筑物屋面面层施工过程中现场浇筑，也可以预制再砌牢或与屋面防水层进行固定。混凝土支座设置如图 9-21 所示。避雷带（网）距屋面的边缘距离不应大于 500mm。在避雷带（网）转角中心严禁设置避雷带（网）支座。

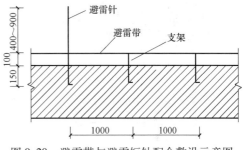

图 9-20　避雷带与避雷短针配合敷设示意图

在屋面上制作或安装支座时，中间支座的间距为 1~1.5m，在转弯处支座的间距为 0.5m。避雷带沿坡形屋顶安装如图 9-22 所示。

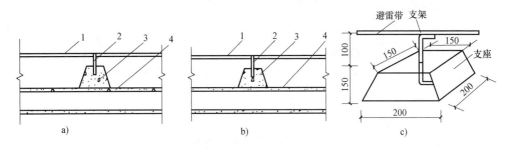

图 9-21　混凝土支座的设置
a）预制混凝土支座　b）现浇混凝土支座　c）混凝土支座示意图
1—避雷带　2—支架　3—混凝土支座　4—屋面板

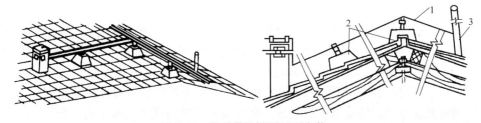

图 9-22　避雷带沿坡形屋顶安装
1—避雷带　2—混凝土块　3—突出屋面的金属物体

2) 避雷带（网）在女儿墙或天沟支架上的安装：避雷带（网）沿女儿墙安装时，应使用支架固定，并应尽量随结构施工预埋支架，当条件受限制时，应在墙体施工时预留不小于100mm×100mm×100mm 的孔洞。首先埋设直线段两端的支架，然后拉通线埋设中间支架，其转弯处支架应距转弯中点 0.25~0.5m，直线段支架水平间距为 1~1.5m，垂直间距为 1.5~2m，且支架间距应平均分布。

女儿墙上设置的支架应与墙顶面垂直。在预留孔洞内埋设支架前，应先用素水泥浆湿润，放置好支架时，用水泥砂浆浇筑牢靠，支架的支起高度不应小于 150mm，待达到强度后再敷设避雷带（网），如图 9-23 所示。避雷带（网）在建筑物天沟上安装使用支架固定时，应随土建施工先设置好预埋件，支架与预埋件进行焊接固定，如图 9-24 所示。

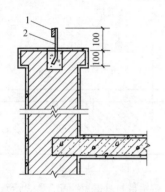

图 9-23 避雷带在女儿墙上安装
1—避雷带 2—支架

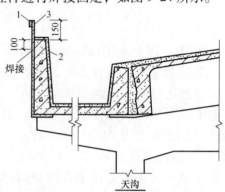

图 9-24 避雷带在天沟上安装
1—避雷带 2—预埋件 3—支架

3) 避雷带过伸缩缝要设置补偿装置，如图 9-25 所示。

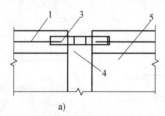
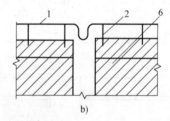

图 9-25 避雷带过伸缩缝做法
a) 平面图 b) 剖面图
1—避雷带 2—支架 3—跨越扁钢（25mm×4mm，长 500mm） 4—伸缩缝 5—屋面 6—女儿墙

(2) 暗装避雷带（网）：暗装避雷带是利用建筑物内的钢筋做避雷带，其较明装避雷带美观。

1) 用建筑物 V 形折板内钢筋做避雷网：折板插筋与吊环和网筋绑扎，通长钢筋应和插筋、吊环绑扎。折板接头部位的通长筋在端部预留钢筋头 100mm 长，便于与引下线连接。

等高多跨搭接处通长筋与通长筋应绑扎，不等高多跨交接处，通长筋之间应用直径 8mm 的圆钢连接焊牢，绑扎或连接的间距为 6m。V 形折板钢筋做防雷装置如图 9-26 所示。

2) 用女儿墙压顶钢筋做暗装避雷带：女儿墙上压顶为现浇混凝土时，可利用压顶板内的通长钢筋作为建筑物的暗装避雷带；当女儿墙上压顶为预制混凝土板时，就在顶板上预埋支架设避雷带。用女儿墙现浇混凝土压顶钢筋做暗装避雷带时，防雷引下线可采用直径不小

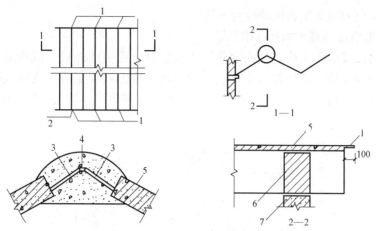

图 9-26 V 形折板钢筋做防雷装置示意图
1—通长筋预留钢筋头　2—引下线　3—吊环（插筋）　4—附加通长 $\phi6$ 筋
5—折板　6—三角架或三角墙　7—支托构件

于 10mm 的圆钢。

在女儿墙预制混凝土板上预埋支架设避雷带时，或在女儿墙上有铁栏杆时，防雷引下线就由板缝引出顶板与避雷带连接。引下线在压顶处与女儿墙设计通长钢筋之间应用直径 10mm 圆钢做连接线进行连接。

3）高层建筑暗装避雷网的安装。高层建筑是将屋面板内钢筋及在女儿墙上部安装避雷带作为接闪装置，再与引下线和接地装置组成笼式避雷网，如图 9-27 所示。高层建筑物还应注意防侧击雷和采取等电位措施。

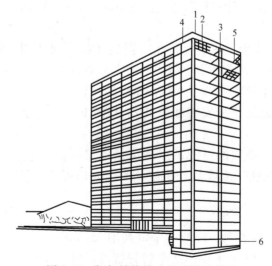

图 9-27 框架结构笼式避雷网示意图
1—女儿墙避雷带　2—屋面钢筋　3—柱内钢筋　4—外墙钢筋　5—楼板钢筋　6—基础钢筋

9.2.2 引下线的安装

防雷引下线是将接闪器接受的雷电流引到接地装置的中间导体，可以采用钢筋沿墙或柱子内敷设，也可以利用建筑物钢筋做引下线。

1. 引下线沿墙或混凝土构造柱暗敷设

引下线沿砖墙或混凝土构造柱内暗敷设，应配合土建主体外墙（或构造柱）施工。将钢筋调直后先与接地体（或断接卡子）连接好，由下至上展放（或一段段连接）钢筋，敷设路径尽量短而直，可直接通过挑檐板或女儿墙与避雷带焊接，如图9-28所示。

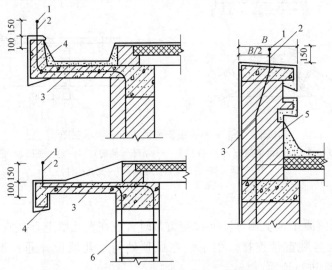

图 9-28　暗装引下线通过挑檐板、女儿墙做法
1—避雷带　2—支架　3—引下线　4—挑檐板　5—女儿墙　6—柱主筋

2. 利用建筑物钢筋做防雷引下线

防直击雷装置的引下线应优先利用建筑物钢筋混凝土中的钢筋，不仅可节约钢材，更重要的是比较安全。

由于利用建筑物钢筋做引下线是从下而上连接一体，因此不能设置断接卡子测试接地电阻值，需在柱（或剪力墙）内作为引下线的钢筋上另焊一根圆钢，引至柱（或墙）外侧的墙体上，在距地1.8m处设置接地端子板供测试电阻用，柱内主筋引下线做法及接地端子板安装如图9-29和图9-30所示。

在建筑结构完成后，必须通过测试点测试接地电阻，若达不到设计要求，可在柱（或墙）外距地0.8~1m预留导体处外加接人工接地体。

3. 断接卡子

断接卡子有明装和暗装两种，断接卡子可利用25mm×4mm的镀锌扁钢制作，断接卡子应用2个镀锌螺栓拧紧，如图9-31和图9-32所示。

9.2.3　接地装置的安装

安装工艺流程：定位放线→人工接地体制作→挖沟→接地体安装→接地干线安装。

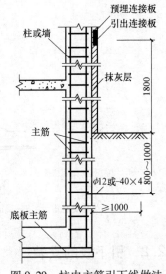

图 9-29　柱内主筋引下线做法

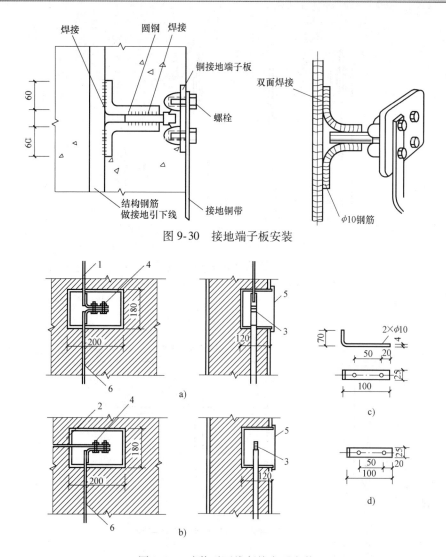

图 9-30 接地端子板安装

图 9-31 暗装引下线断接卡子安装
a) 专用暗装引下线 b) 利用柱筋做引下线 c) 连接板 d) 垫板
1—专用引下线 2—至柱筋引下线 3—断接卡子 4—M10×30 镀锌螺栓 5—断接卡子箱 6—接地线

1. 垂直接地体安装

（1）接地体的加工：垂直接地体多使用角钢或钢管，如图 9-33 和图 9-34 所示。在一般土壤中采用角钢接地体，在坚实土壤中采用钢管接地体。为便于接地体垂直打入土中，接地体打入地下的端部应锯成斜口或锻造成锥形。为了防止将钢管或角钢打裂，可用圆钢加工护管帽套入钢管端，或用一块短角钢（约长 10cm）焊在接地角钢的一端。

（2）挖沟：装设接地体前，需按设计规定的接地网路线进行测量、画线，然后依线开挖，一般沟深 0.8~1m，沟的上部宽 0.6m，底部宽 0.4m。挖沟时如附近有建筑物或构筑物，沟的中心线与建筑物或构筑物的距离不宜小于 3m。

（3）敷设接地体：沟挖好后应尽快敷设接地体，以防止塌方。接地体一般用手锤打入地下，并与地面保持垂直。

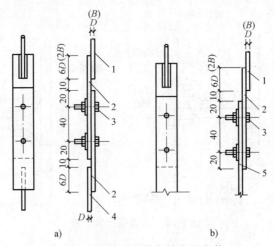

图 9-32　明装引下线断接卡子安装

a) 用于圆钢连接线　b) 用于扁钢连接线

1—圆钢引下线　2—-25×4, $L=90×6D$ 连接板　3—M8×30 镀锌螺栓　4—圆钢接地线　5—扁钢接地线

注: D 为圆钢直径; B 为扁钢宽度。

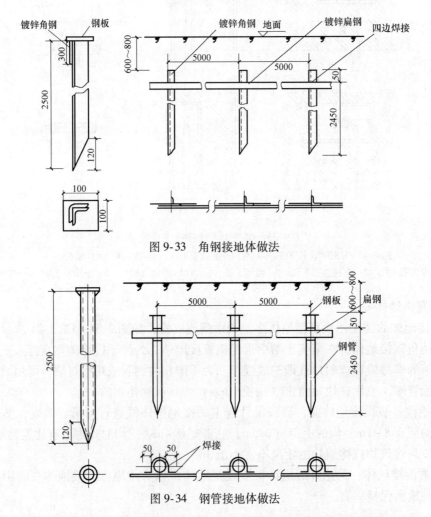

图 9-33　角钢接地体做法

图 9-34　钢管接地体做法

2. 接地母线（水平接地体）敷设

接地母线分人工接地线和自然接地线。在一般情况下，人工接地线均应采用扁钢或圆钢，并应敷设在易于检查的地方，且应有防止机械损伤及化学腐蚀的保护措施。从接地干线敷设到用电设备接地支线的距离越短越好。当接地线与电缆或其他电线交叉时，其间距至少要有 25mm。在接地线与管道、公路、铁路等交叉处及其他可能使接地线遭受机械损伤的地方，均应套钢管或角钢保护。当接地线跨越有震动的地方，如铁路轨道，接地线应略加弯曲，以便震动时有伸缩的余地，避免断裂，如图 9-35 所示。

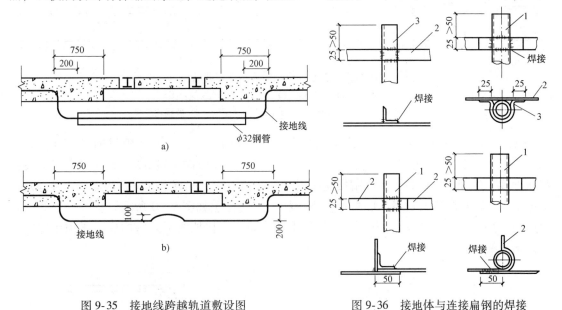

图 9-35　接地线跨越轨道敷设图
　　a）不考虑深埋　b）深埋

图 9-36　接地体与连接扁钢的焊接
1—接地体　2—扁钢　3—卡箍

（1）接地体间的连接：垂直接地体之间多用扁钢连接。当接地体打入地下后，即可将扁钢放置于沟内，扁钢与接地体用焊接的方法连接。扁钢应侧放，这样既便于焊接，又可减小其散流电阻。焊接方法如图 9-36 所示。接地体与连接扁钢焊好之后，经过检查确认接地体埋设深度、焊接质量、接地电阻等均符合要求后，即可将沟填平。

（2）接地干线与接地支线的敷设：接地干线与接地支线的敷设分为室外和室内两种。室内接地干线安装示意图如图 9-37 所示。

室外接地干线与接地支线一般敷设在沟内，接地干线与接地体及接地支线连接均采用焊接。接地干线与接地支线末端应露出地面 0.5m，以便接引地线。敷设完后即回填土夯实。

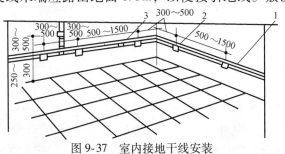

图 9-37　室内接地干线安装

室内的接地线一般多为明敷,但有时因设备接地需要也可埋地敷设或埋设在混凝土层中。明敷的接地线一般敷设在墙上、母线架上或电缆的桥架上。

(3) 敷设接地线:当固定钩或支持托板埋设牢固后,即可将调直的扁钢或圆钢放在固定钩或支持托板内进行固定。在直线段上不应有高低起伏及弯曲等现象。当接地线跨越建筑物伸缩缝、沉降缝时,应加设补偿器或将接地线本身弯成弧状,如图9-38所示。

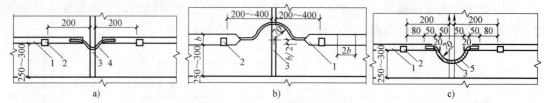

图 9-38　接地线跨越建筑物伸缩缝做法
a) 圆钢跨接　b) 扁钢跨接　c) 裸铜软绞线跨接
1—接地干线　2—支持件　3—变形缝　4—圆钢　5—裸铜软绞线

接地干线过门时,可在门上明敷设通过,也可在门下室内地面暗敷设通过,其安装如图9-39所示。接电气设备的接地支线往往需要在混凝土地面中暗敷设,敷设时应根据设计将接地线一端接电气设备,另一端接距离最近的接地干线。所有电气设备都需要单独地敷设接地支线,不可将电气设备串联接地。室内接地支线做法如图9-40所示。室外接地线引入室内的做法如图9-41所示。为了便于测量接地电阻,当接地线引入室内后,必须用螺栓与室内接地线连接。

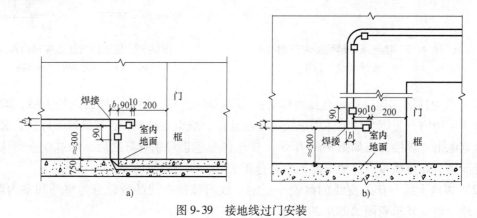

图 9-39　接地线过门安装
a) Ⅰ型　b) Ⅱ型

3. 接地体(线)的连接

接地体(线)的连接一般采用搭接焊,焊接处必须牢固无虚焊。非铁金属接地线不能采用焊接时,可采用螺栓连接。接地线与电气设备的连接也采用螺栓连接。

接地体(线)连接时的搭接长度为:扁钢与扁钢连接为其宽度的2倍,当宽度不同时,以窄的为准,且至少3个棱边焊接;圆钢与圆钢连接为其直

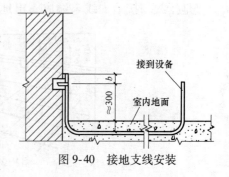

图 9-40　接地支线安装

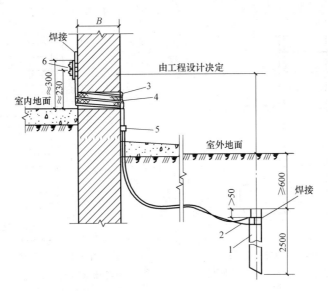

图 9-41 室外接地线引入室内做法
1—接地体 2—接地线 3—套管 4—沥青麻丝 5—固定钩 6—断接卡子

径的 6 倍；圆钢与扁钢连接为圆钢直径的 6 倍；扁钢与钢管（角钢）焊接时，为了连接可靠，除应在其接触部位两侧进行焊接外，还应焊上由扁钢弯成的弧形（或直角形）卡子，或直接将接地扁钢本身弯成弧形（或直角形）与钢管（或角钢）焊接。

4. 建筑物基础梁接地装置安装

高层建筑的接地装置大多以建筑物的深基础作为接地装置。当利用钢筋混凝土基础内的钢筋作为接地装置时，其直径不应小于 10mm。被利用作为防雷装置的混凝土构件内用于箍筋连接的钢筋，其截面面积总和不应小于 1 根直径为 10mm 钢筋的截面面积。

利用建筑物基础内的钢筋作为接地装置时，应在与防雷引下线相对应的室外埋深 0.8~1m 处，在被用作引下线的钢筋上焊出一根直径 12mm 的圆钢或 40mm×4mm 镀锌扁钢，此导体伸向室外，距外墙皮的距离不宜小于 1m。此圆钢或扁钢能起到遥测接地电阻和当整个建筑物的接地电阻值达不到规定要求时，给补打人工接地体创造条件。

（1）钢筋混凝土桩基础接地体的安装：高层建筑的基础是一座大型框架地梁，墙、柱内的钢筋均与承台梁内的钢筋互相绑扎固定，是可靠的电气通路，可以作为接地体。

桩基础接地体的构成，一般是在作为防雷引下线的柱子（或者剪力墙内钢筋作引下线）位置处，将桩基础的抛头钢筋与承台梁主钢筋焊接，并与上面作为引下线的柱（或剪力墙）中钢筋焊接。如果每一组桩基多于 4 根时，只需连接其四角桩基的钢筋作为防雷接地体。

（2）独立柱基础、箱形基础接地体的安装：如图 9-42 和图 9-43 所示。

钢筋混凝土独立柱基础及钢筋混凝土箱形基础作为接地体时，应将用作防雷引下线的现浇钢筋混凝土柱内的符合要求的主筋与基础底层钢筋网进行焊接连接。

钢筋混凝土独立柱基础如有防水油毡及沥青包裹时，应通过预埋件和引下线，跨越防水油毡及沥青层，将柱内的引下线钢筋、垫层内的钢筋与接地柱相焊接，利用垫层钢筋和接地桩柱作接地装置。

（3）钢筋混凝土筏形基础接地体的安装：如图 9-44 和图 9-45 所示。

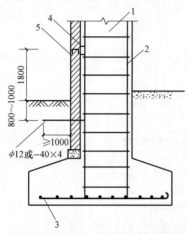

图 9-42 独立柱基础接地体的安装
1—现浇混凝土柱 2—柱主筋 3—基础底层钢筋网
4—预埋连接板 5—引出连接板

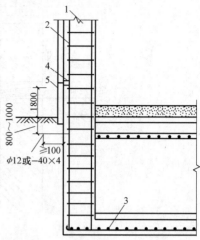

图 9-43 箱形基础接地体的安装
1—现浇混凝土柱 2—柱主筋 3—基础底层钢筋网
4—预埋连接板 5—引出连接板

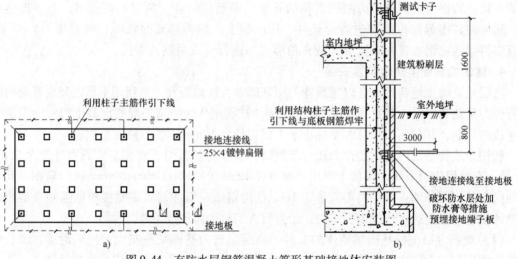

图 9-44 有防水层钢筋混凝土筏形基础接地体安装图
a) 平面图 b) 剖面图

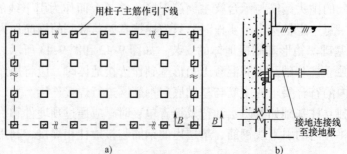

图 9-45 无防水层钢筋混凝土筏形基础接地体安装图
a) 平面图 b) 剖面图

9.3 建筑防雷接地装置施工图的识读

防雷接地装置
三维模型展示

建筑物防雷接地工程图一般包括防雷工程图和接地工程图两部分。图 9-1 为某住宅防雷接地施工说明，图 9-2 是屋面防雷平面图，图 9-3 是接地平面图。

（1）接闪器安装：由图 9-1、图 9-2 可知，该工程属于二类防雷建筑物，接闪器是避雷带，采用直径 12mm 的镀锌圆钢在屋面女儿墙上敷设，避雷带连接网格不大于 10m×10m 或 12m×8m。

（2）引下线敷设：利用钢筋混凝土柱或剪力墙内两根直径 16mm 及以上的钢筋通长焊接作为引下线，引下线间距不大于 18m。靠外墙的引下线在负 1m 处焊一根 40mm×4mm 扁钢，伸出室外距外墙皮不小于 1m；建筑物四角的靠外墙引下线需在室外距地 0.5m 处设测试卡。

（3）接地装置安装：由图 9-1、图 9-3 可知，该项目利用基础梁钢筋作为接地体，设置总等电位端子板、专用接地端子板及竖井、卫生间局部等电位端子板，在水泵房、电梯机房、变配电室内设置接地干线。

本项目小结

（1）雷电是大自然中的放电现象，雷击是一种自然灾害。根据对建筑物的危害方式不同，雷电可分为直击雷、感应雷和雷电波侵入三种。建筑物防雷应有防直击雷和防雷电波侵入的措施。

（2）防直击雷的防雷装置由接闪器、引下线和接地装置组成。接闪器包括避雷针、避雷线、避雷带和避雷网等多种形式。引下线可用钢筋专门设置，也可利用建筑物柱内钢筋充当。接地装置可由专门埋入地下的金属物体组成，也可利用建筑物基础中的钢筋作为接地装置。

（3）等电位联结是将建筑物内的金属构架、金属装置、电气设备不带电的金属外壳和电气系统的保护导体等与接地装置做可靠的电气连接。以减小发生雷击时各金属物体、各电气系统保护导体之间的电位差，避免发生因雷电导致的火灾、爆炸、设备损毁及人身伤亡事故。等电位联结分为总等电位联结（MEB）、局部等电位联结（LEB）。

（4）防雷及接地工程施工结束后，应进行质量检查和验收，对防雷接地系统进行测试，测试接地电阻值和等电位联结的有效性。

（5）建筑防雷接地装置施工图一般由屋面防雷平面图与接地装置平面图组成。

思考题与习题

1. 什么叫雷电？雷电有哪些危害？
2. 建筑物的防雷等级有哪几类？应有哪些防雷措施？
3. 防直击雷的防雷装置由哪几部分组成？各部分的作用分别是什么？
4. 简述避雷针的施工方法及施工要求。

5. 简述避雷带的施工方法及施工要求。
6. 防雷引下线有哪几种方式？施工方法及施工要求是什么？
7. 什么叫接地装置？其作用是什么？
8. 简述人工接地装置的组成及施工方法。
9. 利用建筑物柱内主筋作引下线、基础作接地装置有什么好处？施工时有哪些要求？
10. 什么是等电位联结？等电位联结有何作用？
11. 简述总等电位联结的方法和要求。
12. 等电位联结的干线和支线的规格有什么要求？
13. 简述防雷与接地工程的施工工序。

项目 10

建筑智能化系统工程

☞ 人工智能主要应用

个人助理（手机语音助理、语音输入、陪护机器人等）、安防（智能监控、安保机器人等）、自驾领域（智能汽车、公共交通等）、医疗健康（医疗健康的检测诊断、智能医疗设备等）、电商零售（仓储物流、智能导购和客服等）、金融（智能投顾、智能客服、金融监管等）、教育（智能评测、个性化辅导、儿童陪伴等）。

 学习目标：

(1) 熟悉有线电视系统的组成，掌握有线电视系统的设备器件安装要求。
(2) 了解电话通信系统的相关知识，掌握该系统的设备安装与线路敷设要求。
(3) 了解火灾自动报警与消防联动形式，掌握消防设备安装与线路敷设要求。
(4) 了解其他智能系统知识。
(5) 熟读智能建筑电气施工图。

 学习重点：

(1) 共用天线电视系统安装。
(2) 电话交换机系统设备安装与配线。
(3) 消防联动控制系统设备安装与配线。
(4) 智能建筑系统施工图实例识读。

 学习建议：

(1) 了解智能建筑系统组成、原理，学习重点放在材料、设备安装工艺与识图内容。
(2) 为了加深对智能建筑系统知识的巩固与认识，建议到施工现场进行生产实习，亲自动手安装及调试。
(3) 多做施工图实例的识读练习，并将图与工程实际联系起来。
(4) 项目后的思考题与习题，应在学习中对应进度逐一练习，通过做练习加以巩固基本知识。

 相关知识链接：

相关规范、定额、手册、精品课网址、网络资源网址：
(1)《综合布线系统工程设计规范》(GB 50311—2016)。
(2)《智能建筑设计标准》(GB 50314—2015)。
(3)《建筑物电子信息系统防雷技术规范》(GB 50343—2012)。
(4)《有线电视网络工程设计标准》(GB/T 50200—2018)。
(5)《安全防范工程技术标准》(GB 50348—2018)。

(6)《视频安防监控系统工程技术规范》(GB 50395—2007)。
(7)《火灾自动报警系统设计规范》(GB 50116—2013)。
(8)《建筑安装工程施工图集》。
(9)图集《室内管线安装》(2004年合订本)(D301-1~3)。

导引:

1. 工作任务分析

以智能建筑工程部分系统工作任务为例,图10-1~图10-5是某综合楼消防报警系统工程实例施工图,图中出现的标注、符号、数据和线条代表什么含义?它们之间有什么联系?图上有哪些设备?它们是如何安装的?如何解析工程施工图?这一系列的问题均要通过本项目内容的学习才能逐一得到解答。

2. 实践操作(步骤/技能/方法/态度)

为了能完成前面提出的工作任务,我们需从解读有线电视系统、电话交换系统、消防联动控制系统的有关知识入手,然后到有关系统施工图的解析与识读,进而学会用工程语言来表示施工内容,学会施工图读图方法,最重要的是能熟读与解析施工图,熟悉施工过程,为今后智能建筑系统工程的计量与计价打下基础。

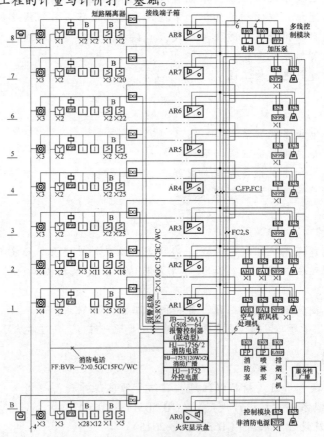

图 10-1 火灾报警与消防联动控制系统图

WDC—去直接起泵	RVS-2×1.0GC15WC/FC/CEC	FC1—联动控制总线	BV-2×1.0GC15WC/FC/CEC
C—RS-485 通信总线	BV-2×4GC15WC/FC/CEC	FC2—多线联动控制线	BV-1.5GC20WC/FC/CEC
FP—24VDC 主机电源总线		S—消防广播线	BV-2×1.5GC15WC/CEC

项目10　建筑智能化系统工程

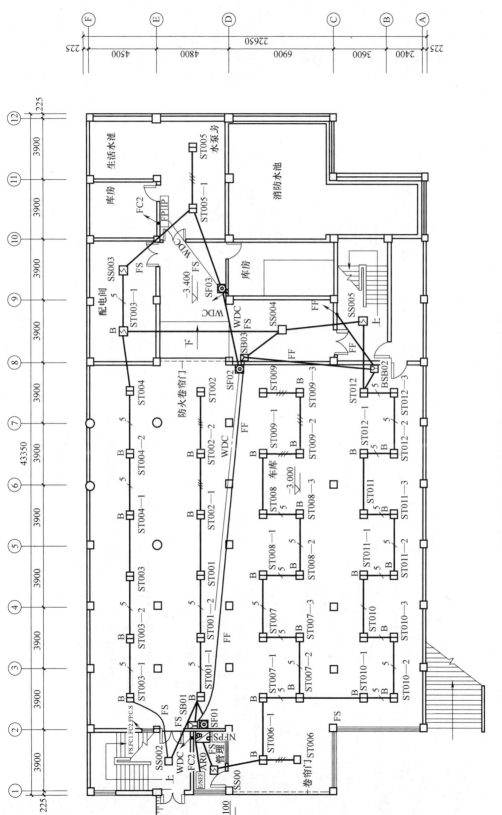

图 10-2　地下层火灾报警与消防联动控制平面图

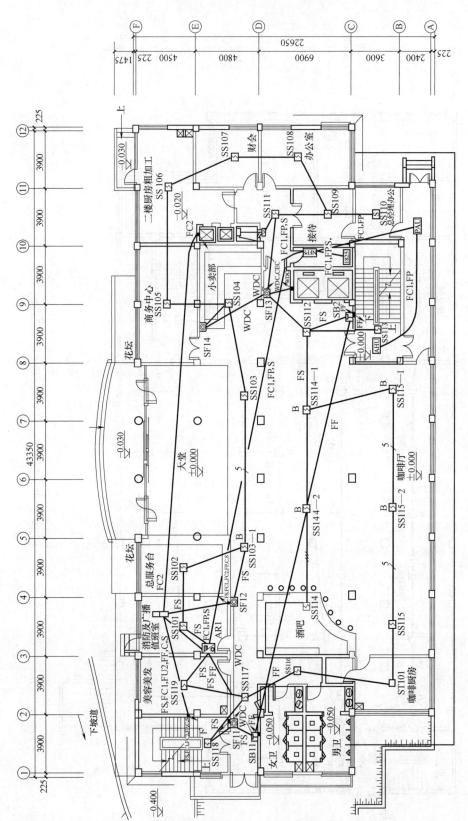

图 10-3 一层火灾报警与消防联动控制平面图

项目10　建筑智能化系统工程

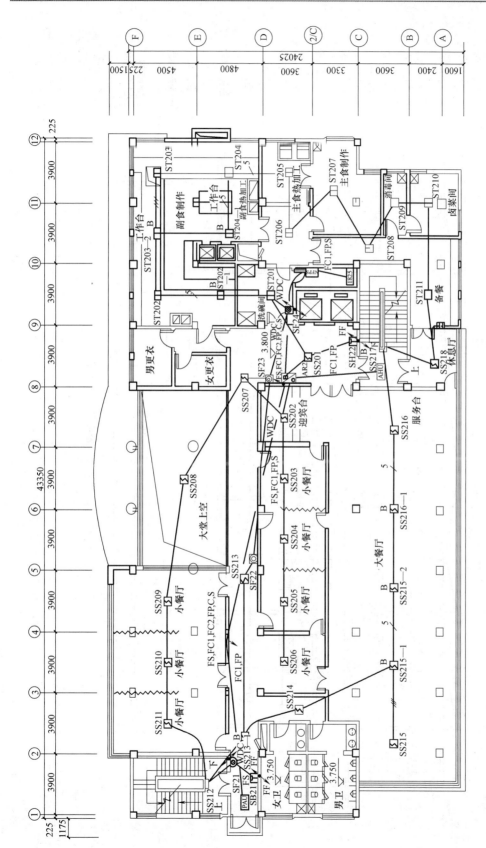

图 10-4　二层火灾报警与消防联动控制平面图

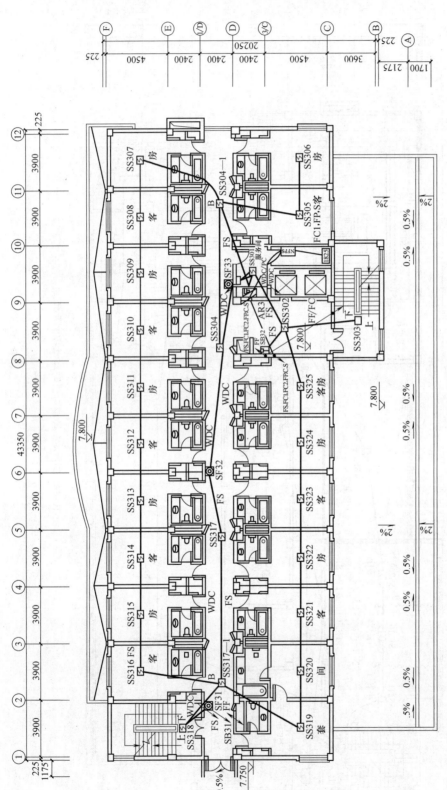

图 10-5 三层火灾报警与消防联动控制平面图

智能建筑系统包括以下内容：通信网络系统；信息网络系统；建筑设备监控系统；火灾自动报警及消防联动系统；安全防范系统；综合布线系统；智能化系统集成；电源与接地；住宅（小区）智能化等。

10.1 有线电视（CATV）系统

在今天和明天之间，有一段很长的时间；趁你还有精神的时候，学习迅速办事。

——歌德

有线电视（CATV）系统是通信网络系统的一个子系统，它由共用天线电视系统演变而来，是住宅建筑和大多数公用建筑必须设置的系统。CATV 系统一般采用同轴电缆和光缆来传输信号。

10.1.1 有线电视系统的组成

有线电视（CATV）系统由前端、信号传输分配网络和用户终端三部分组成，如图 10-6 所示。

图 10-6 有线电视系统组成图

（1）前端系统：前端系统主要包括电视接收天线、频道放大器、频率变换器、自播节目设备、卫星电视接收设备、导频信号发生器、调制器、混合器以及连接线缆等部件。

（2）信号传输分配网络：分无源和有源两类。无源分配网络只有分配器、分支器和传输电缆等无源器件，其可连接的用户较少。有源分配网络增加了线路放大器，因此其连接的用户数可以增多。线路放大器多采用全频道放大器，以补偿用户增多、线路增长后的信号损失。

分配器的功能是将一路输入信号的能量均等地分配给两个或多个输出的器件，一般有二分配器、三分配器、四分配器。分配器的表示符号如图 10-7 所示，实物如图 10-8 所示。

（3）用户终端：有线电视系统的用户终端是供给电视机电视信号的接线器，又称为用户接线盒，分为暗盒与明盒两种，如图 10-9 所示。

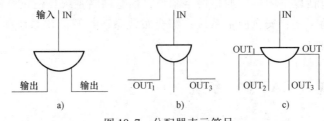

图 10-7 分配器表示符号

a）二分配器　b）三分配器　c）四分配器

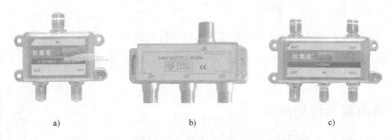

图 10-8 分配器实物图

a）二分配器　b）三分配器　c）四分配器

10.1.2 有线电视系统主要设备安装

有线电视系统的安装主要包括天线安装、系统前端设备安装、线路敷设和系统防雷接地等，安装工艺流程是：天线安装→系统前端及机房设备安装→干线传输部分安装→分支传输网络安装→系统调试。

1. 天线安装

（1）安装环境：天线安装在水平坚实的地表之上。天线所对的方向是背北朝南，天线的正前方 100m 内不要有高大的建筑物或茂密的树木遮挡，附近要有避雷措施。

（2）固定天线：固定天线有两种方法。一种是通过在固定面上打孔，使用膨胀螺钉把天线固定；另一种是使用沉重的方形石块或方形铸铁把天线的底座牢牢压住。天线与地面应平行安装，如图 10-10 所示。

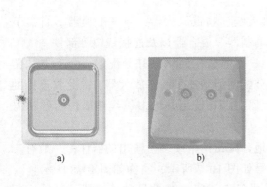

图 10-9 用户终端

a）暗盒　b）明盒

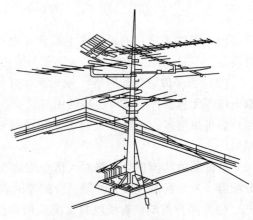

图 10-10 天线安装架设图

2. 前端设备安装

（1）安装一般要求：前端箱一般分箱式、柜式、台式三种。箱式前端明装于前置间内时，箱底距地 1.2m，暗装为 1.2~1.5m。台式前端安装在前置间内的操作台桌面上，高度不宜小于 0.8m，且应牢固。柜式前端宜落地安装在混凝土基础上面，安装方式同落地式动力配电箱。前端箱安装如图 10-11 所示。

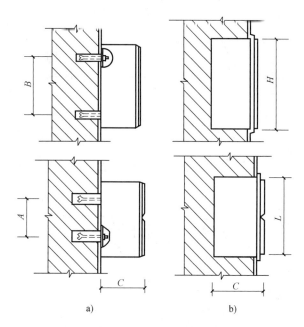

图 10-11 前端箱安装方法
a）明装 b）暗装

（2）验收内容：检查安装设备的数量、型号、规格；进行安装高度的验收。

3. 干线传输部分安装

（1）干线传输电缆常用同轴电缆，有 SYV 型、SYFV 型、SDV 型、SYWV 型、SYKV 型、SYDY 型等，其特性阻抗均为 75Ω。同轴电缆的种类有：实芯同轴电缆、藕芯同轴电缆、物理高发泡同轴电缆，其结构如图 10-12 所示。

同轴电缆可以架空明敷，也可以直埋（铠装电缆）或穿管敷设，敷线施工工艺同电气照明系统。

（2）干线放大器安装：在地下穿管或直埋电缆线路中干线放大器的安装，应保证放大器不得被水浸泡，放大器设置在金属箱内

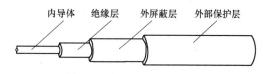

图 10-12 同轴电缆结构示意图

并有防水措施，可将放大器安装在地面以上。干线放大器所接输入、输出电缆，均应留有裕量，以防电缆收缩时插头脱落，连接处应有防水措施。放大器箱安装如图 10-13 所示。干线采用光缆时，施工按《智能建筑工程质量验收规范》（GB 50339—2013）相关内容执行。

4. 分支传输网络安装

（1）进入户内电缆可墙上明敷，也可穿管暗敷。

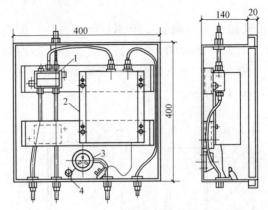

图 10-13　放大器箱安装图

1—分配器　2—放大器　3—电源插座　4—接地螺栓

（2）分配器和分支器应按施工图设计的标高、位置进行安装，如图 10-14 所示。

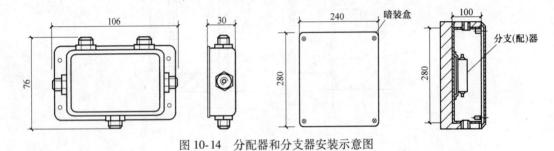

图 10-14　分配器和分支器安装示意图

（3）用户终端盒安装：明装用户盒可直接用塑料胀管和木螺钉固定在墙上；暗装用户盒应配合土建施工将盒及电缆保护管埋入墙内，盒口应和墙面保持平齐，面板可略高出墙面，如图 10-15 所示。

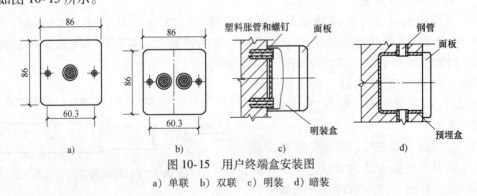

图 10-15　用户终端盒安装图

a) 单联　b) 双联　c) 明装　d) 暗装

5. 系统调试

系统安装完毕首先要对天线、前端、干线和分配网络依次进行调试，检查各点信号的电平值是否符合设计和规范的要求，并做好调试记录，其次进行系统的统调。

6. 防雷接地

电视天线防雷与建筑物防雷采用同一组接地装置，接地装置做成环状，接地引下线不少于两根。在建筑物屋顶面上不得明敷天线馈线或电缆,且不能利用建筑物的避雷带作为支架敷设。

7. 系统供电

共用天线电视系统采用 50Hz、220V 电源作系统工作电源。前端箱与配电箱的距离一般不小于 1.5m。

10.2 电话交换系统

通信是人类社会传递信息、交流文化、传播知识的有效手段,随着社会的进步和科学技术的发展,人们对通信的需求日益增长,要求越来越高。

10.2.1 电话交换系统的组成

电话交换系统是通信系统的主要内容之一,如图 10-16 所示。电话交换系统由三部分组成,即电话交换设备、传输系统和用户终端设备。

图 10-16 电话通信系统示意图

1. 用户终端设备

用户终端设备有很多种,常见的有电话机、电话传真机和电传等。

2. 电话传输系统

如图 10-17 所示,电话传输系统负责在各交换点之间传递信息。在电话网中,传输系统分为"用户线"和"中继线"两种。

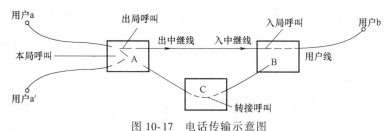

图 10-17 电话传输示意图

3. 电话交换设备

电话交换设备是电话通信系统的核心。电话通信最初是在两点之间通过原始的受话器和导线的连接由点的传导来进行,如果仅需要在两部电话机之间进行通话,只要用一对导线将两部电话机连接起来就可实现。但如果有成千上万部电话机之间需要互相通话,就需要有电话交换机,程控数字交换机的结构框图如图 10-18 所示。

10.2.2 系统主要设备安装与线路敷设

1. 室外电话电缆敷设

(1) 架空敷设要求:室外电话电缆线路架空敷设时宜在 100 对及 100 对以下。冰冻严重地区不宜采用架空电缆。电话电缆用钢丝架空吊挂敷设。架

电视、电话、网络传输线缆

空电话电缆不宜与电力线路同杆架设，如同杆架设时应采用铅包电缆（外皮接地），且与低压 380V 线路相距 1.5m 以上，架空电话电缆与广播线同杆架设时，间距不应小于 0.6m。架空电缆的杆距一般为 35~45m，电缆与路面的距离为 4.5~5.5m。电话电缆亦可沿墙卡设，卡钩间距为 0.5~0.7m，距地为 3.5~5.5m。

（2）室外电话电缆地下敷设要求：当与市内电话管道有接口要求或者线路有较高要求时，宜采用管道电缆。

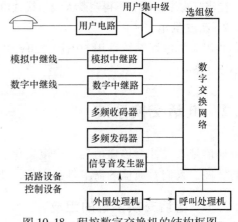

图 10-18 程控数字交换机的结构框图

管道电缆敷设可采用混凝土多孔管块、钢管、塑料管、石棉水泥管等。这些管道内部设裸铅包电缆或塑料护套电缆。多孔管块的内径一般为 90mm，管道上皮距地坪一般为 0.7m。钢管、塑料管、石棉水泥管用作主干管道时内径不宜小于 75mm，用作分支电缆使用时内径不宜小于 50mm。钢管需做防腐处理，缠包浸透沥青的麻被或打在素混凝土内保护。塑料管及石棉水泥管均需在四周用 10mm 厚混凝土保护。每段管道长不应大于 150m，管道埋深一般为 0.8~1.2m。

直埋电缆敷设一般采用钢带铠装电话电缆，在坡度大于 3% 的地段或电缆可能承受引力的地段需采用钢带铠装电话电缆。直埋电缆四周各铺 50~100mm 砂或细土，并在上面盖一层砖或混凝土板保护。穿越道路时常用钢管保护，直线段每隔 200m 以及盘留点、转弯点及与其他管路交叉点应设电缆标志，进入室内应穿管引入。

2. 室内外电话分线盒安装

电话电缆传输的电话信号必须通过分线盒才能传送到与电话出线口连接的电话终端，电话分线盒可以明装或暗装，一般距地 1.3m 左右，其实物如图 10-19 所示。

3. 室内电话线路敷设

室内电话通常利用综合布线系统来完成通信，根据《综合布线系统工程设计规范》（GB 50311—2016），综合布线系统构成包括工作区子系统、配线子系统、干线子系统、建筑群子系统等，如图 10-20 所示。

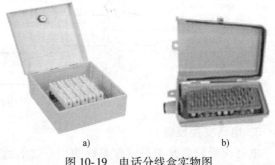

图 10-19 电话分线盒实物图
a) 室内 b) 室外

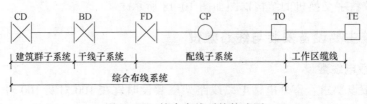

图 10-20 综合布线系统构成图

综合布线系统施工工艺流程：线槽、桥架敷设→配线子系统电缆敷设→干线子系统电缆敷设→信息插座模块安装→配线架安装→接地→线缆端接→信息插座端接→系统测试。

（1）配线子系统通信线路敷设：配线子系统通信线路一般采用五类、六类、七类的 4 对双绞线，双绞线可分为非屏蔽双绞线（Unshielded Twisted Pair, UTP）和屏蔽双绞线（Shielded Twisted Pair, STP）两种，如图 10-21 所示。在高宽带应用时，可以采用光缆。

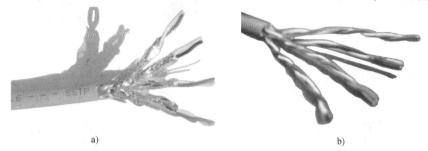

图 10-21　4 对双绞线缆
a）屏蔽线缆　b）非屏蔽线缆

根据智能建筑的特点，配线子系统线路的敷设通常采用两种主要形式，即地板下或地平面中敷设与楼层吊顶敷设。

1）采用地板下或地平面中敷设的方式主要有如图 10-22 所示的几种形式。

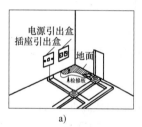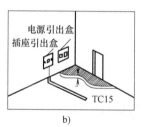

图 10-22　线缆板下或地中敷设方式
a）地槽敷设　b）地表暗管敷设　c）架空地板敷设

2）采用楼层吊顶内敷设的方式如图 10-23 所示。

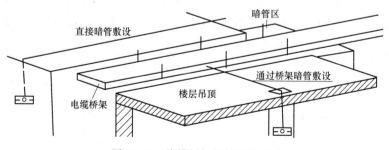

图 10-23　线缆桥架钢管暗敷方式

（2）干线子系统通信线路敷设：干线子系统通信线路一般采用大对数线缆、光缆，如图 10-24 和图 10-25 所示，也可以用 4 对双绞线，沿弱电竖井敷设，如图 10-26 和图 10-27 所示。

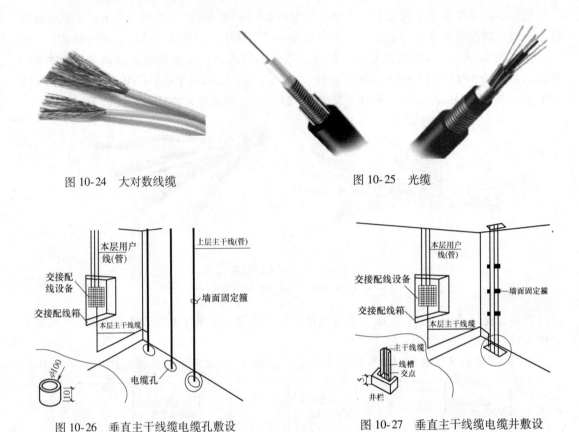

图 10-24　大对数线缆　　　　　　图 10-25　光缆

图 10-26　垂直主干线缆电缆孔敷设　　　　图 10-27　垂直主干线缆电缆井敷设

（3）工作区子系统：由配线子系统的信息插座模块（TO）延伸到终端设备处的连接缆线及适配器组成。工作区通信线路包括自电话出线盒至通信终端的线路组织部分。

电话出线盒一般设于工作场所、住宅的起居室或主卧室、宾馆的床头柜后及卫生间内，电话出线盒宜暗设，应采用专用出线盒或插座，不得使用其他插座代用。安装高度以底边距室内地面计算，一般房间为 0.2~0.3m，卫生间为 1.4~1.5m。电话出线盒实物如图 10-28 所示。

在电话出线盒一侧宜安装一个单相 220V 电源插座，以备数据终端之用，两者距离宜为 0.5m，电话插座应与电源插座齐平，如图 10-29 所示。室内出线盒与通信终端相接部分的连线不宜超过 7m，可在室内明配线或地板下敷设。

图 10-28　电话出线盒实物图

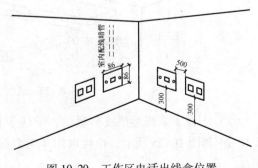

图 10-29　工作区电话出线盒位置

10.3 火灾自动报警与消防联动控制系统

《消防法》规定：任何单位、个人不得损坏、挪用或者擅自拆除、停用消防设施、器材，不得埋压、圈占、遮挡消火栓或者占用防火间距，不得占用、堵塞、封闭疏散通道、安全出口、消防车通道。人员密集场所的门窗不得设置影响逃生和灭火救援的障碍物。

☞ **高层建筑发生火灾时逃生办法**

高层建筑发生火灾时，被困人员应尽量利用建筑内部设施逃生，如楼梯；根据火场广播逃生；利用各楼层存放的消防器材扑救初起火灾，充分运用身边物品自救逃生，如床单、窗帘等。

在智能建筑中火灾报警及消防联动控制系统是非常重要的一个子系统。火灾自动报警系统按控制方式可分为区域报警系统、集中报警系统、控制中心报警系统三种形式。

10.3.1 火灾自动报警及消防联动控制系统的构成

火灾自动报警与消防联动控制系统主要由火灾探测器、火灾报警控制器、消防联动设备、消防广播机柜和直通对讲电话五大部分组成，另可配备 CRT 显示器和打印机，如图 10-30 所示。智能建筑消防联动系统如图 10-31 所示。

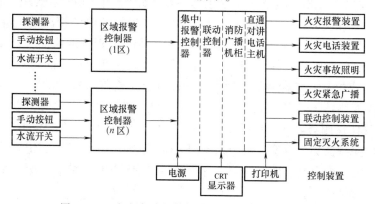

图 10-30　火灾自动报警与消防联动控制系统构成

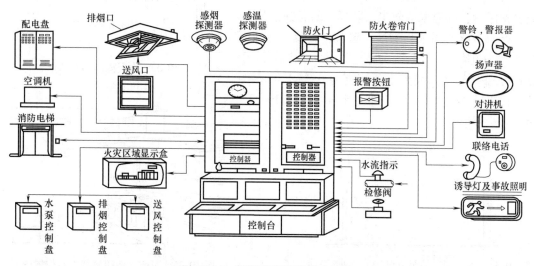

图 10-31　智能建筑消防联动系统

10.3.2 火灾自动报警与消防联动控制系统的常用设备

火灾探测器和火灾报警控制器是火灾自动报警系统最常用的设备。

火灾自动
报警设备——
火灾探测器

1. 火灾探测器类型

火灾探测器类型有感烟型、感温型、感光型、可燃气体探测式和复合式等，如图10-32所示。离子式感烟探测器是目前应用最多的一种火灾探测器。

 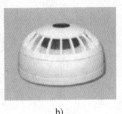 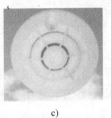 

a)　　　　　　　b)　　　　　　　c)　　　　　　　d)

图 10-32　火灾探测器

a) 智能离子感烟探测器　b) 光电感烟探测器　c) 智能感温探测器　d) 火焰探测器

（1）感烟火灾探测器：凡是要求火灾损失小的重要地点，类似在火灾初期有阴燃阶段及产生大量的烟和小量的热，很少或没有火焰辐射的火灾，如棉、麻植物的阻燃等，都适于选用。

（2）感温火灾探测器：一种对警戒范围内的温度进行监测的探测器，特别适用于经常存在大量粉尘、烟雾、水蒸气的场所及相对湿度经常高于95%的房间（如厨房、锅炉房、发电机房、烘干车间和吸烟室等），但不适用于有可能产生阴燃火灾的场所。

（3）感光（火焰）火灾探测器：感光火灾探测器不受气流扰动的影响，是一种可以在室外使用的火灾探测器，可以对火焰辐射出的红外线、紫外线、可见光予以响应。

（4）可燃气体探测器：利用对可燃气体敏感的元件来探测可燃气体的浓度。

以上介绍的探测器均为点型，对于无遮挡大空间的库房、飞机库、纪念馆、档案馆和博物馆等；隧道工程；变电站、发电站等；古建筑、文物保护的厅堂管所等，则需采用红外线型感烟探测器进行保护。

火灾探测器在即将调试时方可安装，在安装前应妥善保管；并应采取防尘、防潮、防腐蚀措施。

点型一般采用吸顶安装、壁装，安装时应注意"+"线为红色，"-"线为蓝色，并应预留不小于15cm的外接导线。线型距顶棚宜为0.3~1.0m，距地不宜超过20m。火灾探测器安装示意如图10-33~图10-36所示。

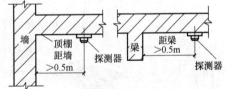

图 10-33　火灾探测器距墙壁、梁边安装示意

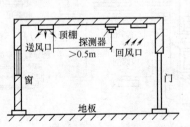

图 10-34　火灾探测器至空调送风口处安装示意

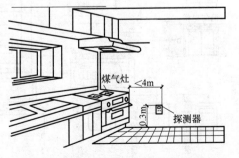

图 10-35　可燃气体探测器安装位置图

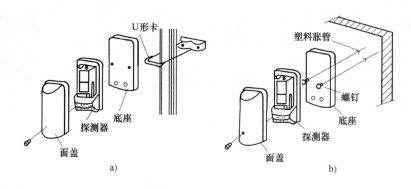

图 10-36 主动红外线探测器的安装
a) 柱子上安装 b) 墙面上安装

2. 火灾报警控制器

火灾报警控制器是火灾自动报警系统的重要组成部分。在火灾自动报警控制系统中，火灾探测器是系统的感测部分，随时监视探测区域的情况。而火灾报警控制器则是系统的核心。

(1) 火灾报警控制器功能：向火灾探测器提供高稳定度的直流电源；监视连接各火灾探测器的传输导线有无故障；能接受火灾探测器发出的火灾报警信号，迅速正确地进行控制转换和处理，并以声、光等形式指示火灾发生位置，进而发送消防设备的启动控制信号。

(2) 火灾报警控制器类型：区域火灾报警控制器（直接连接火灾探测器，处理各种报警信息）、集中火灾报警控制器（一般与区域火灾报警控制器相连）、通用火灾报警控制器（兼有区域、集中两级火灾报警控制器的双重特点）。

(3) 安装方式：壁挂式［底边距地（楼）面 1.5m］、台式（底边高出地坪 0.1～0.2m）、柜式（底边高出地坪 0.1~0.2m），如图 10-37 所示。

控制器的主电源线应直接与消防电源连接，严禁使用插头。电缆和导线应留有 20cm 余量。

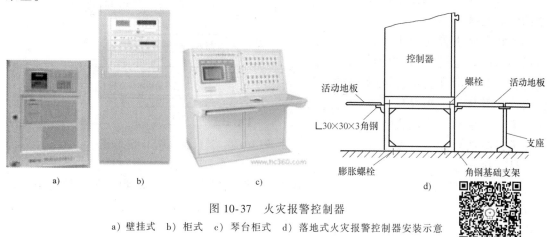

图 10-37 火灾报警控制器
a) 壁挂式 b) 柜式 c) 琴台柜式 d) 落地式火灾报警控制器安装示意

3. 火灾报警设备

(1) 消火栓按钮：是消火栓灭火系统中的主要报警元件。按钮内部

火灾自动报警设备——消火栓按钮

有一组常开触点、一组常闭触点及一只指示灯，按钮表面为薄玻璃或半硬塑料片。火灾时打碎按钮表面玻璃或用力压下塑料面，按钮即可动作。消火栓按钮如图10-38所示。

（2）手动报警按钮：功能是与火灾报警控制器相连，用于手动报警，实物如图10-39所示。

火灾自动报警设备——手动报警按钮

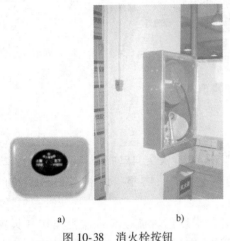

a)　　　　b)

图 10-38　消火栓按钮

a)实物图　b)安装示意图

图 10-39　手动报警按钮

a)实物图　b)安装底座

10.3.3　消防联动控制系统

对于大型建筑物除要求装设有火灾自动报警系统外，还要求设置消防联动系统，对消防水泵、送排风机、送排烟机、防烟风机、防火卷帘、防火阀、电梯等进行控制。

1. 消防泵、喷淋泵及增压泵的联动控制

当城市公用管网的水压或流量不够时，应设置消火栓用消防泵。每个消火栓箱都配有消火栓报警按钮。当发现并确认火灾后，手动按下消火栓报警开关，向消防控制室发出报警信号，并启动消防泵。此时，

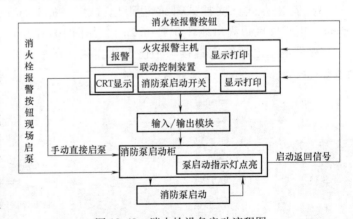

图 10-40　消火栓设备启动流程图

所有消火栓按钮的启泵显示灯全部点亮，显示消防泵已经启动。图10-40为消火栓设备启动流程图。

2. 防排烟设备的联动控制

（1）防排烟系统控制：图10-41为防排烟系统控制示意图，在高层建筑中的送风机一般安装在技术层或2~3层中，排烟机安装在顶层或上技术层。

（2）电动送风阀与排烟阀：送风阀或排烟阀装在建筑物的过道、防烟前室或无窗房间的

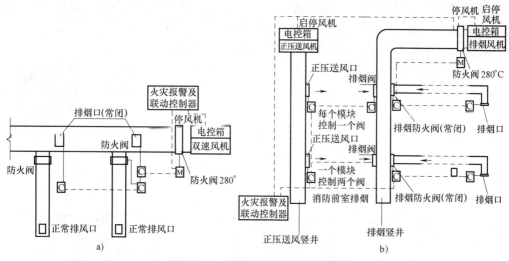

图 10-41 防排烟系统控制示意图
a) 双速风机排风排烟系统 b) 防排烟系统

防排烟系统中,用作排烟口或正压送风口。平时阀门关闭,当发生火灾时阀门接收信号打开。

图 10-42 为排烟安装示意图。在由空调控制的送风管道中安装的两个防烟防火阀,在火灾时应该能自动关闭,停止送风。在回风管道回风口处安装的防烟防火阀也应在火灾时能自动关闭。

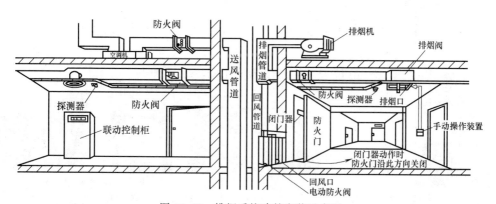

图 10-42 排烟系统建筑安装示意图

(3) 防火门及防火卷帘的控制

1) 防火门的控制:防火门如图 10-43 所示,在建筑中的状态是平时(无火灾时)处于开启状态,火灾时关闭。

2) 防火卷帘的控制:防火卷帘设置在建筑物中防火分区通道口处,可形成门帘或防火分隔。发生火灾时,可根据消防控制室、探测器的指令或就地手动操作使卷帘下降至一定高度,水幕同步供水(复合

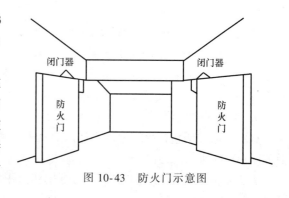

图 10-43 防火门示意图

型卷帘可不设水幕），接收降落信号后先一步下放，经延时后再二步落地，以达到人员紧急疏散、灾区隔烟、隔火、火灾蔓延得到控制的目的。

电动防火卷帘组成和安装示意如图 10-44 所示。

3. 声光报警器与火警电话

当发生火情时，声光报警器能发出声或光报警，其实物如图 10-45 所示，一般采用壁装。

为了适应消防通信需要，应设立独立的消防通信网络系统，包括消防控制室、消防值班室等处装设向公安消防部门直接报警的外线电话，在适当位置还需设消防电话插孔（通常与手动报警按钮设在一起），如图 10-46 所示。火警电话一般采用壁装。

火灾自动报警
设备——消防电话

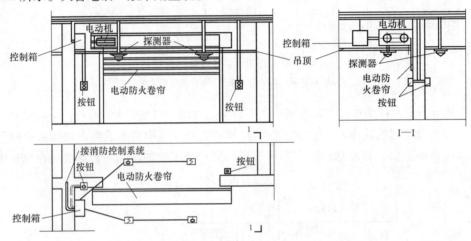

图 10-44 电动防火卷帘组成和安装示意图

图 10-45 声光报警器

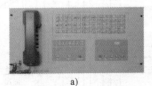 

图 10-46 火警电话
a）电话分机　b）电话插孔　c）带电话插孔的手动报警按钮

4. 火灾事故广播

火灾事故广播是便于组织人员的安全疏散和通知有关救灾的事项的系统。在公共场所，平时可与公共广播合用提供背景音乐，火灾时供消防用。广播用扩音器一般装在琴台柜内，消防扬声器吸顶或壁装，其实物如图 10-47 所示，安装示意图如图 10-48 所示。

火灾自动报警
设备——消防广播

5. 火灾事故照明

火灾事故照明包括火灾事故工作照明及火灾事故疏散指示照明，其灯具如图 10-49 所示。

火灾事故照明灯的工作方式分为专用和混用两种，其灯具形式一般为消防应急灯，可以

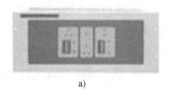

图 10-47 火灾事故广播设备

a) 扩音器　b) 消防喇叭

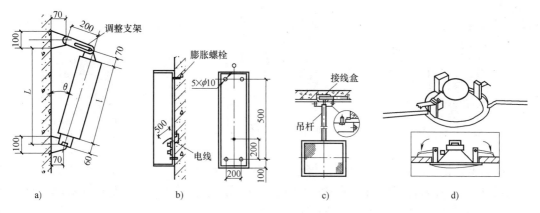

图 10-48 扬声器安装示意

a) 明装方法一　b) 明装方法二　c) 吊装　d) 吊顶内暗装

图 10-49 火灾事故照明灯具

壁装或吊装。

火灾事故疏散指示灯具形式一般为疏散指示灯,可以壁装、嵌装、吊装。

6. 火灾自动报警系统的配套设备

(1) 地址码中继器：如果一个区域内的探测器数量过多致使地址点不够用时,可使用地址码中继器来解决。在系统中,一个地址码中继器最多可连接 8 个探测器,而只占用一个地址点。

当其中的任意一个探测器报警或报故障时,都会在报警控制器中显示,但所显示的地址是地址码中继器的地址点,所以这些探测器应该监控同一个空间。中继器实物如图 10-50 所示。

(2) 编址模块：编址模块实物如图 10-51 所示,地址输入模块是将各种消防输入设备的开关信号接入探测总线,来实现报警或控制。如水流指示器、压力开关等。

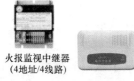

图 10-50 中继器　　　　　　　　　　图 10-51 编址模块

编址输入/输出模块是将控制器发出的动作指令通过继电器控制现场设备来实现，同时也将动作完成情况传回到控制器。如排烟阀、送风阀、喷淋泵等被动型设备。

（3）短路隔离器：短路隔离器用在传输总线上，其作用是当系统的某个分支短路时，能自动使其两端呈高阻或开路状态，使之与整个系统隔离开，其实物如图10-52所示。

（4）区域显示器：区域显示器是一种可以安装在楼层或独立防火区内的火灾报警显示装置，用于显示来自报警控制器的火警及故障信息，其实物如图10-53所示。

（5）报警门灯及引导灯：报警门灯一般安装在巡视观察方便的地方，如会议室、餐厅、房间及每层楼的门上端，可与对应的探测器并联使用，并与该探测器的编码一致。其实物如图10-54所示。

图10-52 短路隔离器

图10-53 区域显示器

图10-54 报警门灯

（6）CRT报警显示系统。CRT报警显示系统是把所有与消防系统有关的平面图形及报警区域和报警点存入计算机内，火灾发生时能在显示屏上自动用声、光显示火灾部位及报警类型，发生时间等，并用打印机自动打印。

10.3.4 消防系统的线路敷设

1. 一般规定

火灾自动报警系统的传输线路和50V以下供电的控制线路应采用电压等级不低于交流250V的铜芯绝缘导线或铜芯电缆，采用交流220/380V的供电和控制线路应采用电压等级不低于交流500V的铜芯绝缘导线或铜芯电缆。

2. 屋内布线

（1）火灾自动报警系统的传输线路应采用穿金属管、经阻燃处理的硬质塑料管或封闭式线槽保护方式布线。

（2）消防控制、通信和警报线路采用暗敷设时，宜采用金属管或经阻燃处理的硬质塑料管保护，并应敷设在不燃烧体的结构层内，且保护层厚度不宜小于30mm。当采用明敷设时，应采用金属管或金属线槽保护，并应在金属管或金属线槽上采取防火保护措施。采用经阻燃处理的电缆时，可不穿金属管保护，但应敷设在电缆竖井或吊顶内有防火保护措施的封闭式线槽内。

（3）火灾自动报警系统用的电缆竖井宜与电力、照明用的低压配电线路电缆竖井分别设置。如受条件限制必须合用时，两种电缆应分别布置在竖井的两侧。

（4）从接线盒、线槽等处引到探测器底座盒、控制设备盒、扬声器箱的线路均应加金属软管保护。

（5）火灾探测器的传输线路，宜选择不同颜色的绝缘导线或电缆。同一工程中相同用途导线的颜色应一致，接线端子应有标号。

（6）接线端子箱内的端子宜选择压接或带锡焊接点的端子板，其接线端子上应有相应的标号。

10.3.5 消防系统的接地与调试

(1) 消防系统的接地：从接地极截面不小于 $25mm^2$ 的铜芯绝缘专用接地干线到消防控制室的专用接地端子板，由该板引至各消防电子设备的专用接地线不小于 $4mm^2$，接地电阻不大于 1Ω。

(2) 系统的调试：系统调试前，应先对各单机逐个通电检查，正常后方可进行系统调试。系统调试包括报警自检、故障报警、火灾优先、记忆、备用电源切换、消声复位等功能检查。

10.4 建筑智能化系统施工图的识读

10.4.1 建筑智能化系统施工图图例

智能建筑系统施工图图例见表 10-1。

一层综合布线三维模型展示

智能建筑系统施工图识读

表 10-1 智能建筑系统施工图图例

图 例	名 称	备注	图 例	名 称	备注
—F—	电话线路		Y	天线一般符号	
—V—	视频线路		▷	放大器一般符号	
⊤	室内分线盒		◁	分配器,两路,一般符号	
⊤	室外分线盒		◁	三路分配器	
↓	电信插座的一般符号可用以下的文字或符号区别不同插座 TP—电话 FX—传真 M—传声器 FM—调频 TV—电视		◁	四路分配器	
			—B—	广播线路	
			—▭	匹配终端	
◁ —扬声器			◯	传声器一般符号	
MDF	总配线架		◁	扬声器一般符号	
IDF	中间配线架		S	感烟探测器	
▶◀	壁龛交接箱		∧	感光火灾探测器	
⊤	分线盒的一般符号				

(续)

图 例	名　称	备注	图 例	名　称	备注
∝	气体火灾探测器（点式）		★	火灾报警控制器	
CT	缆式线型定温探测器			火灾报警电话机（对讲电话机）	
!	感温探测器		EEL	应急疏散指示标志灯	
Y	手动火灾报警按钮		EL	应急疏散照明灯	
	水流指示器			消火栓	

10.4.2 火灾自动报警及联动工程实例

1. 工程说明

某综合楼，建筑总面积为 $6500m^2$，总高度为30m，其中主体檐口至地面高度为23.90m，施工图如图 10-1～图 10-5 所示。

（1）保护等级：该建筑火灾自动报警系统保护对象为二级。

（2）消防控制室与广播音响控制室合用，位于一层，并有直通室外的门。

（3）设备选择设置：地下层的汽车库、泵房和顶楼冷冻机房选用感温探测器，其他场所选感烟探测器。

（4）联动控制要求：消防泵、喷淋泵和消防电梯为多线联动，其余设备为总线联动。

（5）火灾应急广播与消防电话火灾应急广播与背景音乐系统共用，火灾时强迫切换至消防广播状态，1825 模块即为扬声器切换模块。

（6）设备安装：火灾报警控制器为柜式结构，火灾显示盘底边距地 1.5m 挂墙安装，探测器吸顶安装，消防电话和手动报警按钮中心距地 1.4m 安装，消火栓按钮设置在消火栓内，控制模块安装在被控设备控制柜内或与其上边平行的近旁。火灾应急扬声器与背景音乐系统共用，火灾时强切。

（7）线路选择与敷设：消防用电设备的供电线路采用阻燃电线电缆，沿阻燃桥架敷设，火灾自动报警系统、联动控制线路、通信线路和应急照明线路为 BV 线穿钢管沿墙、地和楼板暗敷。

2. 系统图分析

从系统图 10-1 及图 10-3 中可以知道，火灾报警与消防联动设备安装在一层消防及广播值班室，各设备型号如图 10-1 所示的标注。报警共有 4 条回路总线，可设为 JN1～JN4，JN1 用于地下层，JN2 用于一、二、三层，JN3 用于四、五、六层，JN4 用于七、八层。

（1）配线标注情况：报警总线 FS 标注为：RVS—2×1.0 GC15 CEC/WC。对应的含义为软导线（多股）、塑料绝缘、双绞线；2根截面面积为$1mm^2$；保护管为水煤气钢管，直径为15mm；沿顶棚及墙暗敷设。

其消防电话线 FF 标注为：BVR—2×0.5 GC15 FC/WC。

对照图 10-1，火灾报警控制器的右侧有 5 个回路，依次为：C、FP、FC1、FC2、S，对应的用途及线材见图上标注。

（2）接线端子箱：从系统图中可以知道，每层楼安装一个接线端子箱，箱中安装有短路隔离器 DG。

（3）火灾显示盘 AR：每层楼安装一个火灾显示盘，显示盘有灯光显示，其接 RS—485 通信总线及主机电源总线 FP。

（4）消火栓报警按钮：消火栓报警按钮采用击碎玻璃式（或有机玻璃）。将玻璃击碎，按钮将自动动作，启动消防泵；同时也通过报警总线向消防报警中心传递信息。

（5）火灾报警按钮：图 10-1 纵向第 3 排图形符号是火灾报警按钮。当发生火灾而需要向消防报警中心报警时，击碎火灾报警按钮玻璃就可以通过报警总线向消防报警中心传递信息。×3 代表地下层有 3 个火灾报警按钮，在图 10-2 中，火灾报警按钮的编号为 SB01、SB02、SB03。同时火灾报警按钮也与消防电话线 FF 连接，每个火灾报警按钮板上都设置有电话插孔，插上消防电话就可以用，图 10-1 中八层纵向第 1 个图形符号就是电话符号。

（6）水流指示器 FW：图 10-1 中纵向第 4 排图形符号是水流指示器，每层楼一个。由此可以推断出，该建筑每层楼都安装有自动喷淋灭火系统。自动喷淋系统喷水灭火时，需要启动喷淋泵加压。水流指示器安装在喷淋灭火给水的支干管上，当支干管有水流动时，其水流指示器的电触点闭合，接通喷淋泵的控制电路，使喷淋泵电动机启动加压。同时，水流指示器的电触点也通过控制模块接入报警总线，向消防报警中心传递信息。每一个水流指示器也占一个地址码。

（7）感温火灾探测器 ST：在地下层、一层、二层、八层安装有感温火灾探测器，图 10-1 中纵向第 5 排图形符号上标注 B 的为子座，6 排没有标注 B 的为母座，例如图 10-2，编码为 ST012 的母座带动 3 个子座，分别编码为 ST012—1、ST012—2、ST012—3，此 4 个探测器只有一个地址码。子座接到母座是另外接的 3 根线。

（8）感烟火灾探测器 SS：该建筑应用的感烟火灾探测器数量比较多，7 排图形符号上标 B 的为子座，8 排没有标注 B 的为母座。

3．平面图分析

（1）配线基本情况：从图 10-3 的消防报警中心可以知道，在控制柜的图形符号中，共有 4 条线路向外配线，为了分析方便，我们编成 N1、N2、N3、N4。其中 N1 配向②轴线（为了文字分析简单，只说明就近的横向轴线），有 FS、FC1、FC2、FP、C、S 等 6 种功能的导线，再向地下层配线；N2 配向③轴线，该层接线端子箱（火灾显示盘 AR1），再向外配线，没有标注有哪几种功能线，通过全面分析可以知道有 FS、FC1、FP、S、FF、C 等 6 种；N3 配向④轴线，再向二层配线，有 FS、FC1、FC2、FP、S、C 等 6 种；N4 配向⑩轴线，再向地下层配线，只有 FC2 一种功能的导线（4 根线）。这 4 回线路都可以沿地面暗敷设。

（2）N2 线路分析

1）基本情况：③轴线的接线端子箱（火灾显示盘）共有 4 回出线，即配向②轴线 SB11 处的 FF 线；配向⑩轴线的电源配电间的 NFPS 处，有 FC1、FP、S 功能线；配向 SS101 的 FS 线；配向 SS119 的 FS 线。

2）N2 线路的总线配线：先分析配向 SS101 的 FS 线，用钢管沿墙暗配到顶棚，进入 SS101 接线底座进行接线，再配到 SS102，依此类推，直到 SS119 而回到火灾显示盘，形成了一个环路，如果该系统的火灾显示盘具有环形接线报警器的功能，这个环路就是环形接线，否则仍然是树状接线。

3）N2 线路的其他配线：火灾显示盘配向②轴线 SB11 处的消防电话线 FF，FF 与 SB11 连接后，在此处又分别到 2 层的 SB21（实际中也可以在此处再向下引到 SB01 处，就可以去掉 SB03 处到 SB01 处的保护管及配线了）和该层的⑨轴线 SB12 处，在 SB12 处又向上到 SB22 和向下再引到⑧轴线 SB02 处。

平面图中的其他回路 N1、N3、N4 情况可按上述要求分析，在此不再赘述。

本项目小结

（1）有线电视（CATV）系统，由前端、信号传输分配网络和用户终端三部分组成，它是通信网络系统的一个子系统，一般采用同轴电缆和光缆来传输信号。有线电视系统的安装主要包括天线安装、系统前端设备安装、线路敷设和系统防雷接地等，安装工艺流程是：天线安装→系统前端及机房设备安装→干线传输部分安装→分支传输网络安装→系统调试。

（2）电话交换系统是通信系统的主要内容之一，主要由三部分组成，即电话交换设备、传输系统和用户终端设备。室外电话电缆可以架空敷设或埋地敷设，室内电话信号通常利用综合布线系统来完成通信。

（3）火灾自动报警与消防联动控制系统主要由火灾探测器、火灾报警控制器、消防联动设备、消防广播机柜和直通对讲电话五大部分组成，另可配备 CRT 显示器和打印机。探测系统施工工艺流程是：线缆敷设→探测器底座安装接线→消防主机接线→探测器安装→联合调试；报警系统施工工艺流程是：线缆敷设→报警控制器安装→控制器接线→消防主机接线→联合调试；消防联动系统施工工艺流程是：检查相关专业→线缆敷设→接口模块安装→接线→联合调试。

（4）其他智能系统包括广播音响系统、停车场管理系统、视频会议系统、办公自动化、物业管理、综合布线系统。

（5）智能系统施工图组成及识读方法同其他安装系统。

思考题与习题

1. 简述 CATV 系统的组成及功能。
2. CATV 系统的安装包括哪些方面？
3. 简述火灾自动报警系统的组成及功能。
4. 火灾探测器主要有哪些类型？安装有什么要求？
5. 简述集中报警控制器的作用及安装要求。

参考文献

［1］ 祝健. 建筑设备工程［M］. 合肥：合肥工业大学出版社，2007.

［2］ 秦树和. 管道工程识图与施工工艺［M］. 重庆：重庆大学出版社，2002.

［3］ 李向东，于晓明，牟灵泉. 分户热计量采暖系统设计与安装［M］. 北京：中国建筑工业出版社，2004.

［4］ 王青山. 建筑设备［M］. 北京：机械工业出版社，2007.

［5］ 汤万龙，刘玲. 建筑设备安装识图与施工工艺［M］. 北京：中国建筑工业出版社，2004.

［6］ 张立新. 建筑电气工程施工工艺标准与检验批填写范例. 北京：中国电力出版社，2008.

［7］ 赵宏家. 电气工程识图与施工工艺［M］. 重庆：重庆大学出版社，2006.

［8］ 文桂萍. 建筑电气设备［M］. 北京：中国建筑工业出版社，2002.

［9］ 中华人民共和国住房和城乡建设部. 城镇燃气室内工程施工及质量验收规范：CJJ 94—2009［S］. 北京：中国建筑工业出版社，2009.

［10］ 卜一德. 地板采暖与分户热计量技术［M］. 北京：中国建筑工业出版社，2003.

［11］ 辽宁省住房和城乡建设厅. 建筑给水排水及采暖工程施工质量验收规范：GB 50242—2002［S］. 北京：中国计划出版社，2002.

［12］ 浙江省住房和城乡建设厅. 建筑电气工程施工质量验收规范：GB 50303—2015［S］. 北京：中国建筑工业出版社，2016.

教材使用调查问卷

尊敬的老师：

您好！欢迎您使用机械工业出版社出版的教材，为了进一步提高我社教材的出版质量，更好地为我国教育发展服务，欢迎您对我社的教材多提宝贵的意见和建议。敬请您留下您的联系方式，我们将向您提供周到的服务，向您赠阅我们最新出版的教学用书、电子教案及相关图书资料。

本调查问卷复印有效，请您通过以下方式返回：

邮寄：北京市西城区百万庄大街 22 号机械工业出版社建筑分社（100037）
　　　张荣荣（收）
传真：010-68994437（张荣荣收）　Email：54829403@qq.com

一、基本信息

姓名：_____　职称：_____　职务：_____
所在单位：_____
任教课程：_____
邮编：_____　地址：_____
电话：_____　电子邮件：_____

二、关于教材

1. 贵校开设土建类哪些专业？
□建筑工程技术　　□建筑装饰工程技术　　□工程监理　　□工程造价
□房地产经营与估价　□物业管理　　　　　□市政工程　　□园林景观
2. 您使用的教学手段：□传统板书　□多媒体教学　□网络教学
3. 您认为还应开发哪些教材或教辅用书？_____
4. 您是否愿意参与教材编写？希望参与哪些教材的编写？
　　课程名称：_____
　　形式：□纸质教材　□实训教材（习题集）　□多媒体课件
5. 您选用教材比较看重以下哪些内容？
□作者背景　　□教材内容及形式　　□有案例教学　　□配有多媒体课件
□其他_____

三、您对本书的意见和建议（欢迎您指出本书的疏误之处）_____

四、您对我们的其他意见和建议_____

请与我们联系：

100037　北京百万庄大街 22 号
机械工业出版社·建筑分社　张荣荣　收
Tel：010-88379777（O），68994437（Fax）
E-mail：54829403@qq.com
http://www.cmpedu.com（机械工业出版社·教材服务网）
http://www.cmpbook.com（机械工业出版社·门户网）
http://www.golden-book.com（中国科技金书网·机械工业出版社旗下网站）